大学生物理学简史读本

丛书主编　石云里

一流学科教材

科学技术史

电磁学简史

A BRIEF HISTORY OF ELECTROMAGNETICS

纪　辰　石云里　编著

中国科学技术大学出版社

内 容 简 介

本书以时间为主要线索勾勒出了电磁学从古代到20世纪初的历史脉络，着重介绍了电磁学自17世纪开始逐渐形成科学规律体系的发展过程。全书以大量的原始史料为基础，注重内在逻辑，在介绍历史事件的同时特别强调了科学家在探索过程中的指导思想和研究方法。

本书可供高等院校“电磁学”课程的大学生学习参考，也可以作为大学生科技人文素质选修课的参考资料，同时亦可供从事科学史和电磁学等方面工作的人员参考。

图书在版编目(CIP)数据

电磁学简史/纪辰，石云里编著. —合肥：中国科学技术大学出版社，2021.7
(大学生物理学简史读本)
ISBN 978-7-312-05134-0

Ⅰ.电…　Ⅱ.①纪…②石…　Ⅲ.电磁学—物理学史—世界　Ⅳ.O44-091

中国版本图书馆 CIP 数据核字(2020)第271445号

电磁学简史
DIANCIXUE JIANSHI

出版　中国科学技术大学出版社
安徽省合肥市金寨路96号，230026
http://press.ustc.edu.cn
https://zgkxjsdxcbs.tmall.com
印刷　安徽国文彩印有限公司
发行　中国科学技术大学出版社
经销　全国新华书店
开本　787 mm×1092 mm　1/16
印张　18.25
字数　278千
版次　2021年7月第1版
印次　2021年7月第1次印刷
定价　56.00元

目　录

图 目 录

第1章
古代对电和磁现象的观察和应用

对电和磁的深入研究与广泛应用虽是在近代科学技术的发展中兴起的，但实际上人类很早就注意到电现象和磁现象，并留下了大量的记载[1]。古人对电的认识似乎长期停留在观察阶段，而对磁的应用却有着极为悠久的历史，如中国古代四大发明之一的指南针。

1.1
关于电现象的观察和记录

1.1.1 雷电现象

自然界的雷电现象很容易引起上古人类的注意，因而这一现象很可能是人类最早观察到的电现象。我国文字中“雷”和“电”两个字的出现都很早，从目前的考古发现来看，“雷”字最早出现在距今约三四千年的殷商时代(约公元前16—前11世纪)留下的甲骨文中，而“电”字则出现在稍晚一些的西周时代(约公元前11世纪—前771年)的青铜器的铭文中[2]。从现存的文献记载来看，在此之后，关于雷电现象以及推测其成因的记载才开始不断增多。

被誉为“大道之源”的《周易》中有“雷以动之……震为雷”之言，某些卦象的吉凶还以雷出现的方位来说明，如“雷在天上”“山上有雷”“山下有雷”“泽上有雷”“雷出地奋”等，这些都说明先秦时期的人们已经普遍认识到雷电的存在，而且还对其进行了细致的观察[3]。在成书于约公元前5世纪的《尚书》中也有关于雷电现象的记载，即“天大雷电以风”。成书于梁武帝天监年间(502—519年)的《南齐书》卷十九《五行志》中亦有如下记载：

永明中，雷震东宫南门，无所伤毁，杀食官一人。

北宋沈括(1031—1095年)的《梦溪笔谈》卷二十《神奇》中详细记载了内侍李舜举家遭遇暴雷时的情景：

其堂之西室，雷火自窗间出……其漆器银扣者，银悉熔流在地，漆器曾不焦灼。有一宝刀，极坚刚，就刀室中熔为汁，而室亦俨然。

这一记载真实地记述了在落地雷对地面放电的过程中，金属导体(银扣、宝刀)中因流过极强的电流产生巨大的焦耳热而使得金属熔化，但绝缘体(漆器、刀室)由于不导电得以保持完好。

关于雷电产生的原因，西汉刘安(公元前179—前122年)等编纂的《淮南子》认为是“阴阳相薄，感而为雷，激而为电”。东汉哲学家王充(27—约97年)的《论衡》卷六《雷虚篇》则提出了“雷者，太阳之激气也”。除此二者之外，亦多有学者尝试对雷电的成因做出解释。虽然受限于历史条件和认识水平，他们未能给出正确的解释，但是他们的认识已与认为雷电是上天发怒而惩罚人类的观念相悖，体现了他们认识的进步性。

1.1.2 摩擦起电

古人关于电的知识除雷电现象之外，就是对摩擦起电的观察。我国关于摩擦起电这一现象的观察和记录最早见于东汉王充的著作《论衡》卷十六《乱龙篇》中：

> 顿牟掇芥，磁石引针，皆以其真是，不假他类。他类肖似，不能掇取者，何也？气味异殊，不能相感动也。

据考证，顿牟是指琥珀或是玳瑁，是电的绝缘体，可以摩擦起电[4]。裴松之(372—451 年)注引三国吴国韦昭(204—273 年)《吴书》：

> 虎魄不取腐芥，磁石不受曲针。

这一记载说明人们的观察已经进一步深入了，腐芥由于含水潮湿，绝缘性能变差，因而不再受到静电吸引。到了南北朝时期，据医药学家陶弘景(456—536 年)辑录自《名医别录》的记载：

> 琥珀，惟以手心摩热拾芥为真。

说明“琥珀拾芥”这种现象已经为人所周知了，并被用作鉴别琥珀真伪的依据。

另一种对摩擦起电和静电放电现象的记载是通过对放电时发光、发声现象的观察得到的。最早的记载见于西晋博物学家和文学家张华(232—300 年)的《博物志》中：

今人梳头，脱着衣时，有随梳、解结有光者，亦有咤声。

用骨、角或漆木制成的梳子，用丝绸或皮毛等做的衣服以及毛发均为绝缘体。梳头发时，梳子与头发相互摩擦，脱衣或穿衣时，质料不同的衣物之间发生摩擦，在空气干燥时都会因摩擦而起电，放电时便会产生火光，并发出声音。唐代段成式(803—863年)的《酉阳杂俎》中亦有记载：黑猫“暗中逆循其毛，即著火星”。这里，“暗中”“黑猫”都更加便于观察因摩擦起电后放电时产生的电火花。

在西方，相传是古希腊时代“七贤”之一的泰勒斯(Thales of Miletus，约公元前624—约前546年)发现琥珀经摩擦后可以吸引微小轻质的物体(如纸屑、芥子等)这一摩擦起电现象的，希腊文“琥珀”也就成了“电”的字源。后来特奥夫拉斯都(Theophrastus，约公元前371—约前287年)在其著作《论宝石》(*On Stones*)中叙述了另一种可以摩擦起电的矿物[5]。

1.1.3 地光现象

地光，是指在地震发生时，出现于受震动波及区域上空的光。关于地光产生的解释至今尚无定论，人们通常认为，地震前低空大气的发光是一种气体放电现象；但也有人认为地光是因岩石中石英晶体的压电效应产生了强电场而引发的；还有人认为火球式的地光是因为地下逸出的天然气在近地表处爆发式点燃的结果；更有人认为是因地下水的流动而产生了高电压[6]。从古至今，说法迥异，如今也尚无定论。但古代的记载和现代的观察都表明，地光现象是地震发生前在地面或空中产生的一种发光现象。我国古代的史籍，尤其是地方志中，有大量关于地光现象的记载。例如，《正德实录》记载了明正德八年(1513年)四川隽县“有火轮见空中，声如雷，次日戊戌地震”；《江陵县志》记载了明崇祯四年(1631年)湖北江陵发生地震之前“天忽通红”；《沅江县志》记载了明崇祯十年(1637年)湖南沅江地震之前“子时天响有光，移时地震一刻”。尽管目前还不清楚这一现象产生的真实原因，但这些关于地光现象的记载为后世对于地震的研究提供了大量的资料，具有重要的意义。

1.2 关于磁现象的观察和记录

1.2.1 磁石的发现[7]

我国古代对于磁石和磁现象的描述不用“磁”字，而用“慈”字。在很早(约1—2 世纪)的字典《说文解字》中就无“磁”字，秦汉典籍大多用“慈”字，南北朝的《玉篇》(6 世纪)中则作“礠”字，唐朝的《广韵》(7 世纪)中才用“磁”字，并一直通用至今。

东汉高诱(生卒年不详)在其《慈石注》中对磁石的解释是这样的：

> 石铁之母也，以有慈石，故能引其子。石之不慈者，亦不能引也。

所谓磁石，其实是自然界中存在的具有永磁性的强磁性氧化物的统称，主要是磁铁矿(Fe_3O_4)，此外还有磁黄铁矿(FeS_{1+x})、磁赤铁矿(γ-Fe_2O_3)、钛磁铁矿(FeO-TiO_2-Fe_2O_3)等天然矿石。

我国最早关于磁石的记载见于春秋时期的《管子》卷二十三《地数篇》：

> 山上有赭者，其下有铁，山上有铅者，其下有银。一曰上有铅者，其下有鉒银，上有丹沙者，其下有鉒金，上有慈石者，其下有铜金。此山之见荣

者也。

稍后一些的《山海经·北山经》中亦有"西流注于泑泽,其中多慈石"的记载。春秋时期,齐相管仲(约公元前723—前645年)辅佐齐桓公(? —公元前643年)称霸,主张"以法治国",重视农业生产和发展军事力量,设立盐官和铁官。由此可见,在当时冶铁技术和铁器的使用已有相当的发展。因此,作为炼铁的重要矿石之一的磁石见于这一时期的记载中绝非偶然。几种矿石并列,则说明当时人们已对多种矿物具有了一定的认识。

古希腊的苏格拉底(Socrates,公元前470—前399年)曾提到有人把磁石称为"Magnesian石",而一般人则把磁石称为"Herculean石"[8]。一种传说是克里特岛上的牧人马格内斯(Magnes,生卒年不详)的鞋底铁钉和手杖铁端被磁石吸住而发现磁石,故以此牧人的姓名命名磁石[5]。另一种传说是马格内斯为小亚细亚出产磁石的地名。古希腊医学家希波克拉底(Hippocrates of Kos,约公元前460—约前370年)曾称磁石为"吸铁之石"。有意思的是,磁石在法文中被称为l'aimant,西班牙文称iman,匈牙利文称magnetkö,均含有"爱的石头"的含义,与东方梵文的名称"ayaskânta"(爱石)和中文的"慈石",都有相似的含义。

1.2.2 磁现象的观察

磁石发现后不久,便陆续出现了关于磁石和磁石吸铁的记载,如:

若慈石之取针。[《鬼谷子》]①

慈石召铁,或引之也。[《吕氏春秋·精通》]

顿牟掇芥,磁石引针。[《论衡·乱龙篇》]

---

① [ ]中内容为引用者的补充说明,后文皆同。

鬼谷子(生卒年不详)为战国时期的纵横家,是苏秦(?—公元前284年)和张仪(?—公元前309年)的老师。《吕氏春秋》是在战国后期吕不韦(?—公元前235年)的领导下编写的一部综合性著作。《论衡》是东汉哲学家王充的著作。由此可见,“慈石召铁”这一现象已经被大家所普遍观察到。

尤其值得注意的是,在北宋沈括的《梦溪笔谈》卷二十四《杂志一》中记载了地磁偏角①的现象:

> 方家以磁石磨针锋,则能指南,然常微偏东,不全南也。

地磁偏角是随时间和地点而变化的,沈括在约公元九百多年前就观察到这样微小的变化是相当不容易的。据说清末有人曾经提出唐朝僧一行(俗名张遂,683—727年)就已经观测到了地磁偏角现象[9],但迄今为止尚无确切的资料加以证实。

一般弱磁性物质的磁导率都非常接近于1②,因而对于强磁体间的吸引或排斥作用几乎没有影响。这一现象在宋代就有记载,明朝蒋一彪(生卒年不详)的《古文参同契笺注集解》引北宋陈微显(生卒年不详)之言:

> 磁石吸铁……阻碍相通之理,岂能测其端倪哉?

该书亦引俞琰(生卒年不详)之言:

> 神与气和,隔阂相通,犹如磁石之吸铁也。

到了明末清初,刘献廷(1648—1695年)的《广阳杂记》中则有了强磁体因磁导率远大于1(如铁)而可以显著影响磁石作用的磁屏蔽效应的记载:

---

① 磁针北极与地理子午线的交角,磁针偏东为正,偏西为负。

② 真空磁导率等于1。

> 磁石吸铁，隔碍潜通，或问余曰："磁石吸铁，何物可以隔之?"犹子阿孺曰："惟铁可以隔之耳。"其人去复来，曰："试之果然。"

这是目前所知的我国古代关于磁屏蔽效应的唯一记载。

在西方，最早的磁石吸铁现象是由古希腊的泰勒斯记述的。古罗马诗人卢克莱修(Titus Lucretius Carus，约公元前99—约前55年)在其诗中曾提到"磁的吸引是通过环和链而传递的"。公元4世纪，罗马皇帝狄奥多西一世(Theodosius Ⅰ，347—395年)的大臣安比里库斯(Marcellus Empiricus，生卒年不详)曾描述过磁石吸引和排斥铁的现象。奥古斯丁(Augustine of Hippo，354—430年)也曾记述过一些磁现象，例如磁石能吸引许多铁环成链，又提到在银盘上放置铁块，在盘下放置磁石，移动磁石时，铁将随之移动，银盘不能隔断磁石的吸铁作用。古希腊哲学家伊壁鸠鲁(Epicurus，公元前341—前270年)曾解释磁石吸铁的原因是"因为从磁石中流出特殊的粒子，与从铁中流出的一样，碰撞时，便容易结合在一起……琥珀等的吸引也一样"[8]。这是把磁石的静磁吸引与琥珀吸引轻物的静电吸引并列，甚至看成是同样的现象。

1.2.3 极光和太阳黑子

关于与磁场作用有关的自然现象，如极光和太阳黑子的观察和记录可以追溯到很早的时期[10]。虽然它们与磁场之间的关系是近代科学发展后才逐渐弄清楚的，但是古代关于这些现象的丰富记录不但对科学史具有重要意义，而且对地磁活动、太阳磁活动以及日地关系的研究也极具价值。

1. 极光

地球上的极光是来自磁层或太阳风的高能带电粒子到达地球附近后，在地磁场的导引下进入高层大气，与高层大气分子和原子碰撞产生的发光现象。

我国关于极光的观察和记录很早就有并且非常丰富。例如，司马迁(公元前145—?)的《史记》中就有关于远在传说时代黄帝出生前二年"黄帝母附宝，之祈野，见大电绕北斗枢星”和“瑶光如蜺贯月，正白”的记载，但由于是神话，所以准确性不大。除此之外，该书还有秦子婴元年（公元前 207 年）十二月“枉矢西流”的记载，“枉矢”可能就是极光。《古今图书集成 · 历象汇编 · 庶征典》卷 102 有记载：

周昭王末年①，夜清，五色光贯紫薇。其年，王南巡不返。

这可能是世界上最早且较为可靠的北极光记录。下面所引《汉书 · 天文志》中的这条史料无疑是世界上比较早的、最精确的极光观测记录：

孝成建始元年②九月戊子，有流星出文昌，色白，光烛地，长可四丈，大一围，动摇如龙蛇形。有顷，长可五六丈，大四围所，诎折委曲，贯紫宫西，在斗西北子亥间。后诎如环，北方不合，留一刻所。

这条关于极光的观察记录是非常确切和科学的，在不到百字的短文中，记下了甚至符合当代世界极光观察站要求的记录，有时间、地点、出灭状况、颜色、明亮度、运动形状、范围大小以及方位等[11]。

此后，关于极光的记载在我国是史不绝书，极为丰富。史书中对极光色彩的描述，常用的词汇有火、红、白、青、黄、紫、青气、黄气、赤气、赤云、苍云、青龙、黄龙、赤龙等。在古代，并无极光一词，极光大多是在史书中的星象、妖星、异星、符瑞、祥气、流星等条目中加以记述的③。各时期根据极光出现的形态、大小和颜色等特征而对其有不同的称谓，如蚩尤旗、枉矢、长庚、天冲、狱汉、天狗、濛星、含誉等十几种。1652 年，黄鼎编纂了一本巨著《管窥辑要》，其卷十六《祥异》部分就绘

① 即公元前 950 年左右。

② 即公元前 32 年。

③ 西汉之前人们普遍把极光认作祥云、祥气等，但是到了西汉之后，人们越来越把极光的出现看成灾害祸乱发生的前兆。

有极光的草图，现就其中部分转绘为图 1.1。虽然这些图很粗糙，制图者完全没有见过极光，是根据史料记载所绘的（如天狗，就是形象化地画只狗在星路上奔跑），但是另有些图，如枉矢，绘制得和当代极光摄影几乎完全一样。

图 1.1 《管窥辑要》中的各种极光形态图[12]

1. 蚩尤旗　2. 枉矢　3. 长庚　4. 格泽　5. 含誉　6. 狱汉　7. 归邪　8. 众星并流

9. 大星如月　10. 濛星　11. 旬始　12. 天冲　13. 天狗

欧洲最早的极光史料大部分是用拉丁文发表的，在 16 世纪以前，拉丁文中形容极光的常用词，根据凌克（František Link，1906—1984 年）举出的有 7 个：acier（锐利的刀剑、战斗部队）、ictus（闪电）、hastac（枪、矛）、radii（光线）、signa（象征、预兆）、nubes（云、雾）、caelum ardens（燃烧的天空）。关于极光色彩的常用词有：igneus（如火一样）、rubens（红色）、sangnineus（如血一样）、cruentus（如血一样的红）、alburnus（白色）。关于极光运动状态方面的词有：acies militares（如军队阵列）、coucurrere（集合）、agitare（动摇）、flammaus（火炬燃烧）[13-14]。

公元 937 年 12 月 14 日，我国和欧洲同时见到极光，欧洲的记载为：

从鸡鸣到破晓，满天出现了血染的枪矛。［弗利兹年表］

在高卢①境内，响声持续不断，天亮前在整个天空中出现了血红的亮光。［凌克年表］

① 即法国。

我国的记载为：

> 天福二年正月乙卯①，夜，有赤白气相间，如耕垦竹林之状，自亥至丑，生于北方浊，过中天，明灭不定，偏二十八宿，彻曙方散。[《旧五代史》卷七十六《晋书·高祖纪二》]
>
> 晋天福二年正月二日②，夜初，北方有赤气，西至戌亥地，东北至丑地。南北阔三丈，状如火光，赤气内见紫微宫及北斗诸星，至三点后，内有白气数条，次行至西，夜半子时方散。[《五代会要》卷十一《杂灾变》]

从中国与欧洲双方的史料来看，中国的记载要比欧洲生动、丰富得多。

据统计，我国从传说时代的黄帝(约公元前 27 世纪)到公元 16 世纪初，已有三百五十多次极光记载[9]。从极为粗略的统计中可以发现，我国出现的极光记录在 15 世纪前远超欧洲，在 11 世纪达到高峰，之后几乎是逐渐减少的。这就不能不使人想到，由于地磁轴的长期变化，在 11 世纪期间，地磁北极的位置是倾向于太平洋和中国北部地区的，这为我们提供了研究地磁变动的可能证据[10]。

2. 太阳黑子

太阳黑子是另一种自然磁现象，是太阳光亮面上出现的数目和大小均随时间而变化的暗斑。近代科学研究表明，太阳面上一些区域磁场增强(10^{-2}—1 T)，为保持高温等离子体的平衡，这些强磁场区域的温度必须降低(约 10^3 K)，因而呈现暗区(黑子)。太阳黑子数目的变化具有平均约 11 年(磁周期为 22 年)的周期，反映了太阳磁活动的一些特征和规律。众多的观测表明，太阳磁活动和黑子对于地球上的气候、无线电通信等均有影响，故而历史上关于太阳黑子的观察记录对科学研究而言具有重要的价值。

我国对太阳黑子的观察有着悠久的历史。黑子开始被称为“乌”，它可以解

① 即公元 937 年 12 月 14 日。

② 即乙卯日。

释为黑色的意思。根据已经查阅到的资料，我国现存最早的黑子观测记录出现在公元前43年，这也是世界上现存最早的黑子记录，远比其他国家早一千多年。在公元前28年的记录中，开始把黑子称为“黑气”。东汉王充的《论衡》卷三十二《说日篇》中有载：

> 儒者曰：“日中有三足乌……夫日者，天之火也，与地之火，无以异也。地火之中无生物，天火之中何故有乌？”

到了晋朝，又开始有“黑子”的名称，以后与“乌”和“黑气”这几个名称并见于观测记录中。关于我国历代对特大黑子的记录，在国内朱文鑫（1883—1939年）首次进行了整理，发表在《天文考古录》（1933年）中。在朱文鑫整理出的101条记录中，有一条在《二十四史》《十通》等史籍里并无记载。此后，程庭芳发表了《中国古代太阳黑子记录分析》，整理出历代黑子记录106条①，对朱文鑫的工作进行了补充和发展[15]。

1.3 磁石的应用及指南针的发明

1.3.1 原始指南器——司南

最早的指南器是在发现磁石的指极性后利用天然磁石制成的。在我国古代

① 文中共整理出109条，但其中有3条属于重复的记载。

称为“司南”或“指南”。相关的记载如下：

> 夫人臣之侵其主也，如地形焉，即渐以往，使人主失端，东西易面而不自知。故先王立司南，以端朝夕。[《韩非子·有度篇》]
>
> 故郑人之子取玉也，必载司南，为其不惑也。[《鬼谷子·谋篇》]
>
> 司南之杓，投之于地，其柢指南。[《论衡·是应篇》]
>
> 元龟何寄，指南谁托。[《南史·任舫传》]

韩非(约公元前280—前233年)是战国末期的法家思想集大成者。他和鬼谷子关于司南的记述，表明在战国时期天然磁石的吸铁和指极的特性已被发现，而且因其具有指极特性还被制成了指示方向的原始指南器——司南。

1.3.2 指南鱼和指南针

天然磁石在来源、加工等方面都受到许多限制，因而使来源丰富、加工方便且含碳适当的铁经过磁化成为永磁材料，便具有十分重要的意义。我国在11世纪便发明了利用天然磁石摩擦磁化和利用地磁场磁化的方法。

北宋的《武经总要》中记载了指南鱼(图1.2)的制法：

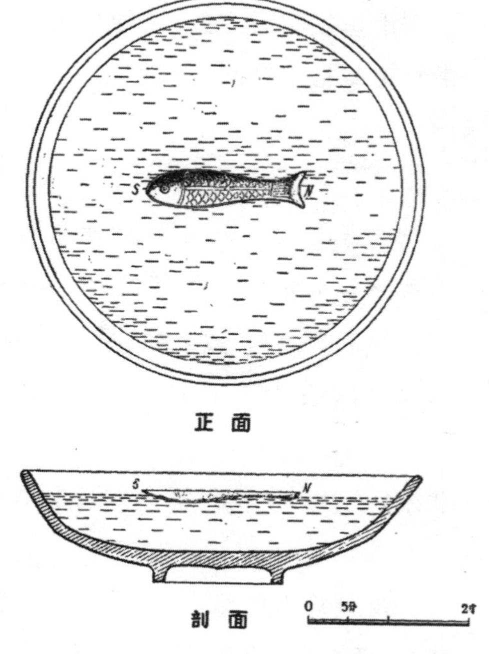

图1.2 《武经总要》指南鱼复原图[16]

> ……鱼法用薄铁叶剪裁，长二寸阔五分，首尾锐如鱼形，置炭火中烧之，候通赤，以铁钤，钤鱼首出火，以尾正对子位，蘸水盆中，没尾

数分则止，以密器收之。用时置水碗于无风处，平放鱼在水面令浮，其首常南向午也。[16]

这种工艺利用淬火相变和（地）磁场热处理提高铁片的磁性和矫顽力以防止退磁，利用锐长条形提高指向精度和减小退磁因数，利用倾斜入水淬火更能接近总地磁场，提高磁场热处理效果。今人实验复原的指南鱼见图1.3、图1.4。

图1.3 制作的指南鱼铁片和钢片、木板和用于磁化的天然磁石[17]

图1.4 用水浮法制成能稳定指南的指南鱼[17]

在指南鱼发明后不久，一种制法更简单、使用更方便的指南针便被发明出来了。最早记载指南针制作和使用方法（图1.5）的是北宋沈括的《梦溪笔谈》卷二十四《杂志一》：

方家以磁石磨针锋，则能指南，然常微偏东，不全南也。水浮多荡摇，指爪及碗唇上皆可为之，运转尤速，但坚滑易坠，不若缕悬为最善。其法取新纩中独茧缕，以芥子许蜡，缀于针腰，无风处悬之，则针常指南。其中有磨而指北者，予家指南北者皆有之。磁石之指南，犹柏之指西，莫可原其理。[18]

北宋寇宗奭（生卒年不详）的《本草衍义》中也有类似的记载：

磨针锋则能指南，然常偏东不全南也。其法取新纩中独缕，以半芥子许蜡，缀于针腰，无风处垂之，则针常指南。以针横贯灯心，浮水上，亦指南，然常偏丙位，盖丙为大火，庚辛金受其制，故如是，物理相感尔。

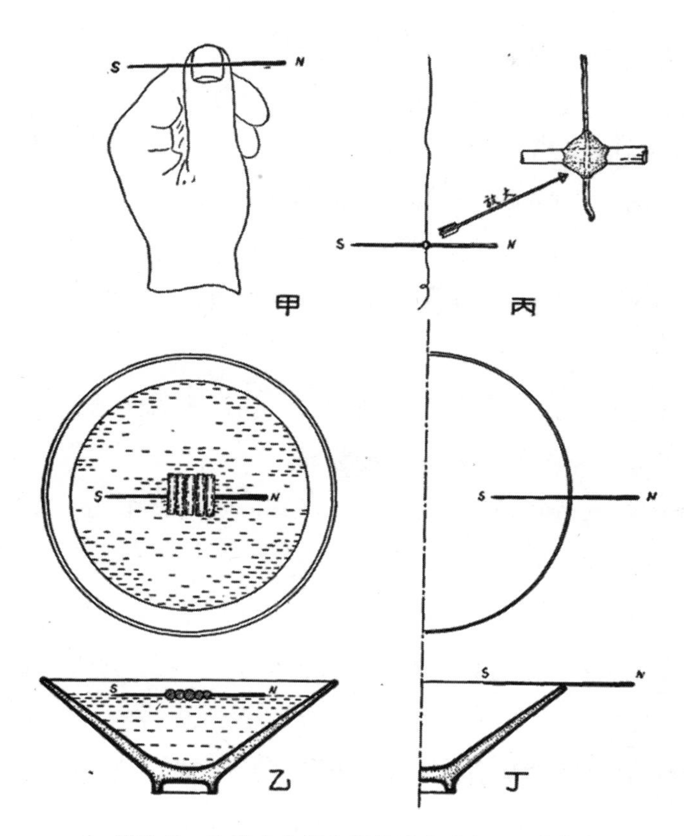

图 1.5　沈括 4 种指南针装置实验复原图[16]

沈括的《梦溪笔谈》中所提的指南针制法，首先用铁针代替了铁叶片，用摩擦磁化替代磁场热处理，简化了制造方法；其次，在使用方法上提出了指甲托针（图 1.5 甲）、水碗浮磁针（图 1.5 乙）、丝悬磁针（图 1.5 丙）和碗沿托磁针（图 1.5 丁）4 种方法。其中水浮法发展为后来的水罗盘，悬针法仍为目前实验室所采用。此外，他还发现了“不全南”的磁偏角现象。这些发明和发现对于将指南针用于航海是极为重要的。

在有发明指南针的记载（约公元 11 世纪）之后不久，便有了将指南针应用于航海的记载（约公元 12 世纪初）。朱彧（生卒年不详）在《萍洲可谈》中记述了

1099—1102年间其父朱服(1048—?)在广州的见闻:

> 舟师识地理,夜则观星,昼则观日,阴晦观指南针。

这是中国和世界航海使用指南针的最早史证。到了宣和五年(1123年),徐兢(1091—1153年)的《宣和奉使高丽图经》有如下记载:

> 是夜,洋中不可住,惟视星斗前迈。若晦冥,则用指南浮针,以揆南北。

从朱服在广州的见闻到徐兢出使的记录来看,当时航海一般情况下依靠天文导航,如遇阴天,则用浮针作为导航的辅助设备。

到了南宋时期,赵汝适(1170—1231年)的《诸藩志》中关于12世纪初的福建市舶司有如下记载:

> 舟舶来往,惟以指南针为则,昼夜守视惟谨,毫厘之差,生死系矣。

咸淳年间(1265—1274年)吴自牧(生卒年不详)的《梦粱录》中也有记载:

> 风雨冥晦时,惟凭针盘而行,乃火长掌之,毫厘不敢差误,盖一舟人命所系也。

两书都提到航行中有专人看守指南针或针盘,且“舟舶往来,惟以指南针为则”,说明了指南针在南宋时期的航海中已成为主要的导航手段[18]。

元朝时,由指南针确定的针路形成航线,即“罗经针薄”。我国文献中记载的罗经针位始见于13世纪末元代的《真腊风土记》。著者周达观(约1266—1346年)于元贞元年至大德元年(1295—1297年)出使今柬埔寨,所记“自温州开洋,行丁未针……又自真蒲行坤申针”等,皆是按照针位而行。又如元代《海道经》记出洋"依针正北望……依针正北行"等语，都是指罗经针位的方向。约成书于14世纪的《大元海运记》中明确指出：

> 惟凭针路定向行船，仰观天象以卜明晦。

这同样说明当时指南针已成为导航的主要依据，观察天象成为了比较次要的依据[18]。

北宋、南宋、元朝时中国人的航海主要是近海航行，但到了明朝时，郑和(1371—1433年)下西洋，开始进行大规模的远洋航行。据参与下西洋之人所写的《瀛涯胜览》《星槎胜览》《西洋番国志》和《郑和航海图》的记载来看，指南针不仅早已发展成水罗盘，而且还与能确定航线、量算距离的海图，能观测日月星辰、量算纬度、确定船位的星盘以及量具、测量术配合，不仅阴晦、雨雾雪雹天在用，而且晴天和昼夜24小时都在不停使用[19]。明朝后期的《东西洋考》和《海道针经：顺风相送》以及清代初期的《海道针经：指南正法》中记载了远航东洋和西洋的针路，包括航行的方向和里程。此外，明清的海船上已设有专门放置罗盘的针房。

西方关于指南针用于航海的记载有：12世纪英国人纳坎(Alexander Neckam，1157—1217年)记载了在航海时使用罗盘；1269年前后，法国人佩雷格林纳斯(Petrus Peregrinus de Maricourt，生卒年不详)曾改良航海罗盘，增加了360度的刻度。

1.3.3 磁石在其他方面的应用

除了指示方位以外，史籍中还记载了磁石的一些其他应用，其中有些可能近于传说，有些可能有夸大的地方。

在医学方面，最早利用磁石治病的记载见于司马迁的《史记·仓公传》：

齐王侍医遂病，自炼五石服之。

五石是指磁石（Fe_3O_4）、丹砂（HgS）、雄黄（As_2S_3）、矾石（硫酸铝钾）和曾青[$2CuCO_3 \cdot Cu(OH)_2$]。北宋何希影（生卒年不详）的《圣惠方》中亦有记载：

治小儿误吞针方：右以磁石如枣核大，磨令光净，钻作窍，以丝穿令含之，其针自吸出。[7]

在西方，古希腊医生盖伦（Aelius Galenus 或 Claudius Galenus，约129—约200年）曾利用磁石治疗腹泻。古罗马医生艾蒂尤斯（Aetius of Amida，502—550年）曾以手握磁石治疗手足痛风或痉挛惊厥。11世纪波斯医学家阿维森纳（Avicena，980—1037年）曾用磁石治疗脾脏病、肝病、水肿和秃头病[8]。

在陶瓷生产方面，清代朱琰（1713—1780年）的《陶说》中曾记载，我国古代烧白瓷者用磁石于釉水缸中过之，铁屑即随磁石吸出。因素瓷如贴有铁屑，经烧后，则变成黑斑。这可能是最早的磁法选矿原理的应用[8]。此外，磁石在建筑、军事、幻术、弈棋和堪舆等方面也均有应用。

参考文献

[1] 宋德生，李国栋. 电磁学发展史[M]. 修订版. 南宁：广西人民出版社，1996.

[2] 王先冲. 中国人民在古代关于电和磁的贡献[J]. 清华大学学报（自然科学版），1955，1(1)：131-138.

[3] 戴念祖. 电和磁的历史[M]. 长沙：湖南教育出版社，2002.

[4] 王振铎. 司南指南针与罗经盘：中国古代有关静磁学知识之发现及发明：上[J]. 考古学报，1948(3) ：119-259.

[5] Cajori F. A History of Physics in Its Elementary Branches：Including the Evolution of Physical Laboratories [M]. New York：The Macmillan Company，1899.

[6] 张宝盈. 地震电磁成因假说[J]. 高原地震，2005，17(2)：1-21.

[7] 李国栋. 中国古代磁学上的成就[J]. 磁性材料及器件，1974(3)：1-10,21.

[8] Mottelay P F. Bibliographical History of Electricity and Magnetism [M]. London：Kessinger Publishing，2008.

[9] Wylie A. Chinese Researches [M]. London：Kegan Paul，Trench，Trübner & Co.，1897.

[10] 李国栋. 天体磁学概述和历史发展[J]. 地震地磁观测与研究，1980(2)：20-25.

[11] 戴念祖. 我国古代的极光记载和它的科学价值[J]. 科学通报，1975，20(10)：457-464.

[12] 黄鼎. 管窥辑要[Z]//故宫博物院. 故宫珍本丛刊：第406册. 海口：海南出版社，2000.

[13] Fritz H. Verzeichniss Beobachteter Polarlichter [M]. Wien：Leopold Sommer & Comp.，1873.

[14] Link F. Observations et Catalogue des Aurores Boréales Apparues en Occident de 1601 *à* 1700[J]. Geofysica Sbornik，1964(12)：501-550.

[15] 中国科学院云南天文台古代黑子记录整理小组. 我国历代太阳黑子记录的整理和活动周期的探讨[J]. 天文学报，1976(2)：217-227.

[16] 王振铎. 司南指南针与罗经盘：中国古代有关静磁学知识之发现及发明：中[J]. 考古学报，1949(4)：185-223.

[17] 岑天庆. 中国古代指南鱼和指南针的复原实验研究[J]. 物理实验，2018，38(5)：20-25,31.

[18] 王振铎. 中国古代磁针的发明和航海罗经的创造[J]. 文物，1978(3)：53-61.

[19] 张箭. 论火药和指南针在下西洋中的应用[J]. 古代文明，2008(1)：78-83,113.

第2章

静电学的发展

2.1
电学的诞生

2.1.1 摩擦电源的发明

在摩擦电源诞生之前，人类虽然观察到琥珀、硫黄等少数物质的“顿牟掇芥”现象，但基本上仅仅停留在对电现象的观察上。

1600年，英国医生和磁学家吉尔伯特（William Gilbert，1544—1603年）在《论磁石》（*De Magnete*）一书（关于该书和吉尔伯特的详细情况，见本书4.1节末尾和4.2节）中对电现象进行了专门的讨论。书中第一次把像琥珀一样通过摩擦就能够吸引纸屑等微小物体的现象统称为“电”（electricus）现象，并第一次指出它与“磁”的不同。吉尔伯特认为，这类物体之所以能够出现这样的“电”现象，是因为通过摩擦移除了其中的部分“电气”(electric effluvium)，从而使它们能够对释放这种“电气”的物体产生吸引力，以求再次“重合”。为了检测物体是否带电，吉尔伯特还发明了一种验电器，也就是一个可以在底座上自由旋转的金属指针(图 2.1)[1]。

图 2.1 吉尔伯特的验电器[1]

相比于磁现象，电现象的研究要困难得多，因为一直没有找到恰当的方式产生稳定的静电。只有在摩擦起电机发明之后，人们才有可能对电现象进行系统的研究。

作为抽气机的发明者，盖里克(Otto von Guericke，1602—1686 年)(图 2.2)最为人所知的应该是他为了证明大气压的存在而于 1654 年在雷根斯堡进行的马德堡半球实验。其实人类史上第一台摩擦起电机也是他在 1660 年发明的。盖里克所发明的摩擦起电机是一个可以绕中心轴旋转的大硫黄球(图 2.3 右)，利用干燥的人手或布帛与旋转的球面接触，球面上便可以产生大量的电荷。盖里克之所以会想到用一个旋转的硫黄球来做实验，是因为他想说明地球引力的起因，用他自己的话来说，是想证明地球吸引力乃是某种“星际的精气”[2]。当他举起经过摩擦的硫黄球时(图 2.3 左)，周围的羽毛、枯叶纷纷向他聚集，就像万物被地球吸引一样。盖里克的硫黄球实验的确模拟了地球的吸引作用，甚至还显示了硫

图 2.2 盖里克

黄球的引力比地球的引力大。然而,他也发现了两者的不同之处,羽毛在硫黄球和地板之间会上下跳动,这就是说,物体除了受到吸引,也有部分受到排斥。自此,他开始意识到,重力并不能归结于电力,它们各有自己的特点。

图2.3 盖里克举起硫黄球(左),盖里克的摩擦起电机(右)[3]

盖里克所做的这些实验得到了许多饶有兴趣者的见证,因此这一装置很快被传播到了欧洲各地。在很短的时间内,他的摩擦起电机实验被多次重复,人们纷纷仿照他的方法进行静电实验。这一实验同样引起了牛顿(Issac Newton,1642—1727年)的兴趣,牛顿在1675年对该装置进行了第一次改进,用玻璃球替代了硫黄球。

1705年,英国科学家豪克斯比(Francis Hauksbee,1660—1713年)进一步用空心玻璃球代替硫黄球,实验结果与盖里克的一致。豪克斯比出生在一个新兴的手工业家庭,从小就有很强的制造工具和仪器的能力,后来被当时的皇家学会会长牛顿看中,并被牛顿安排在学会中当实验员。他之所以用空心玻璃球代替硫黄球,其实是出于一个偶然的机会——对"水银磷光"现象的解释。1678年的一个晚上,法国天文学家皮卡德(Jean Picard,1620—1682年)在摇动一个气压计时偶然看到托里拆利管中泛出磷光，于是他将这一现象称为"水银磷光"现象。豪克斯比认为，要找到"水银磷光"的原因，就得先弄清楚产生它的各种条件。他把空气压入一个水银真空管中，发现当空气经过水银泡时会引起水银的翻腾，同时在水银上方的真空管中出现了磷光。通过这次实验，他认识到"水银磷光"其实是一种真空中的摩擦起电现象。豪克斯比进一步设想，如果这种认识是正确的话，那么其他物质在同等条件下也应该能产生磷光。于是，在 1705 年 12 月 9 日这一天，豪克斯比在英国皇家学会上做了这样一个实验：将一个能够旋转的琥珀球和一个贴有湿布的支架安装在一起。当琥珀球旋转时，支架会自动地把湿布压在球面上。他将这套仪器装进一个玻璃罩中，然后将玻璃罩抽成真空。当琥珀球旋转时，罩内产生了强烈的辉光。当他把空气输入玻璃罩时，辉光就渐渐暗了下来，直至最后完全熄灭。上述实验结束后，豪克斯比开始寻找产生这种现象的其他条件。他做了一个空心玻璃球，把它抽成真空后装在一根水平轴上，另外又设计了一个扶手，使空心玻璃球能够旋转，又把一块湿布贴在玻璃球的外表面，当球旋转时能与之发生摩擦。他发现，这种装置也能在真空室中产生辉光，只是光比较微弱而已。但出人意料的是，豪克斯比后来发现这台仪器竟是一台容量很大的摩擦发电机。它除了容量大的优点外，还具有能够让操作者通过辉光的强弱来判别发电机工作状态的好处[2]。

后来，又有其他科学家陆续对盖里克的摩擦起电机进行了改进。自此以后，直到 18 世纪末，摩擦起电机都是研究电现象的基本工具。利用这种装置，科学家们先后得到了许多重要的结果，而这一装置的发明也成为电学诞生不可或缺的前提条件。

2.1.2 静电学的诞生

在摩擦电源向人类打开电世界的大门后，英国物理学家格雷(Stephen Gray，1666—1736 年)成为跨入这个大门的第一人，为静电学成为一门独立学科奠定了基础。1666 年，格雷在英国的一个手工业家庭出生。他精于工艺，最重要的贡献是发现了电的传导现象，并确定了有些物体是导电体，有些物体是非导电体。

1708年，格雷在写给斯隆①(Hans Sloane，1660—1753年)的一封信中首次表露了他对电现象的兴趣。在这封信中，他描述了利用下落的羽毛探测物体是否带电的方法，并坦言道：经过摩擦的玻璃管在放电时会产生火光，而他则被这一现象深深地吸引了，他同时还意识到所产生的火光应该与电有关。起初，格雷想这应该是一种产生于玻璃管中的放电现象，但他很快便放弃了这种想法。重新考虑之后，他认为这是一种类似于引力吸引和电传导的特性。

1720年，格雷发表了《关于一些新电学实验的说明》(*An Account of Some New Electrical Experiments*)一文[4]。在这篇文章中，他指出自己发现了一类具有显著琥珀效应的物质，而这类物质此前从未被人发现过。它们皆为非刚性物体，如羽毛、丝绸、头发等，这是继吉尔伯特发现"类琥珀体"后所取得的又一进展。格雷也因这一发现而获得皇家学会的第一枚科普利奖章(Copley Medal)。格雷还曾试图用摩擦的方法使金属带电，但结果却令人失望，这主要是因为当时人们并不知道物质有导体和绝缘体之分。1729年，他发现除了摩擦使物体带电以外还有一种使物体带电的方法，即感应带电。但囿于当时已有的知识，他并不是很清楚为什么这种感应带电的现象只有发生在某些物体(即导体)上时才最显著。直到1731年，格雷才向时任皇家学会秘书的莫蒂默(Cromwell Mortimer，1702—1752年)写信，说明自己发现了导电和绝缘现象。在给莫蒂默的信中，格雷详述了他进行这些实验的原因，以及电流体(当时的科学家认为电是一种流体)是否可以在带电物体之间传递这一问题是如何引起他的兴趣的[5]。

格雷在实验中使用的是一个长3.5英尺②、直径为1.2英寸③的玻璃管，用干燥的手或纸摩擦该玻璃管可以使其带电。相比于当时大型的电学仪器，这种玻璃管不但轻便而且廉价，因而很常用。格雷首先在玻璃管的两端各塞上一个软

---

① 斯隆爵士出生于爱尔兰基利里，是一名内科医生，更是一名大收藏家，其收藏品来自世界各地。

② 1英尺=12英寸≈0.3048米。

③ 1英寸≈2.54厘米。

木塞，这样就能保证在不使用玻璃管时，灰尘无法进入其中。他注意到玻璃管带电后，羽毛会同时受到玻璃管和木塞的吸引。据此现象，格雷得出了“吸引特性”从玻璃管传递到了木塞上的结论。他似乎觉得电很可能是通过某些固体介质来传导的，就好像声音的传递那样。于是，格雷又进行了下面的实验：取一根约 4 英寸长的木头，然后将其一端连在软木塞上，另一端连接一个象牙小球。他发现“吸引特性”不但被传递给了象牙小球，而且这种吸引力甚至比软木塞更强了。尔后，他又相继尝试用铁丝和铜丝连接玻璃管和象牙小球，发现这两种材料也可以传递“吸引特性”。但由于摩擦玻璃管所产生的振动会干扰整个实验，因此格雷使用包装线替代金属丝，并且插入一个回路以吸收玻璃管的振动。此后他一发不可收拾，在家中寻找一切可用于测验的物体。首先引起他关注的是金属：他测试了一些硬币、锡块和铅块、火铲、火钳、铜制茶壶（空的和满的，装有热水的和凉水的）以及一个银壶。他发现上述所有物体均可导电。接着格雷测试了所能找到的非金属物体，包括一些不同种类的石头和一些绿色蔬菜等，他发现这些物体也可以传递“吸引特性”。在接下来的几天时间里，格雷增加了装置的长度后继续实验。需要指出的是，这些实验装置是垂直的，即玻璃管在顶端，中间是木棒、包装线或金属丝等，末端是象牙球。格雷如此进行实验可能仅仅是出于操作的简单性（因为悬挂不需要任何支撑物），而并非他认为电流体需要向下流动。他的装置后来越来越高，最后悬挂到了他在阳台所能触及的最高处，而装置的末端则触及庭院。他想，既然装置已经达到了房屋的上限，如果要继续增加装置的长度，理所当然要将装置水平放置。然而实验进行得并不顺利，因为线拉长后就需要在中间加一些支架或吊具（图 2.4）。但他没有注意到的是，电并没有到达象牙球而几乎全部在放支架或吊具的地方漏掉了。格雷后来在拜访他的朋友惠勒（Granville Wheler，1701—1770 年）时提及此事，惠勒便建议他换一些支架或吊具重新试试。就在不断更换支架或吊具的过程中，他意外地发现了两种不同性质的物质，一类不导电，另一类则可以导电。

自 1736 年格雷去世后，英籍法国物理学家德萨古里斯（John Theophilus Desaguliers，1683—1744 年）继续研究格雷所发现的现象。他在 1739 年进一步将物质确定为两大类，并分别命名为非导体（或电介质）与导体（或非电介质）。

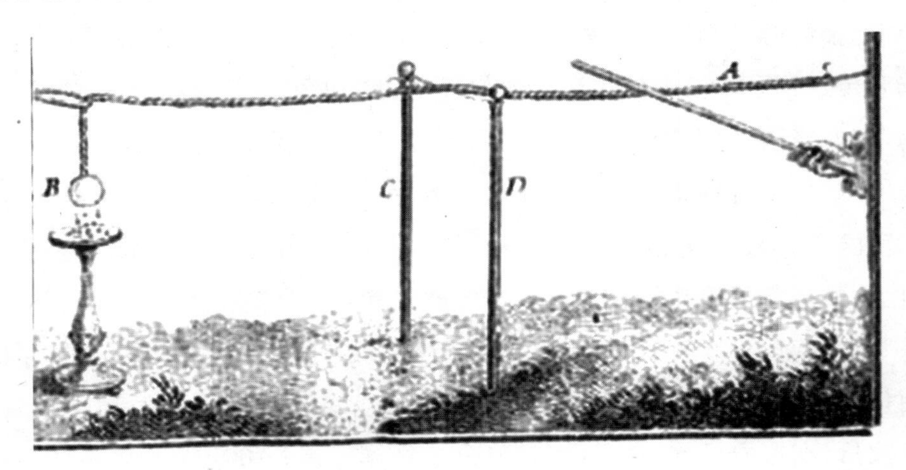

图2.4 格雷的导电实验

在格雷所处的时代，物理学家们曾围绕电的性质开展过一场辩论。部分物理学家认为电是一种流体，而另一部分则认为电是一种运动形式。持后一种观点的人将电与热进行类比，认为它们具有一些相同的规律：它们都可以通过摩擦产生；它们都可以从一个物体传到另一个物体，而且最好的导热体往往同时导电性也最好。但他们却无法解释为什么热能使物体温度升高而电却不能。格雷在1729年的一个重要发现最终否定了这种观点。格雷发现，当一个空心木球和一个实心木球带有等量电荷时，它们产生的电效应相同，电荷沿物体表面分布的概念便是由此最先形成的。人们知道热不会只沿物体表面分布，因而放弃了后一种观点转而接受电是一种流体的观点。

有一次，格雷发现一个自由悬挂的轻摆可以绕着一个大的带电物体做圆周运动。据此，他类比行星绕太阳的运动提出了带电粒子的行星模型假说。在该假说中，他认为小的带电粒子可以围绕大的带电粒子做圆周运动，运行轨道一般为椭圆；小的带电粒子通过远日点的速度比通过近日点的速度快。但这一模型在当时并未引起关注。

自从对电学产生兴趣后，格雷一直进行着电学实验，对电学的研究也从未懈怠过。直至生命的最后一刻，他仍在病榻上向他的学生和助手讲述他的电学思想。

格雷在电学上所涉及的范围之广,所提出的思想之新,所取得的成就之大,都足以确立他在电学中奠基者的身份。也正是因为他,电学研究才最终成为一门建立在实验基础上的独立学科[6]。

2.1.3 第一条静电学基本原理的发现

1733年,法国科学家杜菲(Charles François de Cisternay Du Fay,1698—1739年)在《皇家学会哲学汇刊》(*Philosophical Transactions of the Royal Society*)上发表了一篇重要论文——《论电》(*Concerning Electricity*)[7],提出了他的二元电流体假说。杜菲认为存在两种电,其中由玻璃产生的为玻璃质电(vitreous electricity),由树脂产生的为树脂质电(resinous electricity),这种叫法一直沿用了15年,直到沃森(William Watson,1715—1787年)和富兰克林(Benjamin Franklin,1706—1790年)分别独立地创造出正、负电荷称谓后才被取代。在此假说的基础上,杜菲推出了电学史上第一条静电学基本原理——"同性相斥,异性相吸",并总结出物体带电的3种方式,即摩擦带电、传导带电和感应带电。

尽管在电学发展的过程中,电流体这一概念最终被废弃,但电流体假说在电学理论创立初期可谓功不可没,为电学家们提供了强有力的概念工具。18世纪上半叶,当格雷使人们普遍接受电是一种流体的观点后,便逐渐产生了两大学派,其一是以杜菲为代表的二元电流体学派,其二是以富兰克林为代表的一元电流体学派。关于富兰克林的一元电流体理论,将在2.2节详细介绍,这里先来看看杜菲的二元电流体理论。

在杜菲之前,关于两个带电物体之间相互作用的研究并未得到充分的重视。而当杜菲在一次实验中观察到两片金箔与同一个带电体接触后互相排斥的现象时,他感到眼前一亮,似乎一个新的原理隐匿其中正等待他去发现,即带电体之间永远相互排斥。不久之后,他又发现一片金箔在与一个带电的玻璃管接触后竟然被一根经过摩擦带电的树脂棒所吸引,与他先前观察到的现象正相反,而这是他所未曾预料到的。他很庆幸当时没有急于发表最初的结论,也由此得到了

启发,产生了二元电流体的思想,即认为存在两种电。他说道:

> 这样,我们懂得了存在两种性质完全不同的电,即透明固体,如玻璃、晶体等所带的电和沥青体或树脂体,如琥珀、柯巴脂、蜡块等所带的电。它们中的任何一个物体均排斥那些与自身所带电相同的物体,而吸引那些与自身所带电相反的物体。[8]

如果说打开电学实验大门的是发明摩擦起电机的盖里克,将电学作为一门独立科学建立起来的是格雷,那么发现静电力基本特性,将电学推进到基本原理发现阶段的便是杜菲。

2.1.4 莱顿瓶的发明

尽管盖里克、格雷、杜菲等人先后研究并发表了诸多关于电现象和电特性的文章,但是他们都是通过摩擦方式产生电的,而且都没有办法储存大量的电荷。一直到荷兰莱顿大学的物理学教授穆森布洛克(Pieter van Musschenbroek,1692—1761年)发明出可以储存电荷的莱顿瓶,这一问题才得以解决。也正因如此,人类才可以在电学研究上更进一步。

当格雷和德萨古里斯将物质分为导体和绝缘体两大类后,科学家们便开始研究储存电荷的方法。有人将带电的物体放在绝缘支架上,或是用绝缘丝将其吊起来。这样做虽然有一定的效果,但是电荷往往会慢慢地泄露到空气中,尤其是在有风或空气潮湿的情况下。因此,有人干脆把带电物体放在一个密封的绝缘体中。最先使用这种方法的是在卡门①工作的克莱斯特[6](Ewald Georg von Kleist,1700—1748年),他从1745年开始利用酒精或水银来储存电荷,效果甚好。具体做法是:先将酒精或水银注入一个细颈玻璃瓶中,再插入一根金属棒,

① Kamień,荷兰西北部的一个小镇。

使金属棒与酒精或水银接触，然后通过金属棒将摩擦发电机产生的电荷导入瓶内。他发现，如果瓶内的电荷过量，金属棒的上端就会产生一个光锥，大量的电荷会随着光锥散发到空气中。于是每次充好电后，他便将金属棒拿走，这样瓶内酒精或水银上的电荷便可以长期保存而无减损。同年 11 月 4 日，克莱斯特将他的发现告知李贝尔金(Johann Nathanael Lieberkühn，1711—1756 年)教授，李贝尔金随即将这一发现报告给了柏林科学院。

1746 年 1 月，穆森布洛克宣布他、阿尔曼德(Jean-Nicolas-Sébastien Allamand，1713—1787 年)以及他的学生古纳努斯(Andreas Cunaeus，生卒年不详)发现了储存电荷的方法。他们选择水作为电荷的存储剂，将一些金属球放入一个盛有水的玻璃瓶内，然后用类似于克莱斯特的方法给瓶子充电(图 2.5)。有一次，古纳努斯一手拿瓶，另一只手无意中触摸到插在瓶中的金属棒，他立刻受到了猛烈电击，这时的他尚不知手中所拿的东西其实是一个大的电容器。他们几人均受到过电击，穆森布洛克曾风趣地说：

> 蒙上帝怜悯，我才免于一死，就是为法兰西王国我也不愿再冒这个险了。

然而，《皇家学会哲学汇刊》上发表的一封日期为 1745 年 2 月 4 日的信却表明，在穆森布洛克宣布这一发现的一年前，这种电荷储存瓶就已经存在于他的实验室了[9]。对此，争论一直不断，一般的观点是：《皇家学会哲学汇刊》上这封信的编辑者特朗布雷(Abraham Trembley，1710—1784 年)要么是弄错了信的真实日期，要么是在翻译时出现了差错。尤其是考虑到当时在克莱斯特已领先一步的情况下，穆森布洛克更没有理由推迟 11 个月才将该发现公之于众。

法国电学家诺莱(Jean-Antoine Nollet，1700—1770 年)将这种可以储存电荷的瓶子称为莱顿瓶(图 2.6)。人们可能会觉得有些疑惑，为什么不以克莱斯特工作的地点卡门命名呢？据说在克莱斯特公布他的发明后，很多人并不清楚他说的是什么，询问的信件纷至沓来。但由于克莱斯特本人对电瓶的原理也不甚理解，因此无法给出令人满意的回答。然而对于作为莱顿大学教授的穆森布洛克来说，解释其原理却是相当容易的，因此后来的人们就更倾向于认为莱顿瓶是由穆森布洛克发明的。

图2.5 莱顿瓶的第一幅插图

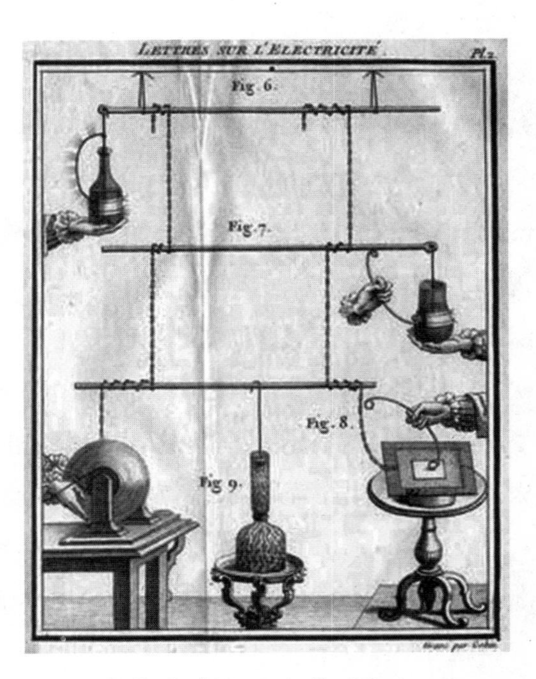

图2.6 诺莱的《关于电的信》(*Lettres sur l'Électricité*)中关于莱顿瓶的早期插图(1751年)

在用莱顿瓶做实验的人当中，诺莱无疑是最为出色的一个，他对莱顿瓶进行了改进，大大提高了电的容量。1748年，他让两百多名修道士在巴黎修道院前手拉手排成圆圈，然后让第一人和最后一人手握莱顿瓶的引线。当莱顿瓶放电时，这些修道士几乎同时跳了起来，使在场的贵族们无不目瞪口呆，同时也使电的声威达到了高潮。

后来英国科学家沃森对莱顿瓶进行了一次重大改进。他在原有基础上，给玻璃瓶内外各镀上了一层金属，使莱顿瓶的储电容量显著提高。他还发现，镀层的面积越大，玻璃瓶壁越薄，莱顿瓶的储电容量就越大，这实际上是发现了我们现在所熟悉的电容器原理。

2.2 富兰克林的研究

富兰克林(图 2.7)出生于美国马萨诸塞州波士顿。他的父亲当时以制造肥皂和蜡烛为生,共有 17 个孩子,其中富兰克林最小。富兰克林 8 岁时入学读书,虽然成绩优异,但由于家中孩子太多,父亲无法负担他读书的费用而被迫在 10 岁时辍学回家。12 岁后,在将近十年的时间里,他一直在哥哥詹姆士经营的小印刷所里做印刷工。但是,他却从未中断自己的学习。富兰克林从伙食费中省下钱来买书,同时还结识了几家书店的学徒,以便在晚间可以将书店的书偷偷借来。他常常通宵达旦地阅读,第二天清晨再将所借之书归还。他的阅读涉猎甚广,涵盖科学技术方面的通俗读物和著名科学家的论文以及著名作家的作品。1736 年,富兰克林当选为宾夕法尼亚州议会秘书,次年任费城副邮务长。尽管工作日益繁重,但他仍然坚持每天学习,并先后掌握了法文、意大利文、西班牙文以及拉丁文。此外,他还广泛关注并学习先进的科学成果,为自己后来的科学研究奠定了坚实的基础。

图 2.7　富兰克林

1745 年,富兰克林的朋友克林逊(Peter Collinson,1694—1768 年)送给他一本《绅士杂志》(*The Gentleman's Magazine*)(图 2.8),这一期的杂志上恰好刊载

了一篇关于电学研究发现的文章。正是这篇文章将富兰克林引入了电学研究的殿堂，使他被电学深深地吸引[2]。1746年，富兰克林参加了电学家斯宾塞(Archibald Spencer，1698—1760年)在波士顿举行的一次电学实验讲演会，后来他出钱买下了斯宾塞讲演用的实验设备，同他的几位朋友开始进行电学实验。此时的富兰克林年逾不惑，虽然已过了最好的青春年华，但由于他的心中始终为科学预留着位置并全身心地投入研究，所以终能大器晚成。短短几年的时间内，富兰克林就发现了尖端放电现象，发明了避雷针，发现了电荷守恒定律，并进行了著名的风筝实验，把天上的电引到地上，证明了天电与地电的同一性，因而成为家喻户晓的电学家、现代电学的奠基人之一。他的《电的实验和观察》(*Experiments and Observations on Electricity*)一书是现代电学理论的奠基之作(图2.8)。德国19世纪著名科学家洪堡(Alexander von Humboldt，1769—1859年)曾言：

The Gentleman's Magazine:

For APRIL 1745.

CONTAINING,

图2.8　1745年4月《绅士杂志》

> 从这个时代起，电学的发展由思辨物理学领域进入了对宇宙考虑的阶段，从幽深的书斋走进了自由的大自然界。[6]

2.2.1　尖端放电的发现

大约在1746年，富兰克林和他的几位朋友在费城开始了电学实验，他们最先发现的是尖端放电现象。尖端放电是在强电场作用下，物体尖锐部分发生的一种放电现象，属于一种电晕放电。当导体尖端的电荷特别密集、尖端附近的电场特别强时，就会发生尖端放电。富兰克林在1747年5月25日给克林逊的信中描述了他们的一个实验：

> 在一个干净的瓶口上放置一个铁弹，直径约3.4英寸，然后使铁弹带电，再用一根细绳将一个软木塞悬挂在天花板上。当铁弹靠近木塞时，木塞会被推到离铁弹4.5英寸远的位置。此时如果将一根细长尖锐的锥子的锥头在距离6英寸或8英寸的位置对准铁弹，铁弹对木塞的排斥力就会被破坏，木塞将飞向铁弹。一个钝导体必须放在1英寸的距离之内，而且在拖曳出一束火花后才能产生相同的效果。要证明电火被尖导体吸收了，就要这样试一试。[10]

2.2.2 电荷守恒定律的发现

1747年，富兰克林在给克林逊的一封信中提出了他的一元电流体假说和电荷守恒思想。实际上，在此之前，英国电学家沃森提出过一元电流体假说。他设想：如果某人与地绝缘，让他用毛皮摩擦一个玻璃瓶，他可能会比另一个站在地上用同样方式和力气摩擦玻璃瓶的人得到更多的电荷。然而事实与他的设想正好相反，因此他不得不重新进行思考。沃森认为玻璃瓶像一个"水泵"，它可以把电流体源源不断地抽到人的身上。根据这种设想便可得出，电既不能产生，也不会消灭，只能在某些条件下从一个物体传递到另一个物体。如果一个物体上出现了多余的电流体，则必然有其他物体失去了电流体。他将电流体比作水，将电流体的运动看作水的流动。这种形象的比喻其实还包含了一种更深层次的意义，即在沃森看来，电具有单质性，电的流动是单向的。但这并不意味着他认为电的极性不存在，正相反，他认为电有正负之分。沃森用物体含电流体的超饱和度表示物体具有正电性，用物体含电流体的欠饱和度表示物体具有负电性。他将电分为正电和负电的思想实际上要早于富兰克林。

富兰克林在这封信中根据如下的实验提出了电荷守恒定律：假设有A、B、C三人，①A和B分别站在绝缘的蜡块上，B拿着A用手摩擦过的玻璃管，结果两人都带电，且都能在与站在地上的C接触时产生火花；②如果A和B是在相互接触的情况下摩擦玻璃管的，则两人均不会带电；③如果第一种情况下带了电的A和B相互接触，就会产生比A、C和B、C接触时更强的火花；④在A和B接触放电后，两人均恢复了不带电的状态。

为了解释上述现象，富兰克林提出了他的一元电流体假说，他设想存在一种电基质(common element)，它渗透在所有的物体之中。当物体内部与外部电基质的密度相同时，物体显电中性。在起电过程中，一定量的电基质便由一个物体转移到另一个物体。他在信中这样写道：

> 我们认为电火是一种基质，在开始摩擦玻璃管之前，三人各含有一份等量的这种基质。站在蜡块上摩擦玻璃管的A将他身上的电火传给了玻璃管，并因为他所站的蜡块将他和共同电火来源之间的交通阻断了，所以他不会得到新电火的即时供应。同样，站在蜡块上以指节接触玻璃管的B接收了从A得到的电火，由于他与共同电火之间的交通也被阻断了，因而可以保有新接收的增量。对站在地上的C而言，A和B均带电，因为他身上的电量介于A与B之间，所以他在接近电量多的B时会接受一个火花，接近电量少的A时会送出一个火花。如果A和B接触，火花则更为强烈，因为此两者之间电量的差距更大。如此接触以后，A或B与C之间将不再有火花产生，因为三者所具有的火花已恢复原有的等量了。如果他们一边生电，一边接触，则此等量始终保持不变，电火也只是循环流动而已，因此我们中间就出现了一些新名词。我们说，B(以及类似的物体)带了正电，A带了负电；或者说B带正电，A带负电。我们可以在日常实验中根据自己的需要使用正电或负电，只要知道要产生的是正电还是负电即可。管或球被摩擦的部位能在摩擦时立即吸引电火，因而将它从摩擦物上接收过去。该部位也能在停

止摩擦时将所接收的电火输送给电火较少的任何物体，就这样，你便可以使电火循环流动了。[10]

富兰克林的解释可以表述为：在任何封闭的体系内，电基质的总量不变，它只能被重新分配而不能被创生，这便是电荷守恒定律。他的这一贡献使电学研究从单纯的现象观察进入到精密的定量描述，使人们开始有可能用数学方法来表示和研究电现象。

2.2.3 避雷针的发明

避雷针，又名防雷针，是用来保护建筑物、高大树木等免遭雷击的装置。雷云在接近地面放电时会使地面电场发生畸变，在避雷针的顶端形成局部电场集中的空间，从而影响雷电先导放电的发展方向，引导雷电向避雷针放电，再通过接地引下线和接地装置将雷电流引入大地，从而使被保护物体免遭雷击。唐代《炙毂子》一书中记载了这样一件事：汉朝时，柏梁殿遭到火灾，一位巫师建议，将一块鱼尾形状的铜瓦放在层顶上，就可以防止雷电所引起的天火。屋顶上所设置的鱼尾形状的瓦饰，实际上兼作避雷之用，这可认为是现代避雷针的雏形。而现代意义上的避雷针则是由美国科学家富兰克林发明的。

在发现尖端放电现象之后，富兰克林便开始观察研究打雷、闪电和云的成因。在1749年4月29日给英国物理学家米谢尔(John Michell，1724—1793年)的一封信中，他提出了云层是由于不断受到蒸汽的摩擦而带电的。同年11月7日，为了支持他关于云层的电与摩擦电具有同一性的观点，富兰克林列举了12条关于闪电和实验中摩擦电的相似之处。他认为，尖导体既然能够释放或吸收物体上的电荷，那么也就可以释放或吸收云层中的电。他说道：

当带电的云飘过田野、高山、大树、高塔、尖屋顶、船舶桅杆和烟筒等物体时所产生的电火，与众多尖导体和突出物产生的现象别无二致，整个云层就在那里放出电来了。[10]

1750年7月,富兰克林写信给克林逊,向他详述了自己关于避雷针的设想。他写道:

> 既然尖导体可以把一个距离它很远的带电物体上的电释放掉以避免它对其他物体产生电击,那么尖导体对人类可能有些用处。

因此,他建议给一根上端尖锐的铁杆涂上一层防锈物,然后将其安装在房屋的最高处,沿着房屋的墙壁一直通到地下;或者安装在船只桅杆的顶端,沿着桅杆向下一直通向水中。它们便可以"在云层将要产生电击的千钧一发之际,将电悄无声息地从云层中吸走,从而使我们免受最突然、最骇人的悲剧"[10]。

然而,避雷针在最初发明与推广应用时,教会却把它视为不祥之物,说是装上了富兰克林的这种东西,不但不能避雷,反而会引起上帝的震怒而遭到雷击。但是,在费城等地,拒绝安置避雷针的一些高大教堂在大雷雨中相继遭受雷击。而比教堂更高的其他建筑物由于装上了避雷针,在大雷雨中却安然无恙。所以,尽管当时人们还未全然接受富兰克林关于雷电与摩擦电相同的说法,但是由于避雷针已在费城等地初显神威,确保了生命和财产的安全,人们还是听从了富兰克林的建议,避雷针随即传到北美各地,之后又传入欧洲,最后才进入亚洲。

避雷针传入法国后,法国皇家科学院院长诺雷(Antoine Louis Rouillé,1689—1761年)等人一开始反对使用避雷针,后来又认为圆头避雷针比富兰克林的尖头避雷针好。但一般法国人仍然选用富兰克林的尖头避雷针。据说,当时的法国人把富兰克林看作苏格拉底的化身,他由此成了人们崇拜的偶像。他的肖像被人们珍藏在枕头下面,而仿照避雷针式样的尖顶帽成了1778年巴黎最摩登的帽子。

避雷针传入英国后,英国人也曾广泛采用富兰克林的尖头避雷针。但美国独立战争爆发后,富兰克林的尖头避雷针在英国人眼中似乎成了将要诞生的美国的象征。据说,当时的英国国王乔治二世(George Ⅱ,1683—1760年)在反对美国革命的盛怒之下,曾下令把白金汉宫的尖头避雷针换成圆头避雷针,以示与以尖头避雷针作为象征的美国势不两立。

2.2.4 风筝实验与电的同一性

18世纪最引人注目的一个科学事件无疑是富兰克林的风筝实验。这一实验的成功使富兰克林在科学界名声大振,他也因此在1753年11月30日荣获英国皇家学会颁发的科普利奖章,并当选为皇家学会会员。

在1752年10月19日给克林逊的信中,他详细描述了风筝实验的情况:在1752年6月的一天,阴云密布,电闪雷鸣,眼看一场暴风雨就要来临了。富兰克林和他的儿子威廉带着上面装有一个尖导体的风筝来到一个空旷地带,风筝的索引线系在给莱顿瓶充电的铁丝上。富兰克林高举风筝,他的儿子则拉着风筝线飞跑,由于风很大,风筝很快便飞上高空。刹那间,雷电交加,大雨倾盆。富兰克林和他的儿子一起拉着风筝线,父子俩焦急地期待着,此时,刚好一道闪电从风筝上掠过,富兰克林用手靠近风筝上的铁丝,立刻感到一种恐怖的麻木感掠过。他抑制不住内心的激动,大声呼喊:

> 威廉,我被电击了!成功了!成功了!我捉住"天电"了!!

随后,他将风筝线上的电引入莱顿瓶中。回到家以后,富兰克林用雷电进行了各种电学实验,证明了天上的雷电与人工摩擦产生的电具有完全相同的性质,即二者具有同一性。

英国物理学家普利斯特里(Joseph Priestley,1733—1804年)曾对这一实验做过高度评价,他认为富兰克林的风筝实验把雷电和普通的电统一了起来,是自牛顿以来最伟大的发现。因为它为人们以前感到最神秘、最可怕的自然现象提供了理性解释,它证明电效应不仅仅是一种人为现象,同时也是自然现象的一部分。这个实验让电学家们知道了如何在实验室中利用小的装置来揭示自然界中那种剧烈发生的现象的本质，从而逐步达到控制和利用自然的最终目的。

2.3 库仑定律的诞生

诞生于1785年的库仑定律是电学发展史上的第一个定量定律，也是电磁学和电磁场理论的基本定律之一。它是继牛顿万有引力定律之后发现的又一个遵循作用力与距离平方成反比的物理规律，二者之间存在着极大的相似性。人们不免会猜想库仑定律的发现是否曾受到过来自万有引力定律的启示，事实上确实如此。但如果仅有理论上的推测而无实验的检验，这一定律最终也不会被大家所接受。而库仑定律的发现过程在证实这一点的同时也向人们昭示着：尽管定律最终是由库仑(Charles-Augustin de Coulomb，1736—1806年)提出并以他的名字命名的，但它的发现却是多位科学家共同努力的结果。

2.3.1 来自牛顿万有引力的启示

18世纪中叶，随着富兰克林在电学领域不断取得引人注目的成就，越来越多的科学家也被电学这片尚待开垦的沃土所吸引，而前期广泛的实验研究已为静电学理论的创立准备了充足的条件。如何将已积累的丰富经验总结为理论成为电学家们日益追求的目标。同时，已取得辉煌成就的牛顿力学深深地影响着当时的电学家们，电学家们普遍将牛顿的万有引力定律和超距作用的哲学观点应用于电学和磁学，纷纷提出各自的猜测。1759年，德国物理学家艾皮努斯（Franz Aepinus，1724—1802年）假设电荷之间的作用力随带电物体之间距离的增加而减小，但遗憾的是他并未更进一步开展研究。次年，伯努利（Daniel Bernoulli，1700—1782年）首先提出猜想：带电物体之间的作用力是否也和万有引力一样，遵循平方反比关系。但对这一设想进行更为详细论述的则是英国的物理学家普利斯特里（图2.9）。他对前人和他那个时代的重要电学发现以及自己的重要电学研究成果加以汇总，于1767年出版了《电学的历史和现状及原始实验》（*The History and the Present State of Electricity, with Original Experiments*）。

图2.9　普利斯特里

该书被认为是18世纪最好的电学教材，同时也是科学史上的第一部电学史。由于他本人倾向于一元电流体理论，故而他对富兰克林和沃森等人的研究工作进行了详细介绍。他本人的研究主要集中于不同物质的相对电导率，并且最先发现放电后金属表面会留下显著的环状图样，即"普利斯特里环"现象。此外，他还研究过电风。但最为重要的发现是，他在解释富兰克林的一个实验时所总结出的带电物体相互作用力的定律。富兰克林曾在给普利斯特里的一封信中提及这个实验并向他求教，普利斯特里还专门重复了这个实验：

> 将一个木球悬吊在一个带电的银罐中直至触及罐的底部，当取出木球时，木球不带电。

他在书中这样写道：

> 难道我们就不可以从这个实验得出结论：电的吸引与万有引力服从同

一定律，即距离的平方①，因为很容易证明，假如地球是一个球壳，在壳内的物体受到一边的吸引作用，决不会大于另一边的吸引。[11]

普利斯特里的结论并非天马行空的想象，他所根据的正是牛顿的力学原理。牛顿在1687年就已经证明，如果万有引力服从平方反比定律，那么均匀的物质球壳对壳内物体应无作用。他在《自然哲学的数学原理》(*Mathematical Principles of Natural Philosophy*)第一篇第12章的开篇就提出了如下命题：

设对球面上每个点都有相等的向心力，随距离的平方减小，在球面内的粒子将不会被这些力吸引。

他的证明如下(图2.10)：

设 $HIKL$ 为该球面，P 为置于其中的一个粒子，经 P 作两根线 HK 和 IL，截出两段很小的弧 HI 和 KL；由于三角形 HPI 与 LPK 是相似的，所以这两段弧分别正比于距离 HP 和 LP；球面上任何在 HI 和 KL 上的粒子，终止于经过 P 的直线，将随这些距离的平方而定②。所以这些粒子对物体 P 的力彼此相等。因为力的方向指向粒子，并与距离的平方成反比，而这两个比例相等，为1∶1，因此引力相等而作用在相反的方向，互相抵消。根据相同的理由，整个球面的所有吸引力都被对方的吸引力抵消，因此 P 在所有方向上不被这些吸引力推动，证毕。[12]

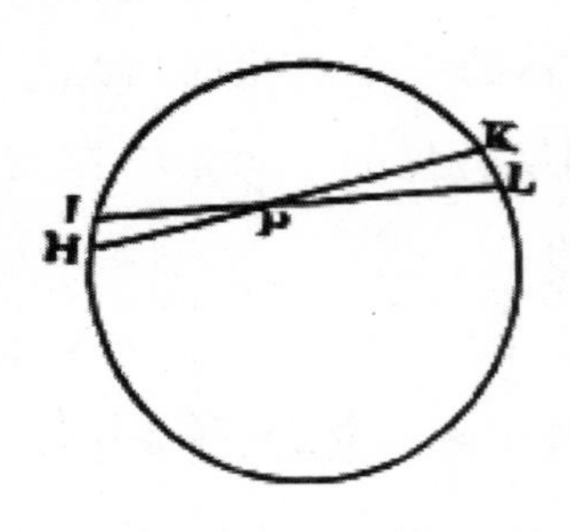

图2.10 牛顿证明球壳内任一点不受球壳引力作用的原图[11]

① 这里指的是与距离的平方成反比的关系。

② 即以 IH 和 KL 为界的粒子的质量，应与弧长的平方成正比，而弧长又与距离成正比。

牛顿的论述在当时人尽皆知，凡读过牛顿著作的人都可能想到表现出这种特性的作用力应该服从平方反比定律，普利斯特里也不例外。

2.3.2 从罗比逊到卡文迪什

虽然普利斯特里已经提出电荷之间的作用力与距离之间满足平方反比关系的结论，但并未引起科学界的普遍重视。主要原因是他仍停留在猜测的阶段，没有明确地进行论证和实验验证。一直到18年后，库仑才通过实验验证并得出了明确的结论。而在此期间还曾有两人做过定量的实验研究，并得到了同样的结果，但遗憾的是这两人都未能及时发表自己的发现。

一位是苏格兰物理学家和数学家罗比逊(John Robison，1739—1805年)(图2.11)。他在1769年时注意到艾皮努斯在10年前的推测，并设计了一个转臂装置(图2.12)进行实验研究。如图2.12所示，A和B为带电小球，二者之间存在静电相互作用；BD为转臂，是一个可以活动的支架，调节杠杆支架的角度可以使电力与重力的力矩达到平衡，根据支架平衡时的角度便可以推算出电力与距离之间的关系。不过该装置仅能测量同号电荷之间的斥力而无法测量异号电荷之间的引力，但他对此并未留下明确的文字记载。罗比逊以 $f=\frac{1}{r^{2+\delta}}$ 表示电力 f 与两球之间的距离 r 的关系，再根据数百次的测量结果推算得到 $\delta=0.06$，δ 是指数偏差。他认为指数偏大的原因应当归于实验误差，并由此得出结论：

图2.11 罗比逊

带电球的作用力正好相当于球心之间距离的反平方。[2]

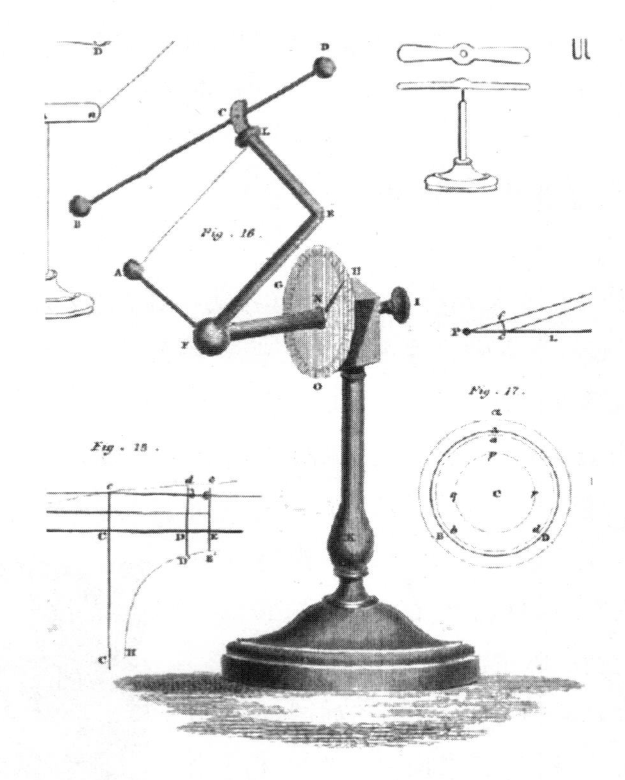

图 2.12　罗比逊的实验装置原图[13]

但遗憾的是，该论文在他死后 17 年的 1822 年才得以发表[13]，而此时库仑的工作早已得到科学界的公认。

图 2.13　卡文迪什

另一位则是英国著名的物理学家卡文迪什(Henry Cavendish，1731—1810 年)(图 2.13)。普利斯特里关于电作用力的结论可能给予了卡文迪什一定的启发，但可以肯定的是他受到过米谢尔的影响。当卡文迪什在剑桥大学求学时，米谢尔在该校执教，他曾经听过米谢尔的课。他们在 1770 年同时当选为英国皇家学会的会员，同年，卡文迪什加入皇家学会俱乐部，米谢尔则是这个俱乐部的常客。在这个带有午餐性质的俱乐部每周所举行的一次例会上，他们二人可以讨论彼此都共同感兴趣的课题，并因此建立了深厚的友谊。当时的英国物理学家们既不重视数学也不关心力的定律，那个时代的物理学还是单纯的实验科学，物理学家们的兴趣是以太，他们的主要理论属于非力的机械论。但米谢尔和卡文迪什却秉持着这样的信念：牛顿自然哲学的最终目的就是要发现物体粒子之间吸引力和排斥力的数学定律，并由这些力推测出新的现象。他们致力于扩大牛顿力学的成就，引力成为他们借以推导新现象的依据。沿着这样的研究方向，他们最终将引力理论推广到磁学和电学领域。1750 年，米谢尔借助距离平方反比定律将万有引力和磁力归于同一形式，但电作用力问题仍未解决。

在米谢尔的鼓励和支持下，卡文迪什积极探索，最终将电力、磁力和万有引力的形式统一了起来。他一生从事过许多电学研究，也写过很多篇电学论文，但在他生前仅有两篇发表，一篇是 1771 年发表的论文《用弹性流体解释一些主要电学现象的尝试》(*An Attempt to Explain Some of the Principal Phenomena of Electricity by Means of an Elastic Fluid*)[14]，另一篇则是发表于 1776 年的《用电模拟电鳐效应的一些尝试的说明》(*An Account of Some Attempts to Imitate the Effects of the Torpedo by Electricity*)[15]。卡文迪什逝世后，他那些珍贵的手稿便被束之高阁。在沉睡了 70 年后，最终辗转到了慧眼识珠之人——麦克斯韦(James Clerk Maxwell，1831—1879 年)的手里。经过认真整理，麦克斯韦于 1879 年将其发表，书名为《尊敬的亨利·卡文迪什先生的电学研究》(*The Electrical Researches of Honourable Henry Cavendish*)。至此，卡文迪什诸多重要发现终于在多年之后得以展现在世人眼前。

在这些滞后发表的手稿中，便有他在 1773 年为了确定电作用力满足平方反比定律而做的一个实验。他的实验装置由两个同心金属球壳构成，外球壳由两个半球组成(图 2.14)。他这样描述自己的装置：

> 我取了一个直径为 12.1 英寸的球，用一根实心的玻璃棒穿过中心作为轴，并以封蜡覆盖……然后把这个球封在两个中空的半球中间，半球直径为

13.3 英寸，1/20 英寸厚……接着，我用一根导线将莱顿瓶的正极接到半球上使其带电。[17]

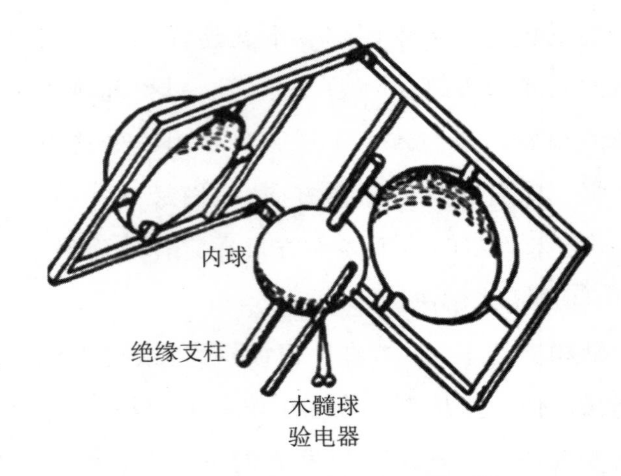

图 2.14 卡文迪什的实验装置[16]

他用一根导线连接内球和外球，这根导线又与一根丝线连接，这根丝线从外球上的一个小孔穿入以便能够随时断开内球与外球的电接触。他用莱顿瓶给外球充电，用木髓球验电器测试内球是否带电，结果发现验电器没有任何反应，这说明内球没有带电，电荷全部分布在外球上。他重复了多次后发现指数偏差不超过0.02，从而确定了电作用力与距离的平方成反比这一关系。他的依据与罗比逊相同，均为牛顿在《自然哲学的数学原理》中所做出的证明。此外，这些手稿中与电学相关的内容大体还有以下 4 个方面：①电荷沿导体表面分布；②关于电容量的确定和表示；③关于电介质的电容率，即介电常数的测定；④关于相对电导力。

关于卡文迪什为何在生前未将他的诸多发现公之于众的问题，大家众说纷纭，莫衷一是。对此，麦克斯韦写道：

[这些关于数学和电学实验的手稿将近二十捆。其中]物体上电荷分布的实验，卡文迪什早已写好了详细的叙述，并且花费了很大的力气写得工工整整，而且所有这些工作在 1774 年之前就完成了，但卡文迪什仍然兢兢业

> 业地继续做电学实验，直到1810年去世，手稿仍在他的身边……卡文迪什对研究的关心远远超过对发表著作的关心。他宁愿挑起最繁重的研究工作，克服那些除他自己没有别人会重视甚至也没有别人知道的困难。毋庸置疑，他所期望的结果一旦获得成功，他会得到多么大的满足。但他并不因此急于把自己的发现告诉别人，不像一般搞科研的人那样，总是要确保自己的成果得到发表。卡文迪什把自己的成果埋藏得如此之深，以至于电学的历史失去了它本来的面目。[17]

卡文迪什不关心论文的发表可能和他出身于贵族家庭，有大量的时间进行科学研究而无需为生计发愁有关。但他醉心于科学研究，全身心投入的这种精神却与他的性格密切相关。他性格孤僻，除了少数的几位朋友，没有更多的交际。他沉着冷静，淡泊名利，一辈子过着一种清高的精神生活。可能也正是这样的家庭背景和性格造就了这样一位专注、纯洁、高尚的科学家。

2.3.3 库仑定律的发现

库仑(图2.15)是法国著名物理学家和工程师，出生于法国昂古莱姆的一个富裕家庭。他曾先后就读于马扎兰学院和法兰西学院，1760年进入梅齐埃尔工兵学校。1764—1781年，库仑一直以工程师的身份在法国军队中服役，1781年才定居巴黎并在此组建了家庭。他的主要贡献有扭秤实验、库仑定律、库仑土压力理论等。因其在电学方面的重要贡献，电荷的单位"库仑"就是以他的姓氏命名的，同时他也被称为"土力学之始祖"。1801年，库仑当选为法兰西研究院名誉主席。

图2.15　库仑

在研究电作用力的规律时，库仑采用了与卡文迪什等人不同的实验方法——扭秤实验，从静力学和动力学两个角度，得到了最终的库仑定律。

1. 扭力秤的发明

1784年9月4日，库仑在巴黎科学院宣读了他关于悬丝扭力的论文——《关于扭力和金属丝弹性的理论和实验研究》(*Recherches Théoriques et Expérimentales sur la Force de Torsion et sur l'Élasticité des Fils de Metal*)[18]。这篇论文主要探讨了两个问题：(1)在弹性范围内，扭力、扭角和悬丝各参数的关系；(2)在非弹性范围内，产生扭力的原因以及金属的内聚力。其实早在1777年时，库仑就提出过一个扭力公式：

$$M=\frac{\mu D^3\Theta}{l} \tag{2.1}$$

式中，M表示扭力力矩；D和l分别表示悬丝直径和长度；Θ为悬丝扭角；μ为悬丝的弹性系数。但1777年时库仑所使用的悬丝是丝线或头发，当时的技术还不足以测量出这么小的直径，所以他关于扭力与直径的立方成正比的结论多多少少有些猜测的成分，这也导致了这一公式的错误。

在此之后，库仑制作了一台丝悬磁针供巴黎天文台测量地磁场强度之用。他发现，即使在无外界干扰的情况下，磁针依然会有微小的振荡。他认为这样的振荡是空气中的电造成的，因此决定改用金属丝做悬线，以便将磁针上的电荷导走。但结果令人失望，他的改造未能成功，因为金属丝的弹性太大以至于无法测量地磁。这一问题引导着他去研究金属丝的弹性以建立正确的弹性理论，并因此而发明了扭力秤。1785年，库仑对他8年前提出的公式进行了修改，从而得到了正确的扭力公式：

$$M=\frac{\mu D^4\Theta}{l} \tag{2.2}$$

该公式中的各个符号及其表示的意义均与式(2.1)相同。这次，为了正确测得悬线直径的大小，他采用了间接测量的方法：将一根长丝线缠在一根棒上，测量出单位长度上的匝数后再求得悬丝的平均直径。

库仑所发明的扭力秤(图2.16)的上端固定了一根金属丝，金属丝另一端悬

挂重物 P 以使金属丝保持伸直状态，同时还提供一个转动惯量，保证扭力秤在简谐运动的情况下获得给定的振荡周期。但这种扭力秤仅适合扭力和扭角线关系的测量。后来，他还发明了多种扭力秤，用于测量电荷相互作用力和磁针相互作用力，再加上 1798 年卡文迪什用于测量万有引力的米谢尔型扭秤，在 18 世纪总共出现了 4 种类型的扭秤。尽管使用范围各不相同，但其基本原理却是一致的，都是通过悬丝的扭角来测量扭力秤上的负荷所受的外力。

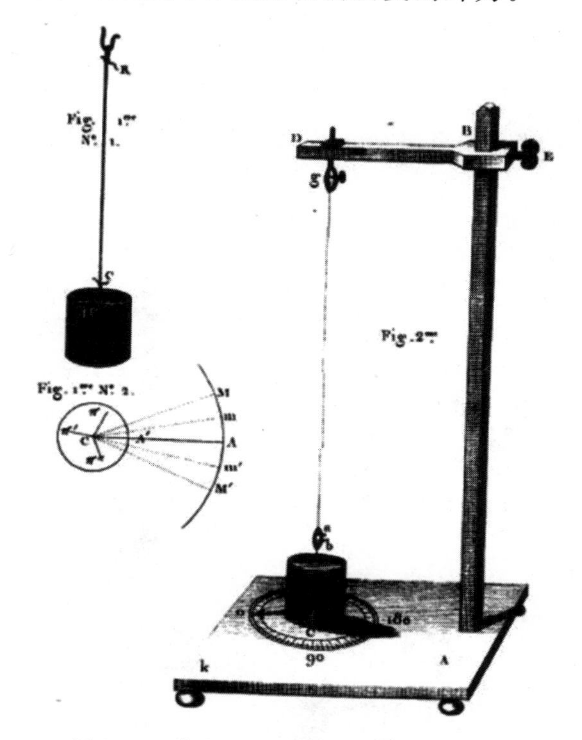

图 2.16 库仑于 1784 年发明的扭力秤[18]

2. 库仑定律的提出

1785—1789 年间，库仑发表了讨论电和磁的 7 篇论文，除第二篇中的少部分内容以外，其余都属于电学研究的范畴。所谓的库仑定律就是他在 1785 年的第一篇、第二篇和第七篇论文中建立起来的。在第一篇论文中，库仑利用所发明的电扭秤对带电小球之间的静电力进行了测量，以研究电作用力随距离变化的关系。如图 2.17 所示，这是一个直径和高均为 12 英寸的玻璃缸，缸壁一周被划分为360格,缸的上面盖有一块开有两个孔的玻璃板。中间的孔装有一根高24英寸的玻璃管,管的顶端装有一个螺旋测角器,下连一根银丝,银丝下端挂一横杆,杆的一端为一小球,另一端贴有一张纸片用以配平。银丝自由垂放时,小球指向零刻度。这时将另一个完全相同的带电小球从玻璃板上的偏心孔引入,与横杆上的小球接触使其带电。由于两个球完全相同,它们接触后就会带有等量同种电荷而相互排斥,然后再读出扭角的大小,从而得出两球之间的距离和斥力大小。库仑得出的结论是:

> 两个带有同种类型电荷的小球之间的排斥力与两球中心之间距离的平方成反比。[19]

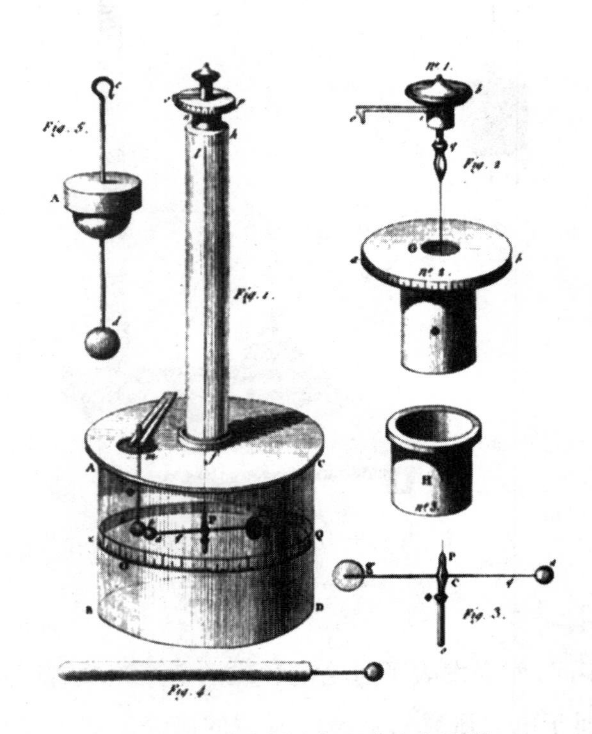

图2.17 库仑的电扭秤实验装置[19]

但是库仑的这一装置仅仅是在平衡静止的状态下测出了电斥力与距离之间的平方反比关系,对电吸引力却无能为力。因为带有异种电荷的小球在相互吸引的过程中会不断缩小距离直至相互碰撞而使电荷中和。

在随后的第二篇论文中，库仑便用电摆解决了所面临的问题。如图 2.18 所示，其原理与万有引力作用下的单摆实验相似。他通过振荡的方法测量电吸引力，水平杆上的带电小球在电吸引力和扭力作用下产生振荡。库仑测得带电物体之间的电作用力与振荡周期的关系为

$$F \propto \frac{1}{T^2} \tag{2.3}$$

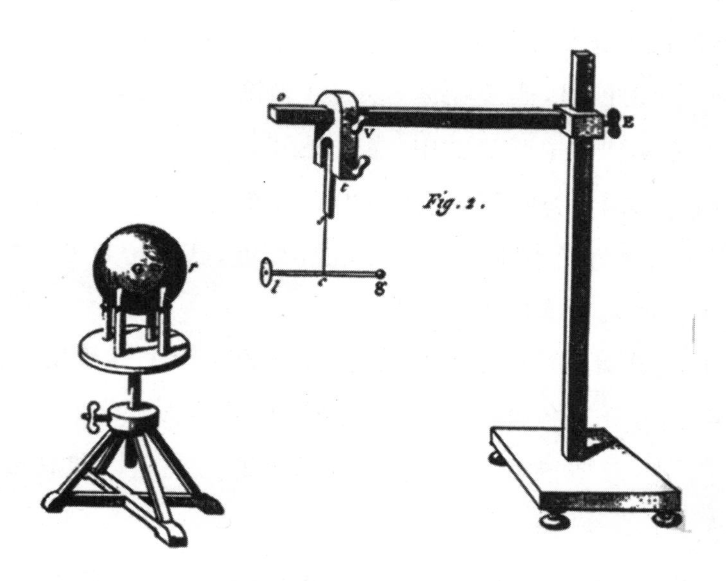

图 2.18　库仑的电摆实验装置[20]

改变带电体之间的距离后，重复上述实验多次，他发现周期与距离 r 成正比，因此有

$$F \propto \frac{1}{r^2} \tag{2.4}$$

如此，便得到了电吸引力与距离同样满足平方反比关系的结果。最终，库仑将电作用力的定律，即库仑定律总结为：

> 两个带电球，以及两个带电的分子的电作用，不论是排斥还是吸引，与两个带电分子电流体的密度的乘积成正比，而与距离的平方成反比。[20]

在同篇论文中，他还分别通过扭秤法和摆动法来测定磁力，同样得出了同距离平方成反比的结论，本书第3章将对此进行详细介绍。

3. 其他发现

在1785年的第三篇论文中，库仑讨论了漏电问题，他认为引起漏电的原因主要有两个[21]：①所有绝缘体并非完全的电介质，每一个物体都有一定的限度，超过这个限度的物体就再也无法抵挡电流通过；②潮湿空气中的水分子或导电气体粒子能够把物体表面的电荷带走。

在接下的4年时间里，他又陆续发表了4篇论文。

在1786年的第四篇电学论文中，库仑提出了电荷分布的两条原理[21]：①这种电流体不是根据亲和力或某种选择吸引力分布于物体上的，而仅仅根据其排斥力使其分布于接触过的不同物体中；②在导体上，已经达到平衡的电流体分布于物体表面，不会渗入物体内部。

1787年，库仑在第五篇电学论文中，主要讨论了两个形状相同、尺寸不同的带电球经过接触，分开后各自所得的电荷与它们的表面积之间的关系。他为此还专门设计了一种微型扭力秤，9×10^{-4}达因①的力就足以使其旋转的角度超过90°[21]。

1788年的第六篇电学论文讨论了电荷表面张力的问题。经过研究，库仑最先得出，一个电荷面密度为σ的圆形平板的附近存在一个大小为$2\pi\sigma$的张力，任何曲面或球面附近的张力均为$4\pi\sigma$[21]。

由于某些原因，库仑未能在实验的基础上提出一些更重要的概念。比如在第五篇电学论文中已经比较了形状相同而大小不同的物体所分得的电量的情况下，他未能建立电容的概念。在第六篇电学论文中，他已经明确地提出了面电荷的张力，却未能更进一步将电势的概念建立起来。对此，麦克斯韦曾有如下评述：

① 1达因$=10^{-5}$牛顿。

> 库仑用来直接测量在不同距离上的电力和用来比较导体不同部分的表面电荷密度的方法完全是他自己的。卡文迪什未曾使用过这种方法。另一方面，作为研究题目提出来的导体电容的思想则完全属于卡文迪什，在库仑的论文中找不到与这个问题相当的任何内容。[17]

在借鉴和利用引力理论的基础上，库仑用类比的方法发现了以自己姓氏命名的定律。他摒弃了笛卡儿的磁学理论，认为并不存在什么电流体和漩涡流体对带电物体和磁体的冲击，这些力都符合牛顿的万有引力所确定的类似关系。他的工作和思想对后来法国物理学的发展产生了重要影响。稍后的拉普拉斯(Pierre-Simon Laplace，1749—1827年)所提出的物理学简约纲领，最基本的出发点就是把一切物理现象简化为粒子间的吸引和排斥的现象，这种简化便于将分析数学的方法应用于物理学。

2.4 静电学数学理论的建立

19世纪初，静电学和静磁学的数学理论率先在法国发展起来，而英国相对滞后。这与18世纪下半叶以来两国的科学体制、学科的划分、数学对物理学的渗透以及主导物理学的思想等方面均有关系。

早在18世纪中期，法国的部分高等院校就已经专门设有物理学教授职务。19世纪初，法国对各学科进行了划分，每门学科领域都有专门的人员从事相关的研究，并长期保持研究方向不变。反观英国，学科边界模糊，专业方向不明确，研究人员涉及研究范围太泛。在相当长的时间内,英国人把物理学、力学和天文学仍统称为自然哲学[22]。其次,18世纪下半叶,法国的数学已经发展到相当高的水平。在皇家的支持下,大量的资金投入到数学领域,欧洲其他地区大批优秀的研究人员被吸引到法国就职,其中就包括离开柏林来到巴黎的著名数学家拉格朗日(Joseph-Louis Lagrange,1736—1813年),为数学应用于物理创造了绝佳的条件。最后是前文所提到的拉普拉斯的物理学简约纲领成为当时法国物理学界的主导思想,拉普拉斯将一切物理现象简化到粒子间的相互作用,并鼓励年轻的物理学家们用数学分析的方法进行研究,再通过实验进行检验。在这样的一种环境之下,静电学和静磁学的数学理论蓬勃发展,最终得以建立。本节主要介绍静电学数学理论的建立。

2.4.1 泊松势理论的建立

泊松(Siméon-Denis Poisson,1781—1840年)(图2.19)是法国著名的数学家、几何学家和物理学家,1781年6月21日生于法国卢瓦雷省的皮蒂维耶。1798年,泊松以第一名的成绩进入巴黎综合工科学校深造。在入学不到两年的时间内,他就已经发表了两本备忘录,一本是关于贝祖(Étienne Bézout,1730—1783年)的消去法,另一本是关于有限差分方程积分的个数,从而受到拉普拉斯、拉格朗日的赏识。1800年毕业后留校任教,1802年任副教授,1806年任教授。1808年,泊松任职于法国经度局,1809年巴黎理学院成立时又任该校数学教授,并于1812年当选为法国科学院院士。泊松的科学生涯开始于研究微分方程及其在摆的运动和声学理论中的应用。他的工作特点是,应用数学方法研究各类物理问题,并由此得到数学上的发现。他一生成果累累,发表论

图2.19　泊松

文三百多篇，对积分理论、行星运动理论、热物理、弹性理论、电磁理论、位势理论和概率论都有重要贡献。

早在1771年，英国科学家卡文迪什就已经在发表的《用弹性流体解释一些主要电学现象的尝试》一文中提出了电势的概念，不过他是用“带电度”来表示电势这一概念的[14]。卡文迪什还最早提出地球电势为零，在他看来，地球的电势之所以为零并非因为地球不带电，恰恰相反，正是因为它带有足够多的电荷以至于能不受其他带电体的影响，这与我们现在的理解大致相同。其次是库仑，他在1788年的第六篇电学论文中就已经明确地提出了面电荷的张力，却未能更进一步将电势的概念建立起来。

一直到1811年时，泊松才根据拉普拉斯和伊沃里(James Ivory，1765—1842年)的均匀椭球吸引力定理，彻底解决了库仑遗留下的电荷面密度与导体形状之间关系的问题。他得出如下结论：均匀椭球面上的电荷密度与通过这一点的法线到对面的距离成正比，即导体的表面曲率越大，电荷的面密度就越大。

1813年，泊松在拉普拉斯方程的基础上更进了一步。何为拉普拉斯方程呢？1777年，拉格朗日曾指出，一个质量系统对空间任意点的吸引力，可用一个函数对空间中该点坐标的微商来表示，这个函数被称为拉格朗日函数。拉普拉斯在1782年证明该函数V满足

$$\frac{\partial^2 V}{\partial x^2}+\frac{\partial^2 V}{\partial y^2}+\frac{\partial^2 V}{\partial z^2}=0 \tag{2.5}$$

即著名的拉普拉斯方程。它所求的是一个质量体系在空间任一点所产生的势，但没有考虑那一点的质量。于是，泊松便以此为基础进行推广：若是所求位置质量密度为ρ，则上述方程便应改为泊松方程

$$\frac{\partial^2 V}{\partial x^2}+\frac{\partial^2 V}{\partial y^2}+\frac{\partial^2 V}{\partial z^2}=-4\pi\rho \tag{2.6}$$

该方程同样适用于静电荷体系，此时ρ表示所求位置的电荷密度。

泊松的静电势理论未能在英国正统理论界引起波澜，却启发了当时一个自学成才的不知名学者——著名格林定理的提出者格林(George Green，1793—1841年)。

2.4.2 格林的更进一步

格林(图2.20)出生于英格兰的诺丁安郡。他的父亲是一位面包师傅,建造了一座风车磨坊以磨谷物为生。年轻的格林只在八九岁上过一年学,长大后便在父亲的风车磨坊工作。格林一生的传奇在于他几乎是自学成才,先出成果后上大学。1828年,他发表了一篇题为《论应用数学分析于电和磁的理论》(*An Essay on the Applications of Mathematical Analysis to the Theories of Electricity and Magnetism*)的论文[23]。次年父亲逝世,他便继承了风车磨坊。为了能进入大学学习,他思量再三后决定将父亲的磨坊卖掉,由此获得了一笔经费。经过不懈的努力,他终于在1833年以40岁之龄进入凯乌斯学院。他的学术成就不俗,4年后硕士毕业,并留校任教。可是好景不长,1840年,格林因病返回诺丁安郡,一年后便逝世了。

图2.20 格林

格林在1828年论文的序言中曾说,资料的缺乏使他感到在追述电学和磁学的历史方面勉为其难。他只参考过卡文迪什在1771年发表的电学论文和泊松在1881—1882年发表的两篇关于静电势理论的论文以及1821—1823年发表的3篇关于磁学的论文,还有拉普拉斯、阿拉戈(Dominique François Jean Arago,1786—1853年)、柯西(Augustin Louis Cauchy,1789—1857年)和托马斯·杨(Thomas Young,1773—1829年)的部分著作。格林将满足拉普拉斯方程的函数称为势函数,并将该方程简写为

$$\delta V = 0 \tag{2.7}$$

我们现在又常将势函数称为格林函数,其形式为

$$V = \iiint \frac{\rho' \mathrm{d}x' \mathrm{d}y' \mathrm{d}z'}{r} \tag{2.8}$$

式中，(x', y', z')表示带电元的坐标；ρ'表示该位置的电荷密度；r表示所求点(x, y, z)到带电元所在位置的距离。

在推导电荷密度与势函数关系的过程中，格林发现了曲面积分与体积分的关系，并由此建立了著名的格林定理。但由于格林不为人知，默默无闻，与科学界没有来往，因此这篇论文未能获准在英国的各科学刊物上发表。他只好将其印成单行本，且仅仅卖出了52本，购买者主要是他的老师、朋友和赞助人。1841年格林去世，在时隔近十年后的1850年，这篇论文才由威廉·汤姆逊[①](*William* Thomson，1824—1907年)发表在《纯数学和应用数学杂志》(*Journal für die Reine und Angewandte Mathematik*)上。至此，格林定理才真正地为世人所周知。

2.4.3 高斯的贡献

高斯(Johann Carl Friedrich Gauss，1777—1855年)(图2.21)是犹太人，德国著名数学家、物理学家、天文学家、大地测量学家，近代数学奠基者之一。高斯被认为是历史上最重要的数学家之一，并享有“数学王子”之称，同阿基米德、牛顿、欧拉并列为世界四大数学家。他一生成就极为丰硕，以他的名字“高斯”命名的成果达数百种之多，属数学家之最。他对数论、代数、统计、分析、微分几何、大地测量学、地球物理学、力学、静电学、天文学、矩阵理论和光学皆有贡献。如果我们把18世纪的数学家想象为一系列的高山峻岭，那么最后一个令人肃然起敬的

图2.21　高斯

① 由于威廉·汤姆逊与后文中的伊莱休·汤姆逊(Elihu Thomson，1853—1937)以及另一位著名的科学家约瑟夫·汤姆逊(Joseph John Thomson，1856—1940年)同姓，因此他们在本书中均用全名。

巅峰就是高斯;如果把 19 世纪的数学家想象为一条条江河,那么其源头就是高斯。对他,爱因斯坦(Albert Einstein,1879—1955 年)曾评论说:

> 高斯对于近代物理学的发展,尤其是对于相对论的数学基础所做的贡献[①],其重要性是超越一切,无与伦比的。

高斯在他 1840 年的著作《与距离平方成反比的吸引力和排斥力的普遍理论》(*Allgemeine Lehrsätze in Beziehung auf die im Verkehrten Verhältnisse des Quadrats der Entfernung Wirkenden Anziehungs-und Abstossungs-Kräfte*)中说明了势理论的原理,包括静电学的基本原理——高斯定理[24]:

$$\oint E \cdot \mathrm{d}s = \frac{1}{\varepsilon_0}\sum q \tag{2.9}$$

即:穿过一封闭曲面的电通量与封闭曲面所包围的电荷量成正比。此外,他还提出应该由库仑定律本身来定义电荷量度,即:两个距离为单位长度的相等电荷间的作用力等于单位力时,这些电荷的电量就定义为单位电荷。在对电量这一物理量做出明确定义后,电力的平方反比关系才有可能按照万有引力的形式写成

$$f = k\frac{q_1 q_2}{r^2} \tag{2.10}$$

式中,k 为静电力常量;q_1 和 q_2 分别表示空间中静止的点电荷;r 表示两者之间的距离。

参考文献

[1] Gilbert W. On the Loadstone and Magnetic Bodies, and on That Great Magnet the Earth: A New Physiology, Demonstrated with Many Arguments and Experiments[M]. Translated by Mottelay P F. New York: John Wiley & Sons,

① 指曲面论。

1893.

[2] Heilbron J L. Electricity in the 17th and 18th Centuries: A Study of Early Modern Physics [M]. London: University of California Press, 1979.

[3] Guericke O. Experimenta Nova (ut vocantur) Magdeburgica de Vacuo Spatio [M]. Amstelodami: Janssonius, 1672.

[4] Gray S. An Account of Some New Electrical Experiments[J]. Philosophical Transactions of the Royal Society of London, 1720, 31: 104-107.

[5] Gray S. A Letter to Cromwell Mortimer, M. D. Secr. R. S. Containing Several Experiments Concerning Electricity by Mr. Stephen Gray [J]. Philosophical Transactions of the Royal Society of London, 1731, 37: 18-44.

[6] Mottelay P F. Bibliographical History of Electricity and Magnetism [M]. London: Mottelay Press, 2008.

[7] Fay C F D C D. A Letter from Mons. Du Fay, F. R. S. and of the Royal Academy of Sciences at Paris, to His Grace Charles Duke of Richmond and Lenox, Concerning Electricity. Translated from the French by T. S. M. D. [J]. Philosophical Transactions of the Royal Society of London, 1733, 38: 258-266.

[8] Whittaker E. A History of the Theories of Aether and Electricity from the Age of Descartes to the Close of the Nineteenth Century [M]. London: Longmans, Green, and Co. , 1910.

[9] Trembley A, Folkes M. Part of a Letter from Mr. Trembley, F. R. S. to Martin Folkes, Esq; Pres. R. S. Concerning the Light Caused by Quicksilver Shaken in a Glass Tube, Proceeding from Electricity [J]. Philosophical Transactions of the Royal Society of London, 1746, 44: 58-60.

[10] Franklin B. Experiments and Observations on Electricity [M]. London: Printed and fold by E. Cave, 1751.

[11] Priestley J. The History and the Present State of Electricity, with Original Experiments [M]. London: Printed for J. Dodsley, J. Johnson and T. Cadell, 1767.

[12] Newton I. Mathematical Principles of Natural Philosophy [M]. Translated by

Andrew Motte. New York: Daniel Adee, 1846.

[13] Robison J. A System of Mechanical Philosophy [M]. Edinburgh: J. Murray, 1822.

[14] Cavendish H. An Attempt to Explain Some of the Principal Phenomena of Electricity, by Means of an Elastic Fluid [J]. Philosophical Transactions of the Royal Society of London, 1771, 61: 584-677.

[15] Cavendish H. An Account of Some Attempts to Imitate the Effects of the Torpedo by Electricity [J]. Philosophical Transactions of the Royal Society of London, 1776, 66: 196-225.

[16] 郭奕玲.库仑定律的实验验证[J]. 物理,1981(12):761-764,760.

[17] Cavendish H. The Electrical Researches of Honourable Henry Cavendish, F. R. S.: Written Between 1771 and 1781, Ed. from the Original Manuscript [M]. Maxwell J C, ed. Cambridge: Cambridge University Press, 1879.

[18] Coulomb C A. Recherches théoriques et expérimentales sur la force de torsion et sur l'Élasticité des fils de metal [J]. Histoire de l'Académie Royale des Sciences, 1784, 229-270.

[19] Coulomb C A. Premier Mémoire sur l'Électricité et le Magnétisme[J]. Histoire de l'Académie Royale des Sciences, 1785, 569-577.

[20] Coulomb C A. Second Mémoire sur l'Électricité et le Magnétisme[J]. Histoire de l'Académie Royale des Sciences, 1785, 578-611.

[21] Société Francaise de Physique. Collection de Mémoires Relatifs a la Physique (Tome I. Mémoires de Coulomb) [M]. Paris: Gauthier-Villars, 1884.

[22] 梅尔茨.十九世纪欧洲思想史:第二卷[M]. 周昌忠,译.北京:商务印书馆,2016.

[23] Green G. An Essay on the Applications of Mathematical Analysis to the Theories of Electricity and Magnetism [M]. Nottingham: T. Wheelhouse, 1828.

[24] Gauss C F. Allgemeine Lehrsätze in Beziehung auf die im verkehrten Verhältnisse des Quadrats der Entfernung wirkenden Anziehungs-und Abstossungs-Kräfte [M]. Leipzig: Weidmannschen Buchhandlung, 1840.

第3章

对电流和电路的探讨

3.1

从伽伐尼电到伏打电堆

库仑定律发现后，对静电学的理论研究主要集中在英国和法国，而他国学者则另辟蹊径，将电学研究从静电学领域逐渐扩展到电流领域。对电流的关注发端于一批著名的医生和解剖学家对动物电的研究，意大利学者伽伐尼（Luigi Aloisio Galvani，1723—1798年）和伏打（Alessandro Giuseppe Antonio Anastasio Volta，1737—1827年）是这方面研究的杰出代表。18世纪80年代，伽伐尼电的发现引起了一场意义非凡的论战，由此促使伏打最终建立了接触电动势理论，并以此为基础发明了伏打电堆，标志着电学从摩擦电源时代进入化学电源时代。相比于第一代电源，化学电源可以在低电压的情况下释放稳定的大电流，而这正是当时电学家们所日夜期盼的。

3.1.1 伽伐尼电的发现

对于动物电的研究其实并不是到18世纪末才开始的,动物电的发现可追溯到古希腊。亚里士多德(Aristotle,公元前384—前322年)最先发现电鳐在捕食其他鱼类时会先放出电使其麻醉,然后才捕而食之。公元50年,罗马医生拉古斯(Scribonius Largus,约1—约50年)记录过一个叫作安塞罗的自由人懂得如何利用电鳗放电治疗痛风[1]。1752年,瑞士科学家苏尔泽(Johann Georg Sulzer,1720—1779年)描述过这样一个现象:取一根铅线和一根银线,将它们的一端连接后,再将其自由端放在舌尖上,就会有一种硫酸铁般的涩味,而这种涩味并非铅或银的味道。后来十几年的时间里,陆续有科学家对电鳐和电鳗放电现象进行过研究。1781年,法国裔普鲁士科学家阿查德(Claude-François Achard,1751—1809年)发现电击可以使将死的动物复活,这似乎说明电是一种维持生命的东西,体外电与体内电是可以相通的。18世纪80年代,对动物电的研究在意大利的医学界和物理学界引发热潮。当时意大利的解剖学家普遍认同这样一种观点:人体和动物体内存在着某种特殊的电流,它们受大脑指挥,受神经调剂,在很大程度上支配着人体和动物体的生理活动。某些动物甚至由于这种电流的存在而具备特殊的自卫能力[1]。

图3.1 伽伐尼

在这样的一种科研氛围下,意大利波罗那大学解剖学教授伽伐尼(图3.1)也在密切关注着动物电的研究。1780年9月的一天,伽伐尼在解剖青蛙时无意间发现了一种新的电现象,这立刻引起了他的重视。又有一次,他在和学生们进行解剖实验时,一名学生用手术刀轻轻地碰了一下青蛙的小腿神经,这只青蛙立刻痉挛起来。与此同时,另一名学生正好站在一台摩擦起电机旁,他发现起电机发出电火花时青蛙才痉挛。伽伐尼对此大惑不解,他无法确定这种现象是由于手术刀触动神经而引起的一种生理电现象,还是由于起电机放电而引起的感应现象。多次重复上述实验,他都得到相同的结果。随后,伽伐尼设计了一系列的实验来深入研究不同条件下的作用。他发现,在只用刀尖触碰神经而无电火花和只有电火花而不用刀尖触碰神经两种情况下,青蛙均不会产生痉挛。由此他得出结论,青蛙产生痉挛需要同时满足上述两个条件,缺一不可。后来,他发现用一把骨制手柄的手术刀做实验时,若是手握骨柄,即使旁边有电火花的存在,青蛙也不会产生痉挛。但此时若用手触碰刀片,青蛙便会立刻痉挛。伽伐尼猜想这一现象应与金属有关。他猜想青蛙体内存在着某种电流,当受到体外电干扰时,就会被激发起来,此时若用导体将电流导出,青蛙的肌肉会因此受到牵动而产生痉挛。为了验证他的猜想,伽伐尼用一个铜钩钩住一只青蛙后,将其挂在花园的铁栏杆上。当闪电出现时,青蛙发生了痉挛。他的猜想似乎正确,但他却没有注意到铜钩和铁栏杆这两种不同金属的作用。随后,他将青蛙取下,拿进屋内,放在了铁桌上,当铜钩的另一端接触桌面时,此时即使没有电火花或雷电,青蛙仍会痉挛(图 3.2)。这似乎又表明他先前的猜想是不对的。其实此时他已经很接近现象的本质了,即电流是由两种不同的金属触碰后,再加上某种湿组织所产生的。但由于受到动物电这种先入为主观念的影响,他还是固执地用动物电进行了解释。伽伐尼在 1791 年发表的论文中这样写道:

> 根据一种非常稀薄的神经电流体假说,我们肯定了这样一种观点,即在现象发生的同时,神经电流体像莱顿瓶的电流那样,从神经流到了肌肉。[3]

尽管伽伐尼的解释并不正确,但不可否认的是,他的实验一经发表便引起了广泛的关注,后来还引发了一场长达数十年的论战,促成了伏打接触电动势理论的建立。

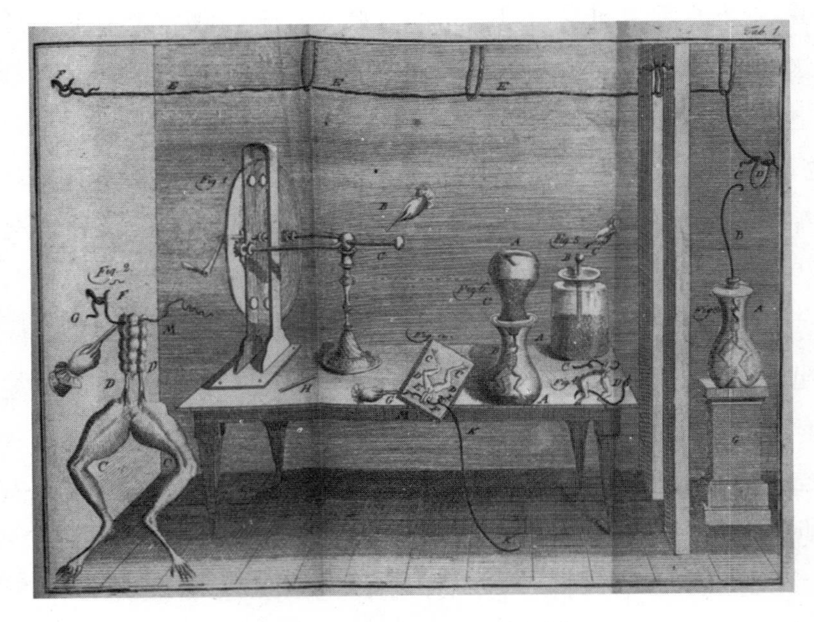

图 3.2 伽伐尼的青蛙实验[2]

3.1.2 伏打接触电动势理论的建立

伽伐尼关于动物电效应论文的发表在意大利引起了一股研究伽伐尼电的热潮,许多人纷纷重复他的实验,但对于他的结论却看法不一。1792 年,至少有 3 个人各自重复了伽伐尼的实验,但他们均不赞同伽伐尼的看法,这 3 个人分别是意大利解剖学家柏林吉里(Berlingieri,生卒年不详)、佛罗伦萨大学教授法布隆尼(Giovanni Fabbroni,1752—1822 年)和意大利医生兼都柏林科学院通讯院士瓦利(Valli,生卒年不详)。其中瓦利的观点最接近伏打后来的思想,但他最终还是没能建立起接触电动势理论。这一理论的建立最后落在了伏打的肩上。

图 3.3 伏打

伏打(图 3.3)1745 年 2 月出生于意大利科摩的

一个世袭贵族家庭,7岁时父亲去世,此后便一直由叔叔负责他的生活和教育。进入学校后,伏打很快显示出非凡的聪明才智,他的叔叔希望他长大后可以成为一名律师。但兴趣所至,伏打从18岁起便开始了自己的电学研究。意大利的贝卡利亚(Giovanni Battista Beccaria,1716—1781年)是18世纪60年代欧洲的电学大师,这一时期的伏打与贝卡利亚一直保持通信,向大师求教自己不懂的问题。到了70年代中期,伏打在电学界崭露头角。1775年8月,他在给普利斯特里的信中提到了自己的第一项发明——起电盘。次年,他在研究气体动力学时意外地发现了甲烷,这为他赢得了1777年前往瑞士和法国进行学术访问的机会,他在此次访问中结识了著名科学家索绪尔(Horace-Bénédict de Saussure,1740—1799年)。索绪尔为他介绍了阿尔卑斯山以北地区物理学的进展,开拓了他的视野。1782年,伏打提出了现在所熟知的电容的3条基本原理,并在此基础上确定了电容 C、电量 Q 和电压 V 之间的关系:$Q=CV$。

1791年,在不知道苏泽尔实验的情况下,伏打做了一个与苏泽尔实验类似的实验,他当时便认为这是一种电学现象。后来当他看到伽伐尼的实验时,“神经电流体”的解释实在难以令他信服。在他看来,动物电仅仅存在于少数鱼类体内,即使这些鱼类体内存在电,那也只不过是能够操纵、激发外界电流体的弱电而已。于是,他细致地重复了伽伐尼的实验,并在原有基础上进行了改进。他用由两种不同金属构成的弧叉刺激一只活青蛙,弧叉的一端接触蛙腿,另一端接触蛙背,青蛙随即产生痉挛,如图3.4所示。在用莱顿瓶通过活青蛙的身体放电时,青蛙同样产生了痉挛。这两组实验说明弧叉与莱顿瓶的作用相同,而且青蛙痉挛的确是外部电流刺激的结果。1792年,伏打写信给意大利的自然哲学家卡瓦略(Tiberius Cavallo,1749—1809年),第一次提出了“接触电”的思想。他在信中这样写道:

> 用一种无可置疑的方法,即用两种不同的金属表面相互接触的方法产生非常微弱的人工电的作用,是伽伐尼电现象的根本原因。[4]

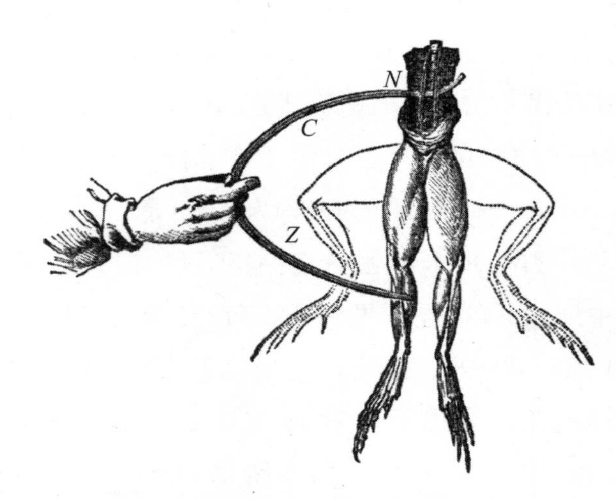

图3.4 伏打用金属弧叉使青蛙腿痉挛

1793年,在1791年实验的基础上,伏打对各种金属间的接触电动势进行了全面研究,他希望可以按照接触电动势数值的大小将所有金属按顺序进行排列,并挑选出一些接触电动势较大的金属对,称为接触"电机"。根据测量结果,按照每种金属与后面任何一种接触时前者电位均高于后者的顺序,他得到如下结果:锌、锡、铅、铁、黄铜、青铜、铂、金、银、水银、石墨。与此同时,伏打还发现了中间金属定律,即不论有多少种不同的金属串接在一起,它们的总接触电动势与中间金属无关,仅仅与两端的金属有关。1801年,伏打在法国科学院讲学时又用实验演示了中间金属定律。

正当伏打对接触电动势的研究在紧锣密鼓地进行时,一场关于伽伐尼电性质的持久论战拉开了序幕。这场论战由伽伐尼的侄儿阿尔狄尼(Giovanni Aldini,1762—1834年)在1794年率先发起。支持伽伐尼的解剖学家和物理学家认为伽伐尼电现象应该用动物电的思想解释,而以伏打为代表的物理学家则认为这是一种外部电流,主张用接触电动势来解释。论战初期,阿尔狄尼在波罗那大学组织的"伽伐尼学会"与帕维亚大学的"伏打学会"各执己见,争论不断。1795—1796年,当论战愈发激烈之时,伏打其实已经可以很清楚地解释伽伐尼电现象,并认识到用人工的方法产生持续电流是完全可行的。他认为各种金属含有不同数量的电流体,当两种金属接触时,电流体总是倾向于从含量高的金属流向含量低的金属,如果在金属之间接入某种湿导体使其形成回路,那么就会有电流产生。至此,伏打已经使大多数物理学家相信伽伐尼电现象的关键就在于两种不同金属的接触点上,并由此建立了接触电动势理论。

3.1.3 伏打电堆的发明

伏打在发现接触电动势时就意识到这一理论孕育着新一代的电源。1795—1796 年,他其实已经发现了电池的原理,但是直到 1800 年给英国皇家学会会长班克斯(Joseph Banks,1743—1820 年)的信中,他才首次阐明了他的研究成果,说明了电池的原理和构造。这封信随即被班克斯以《论只用不同种类导电物质接触激发的电》(*On the Electricity Excited by the Mere Contacts of Conducting Substances of Different Kinds*)为题在《皇家学会哲学汇刊》上发表,引起了科学界的广泛关注。伏打在信中详细描述了他称之为"电柱"(column)和"皇冠杯"(cup of crown)的电池的构造。伏打在信中这样写道:

> 经过长期沉默后(我并非乞求原谅)[①],我很荣幸地把我获得的惊人成果汇报给你,并通过你呈交皇家学会。这些成果是我在进行用不同种类金属的简单的相互接触,甚至用其他导体(不论是液体还是含有一些具有导电能力的液体的物体)中不相同的导体接触来激发电的实验时得到的。这些成果中最重要的、实际上也就是包括了所有其他的,是一种设备的构造……我所说的装置无疑会使你大吃一惊,它只不过是若干不同的良导体按照一定方式的组合而已。30 块、40 块、60 块或更多块铜片(或是银就更好一些),每一块与一块锡(或是锌就更好一些)接触再配以相同数目的水层或一些其他比纯水导电力更强的液体层,如盐水、碱液层,或浸过这些液体的纸板或革板,当把这些层插在两种不同金属组成的对偶或结合体中,并使 3 种导体总

① ()中内容为引文中原有的补充说明,后文皆同。

是按照相同的顺序串成交替的序列时，就构成了我的新工具。我曾说过，它能模拟出莱顿瓶或电瓶组的效应，产生电扰动。说真的，它在电力、在爆炸声响、在电火花，以及在电火花通过的距离等诸多方面，远远比不上高度充电的这些电瓶组；其效应只与一台大容量但充电微弱的电瓶组的效应相当；但它在另一些方面却大大超过了这些电瓶组，它不需像它们那样由外电源给它提前充电，而且只要适当接触它（的端点），它就会产生扰动，这在任何时候都是可以做到的。[5]

随后，他介绍了电堆的基本构造，并对电堆和莱顿瓶的性能进行了比较。伏打在信中这样描述他那著名的伏打电堆（图3.5、图3.6）：

我把一块金属，如银板，水平放在一张桌子上或一个基础上。在这块板上再放第二块板——锌板，再在这第二块板上放一层湿盘。接着又放一块银板，又放置一块锌板，在其上我再放一块湿盘。就这样，我继续按同样的方法使银和锌配对，总是沿着相同的方向，即是说，总是银在下、锌在上（反之亦然，只要按照我开始的一种做法就行），再在这些金属对偶中插入湿盘。瞧，我继续堆砌，经过这样几步就砌成不会倒落的柱子了！[5]

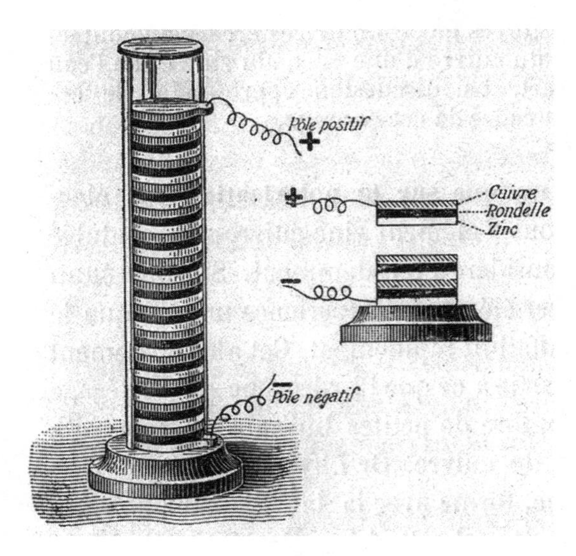

图3.5　伏打电堆[5]

图3.6　伏打纪念堂中陈列的伏打电堆

伏打将锌片和铜片插入盐水或稀硫酸杯中(图 3.7 的上部),便形成了他称之为"皇冠杯"的另一种电源。伏打在信中对其进行了如下描述:

我们把几只用除金属外的任何物质做成的杯或碗,如装有一半水(若为盐水或碱液就更好)的木杯、贝壳杯、陶土杯,或最好是晶体杯(小酒杯或无柄酒杯是很理想的)放成一排,用双金属弧把它们连成一条链。这种弧的一臂 Aa 仅仅放在一只酒杯中的一端 A,或是红铜或是黄铜做成的,或最好用镀银铜做成的;放在第二只杯中的另一端 Z 是锡做成的,或最好是锌做成的……把构成弧的两种金属在高出浸在液体部分的某一个地方焊接起来……它还可以加上不同于浸在酒杯中液体里的两种金属的第三种金属;因为由几种不同的金属直接接触产生的电流的作用,以及驱赶这种电流体到达两端的力,与由第一个金属和最后一个金属在没有任何中间金属的情况下直接接触产生的作用或力是绝对相等或几乎一样的。这一点我曾通过直接实

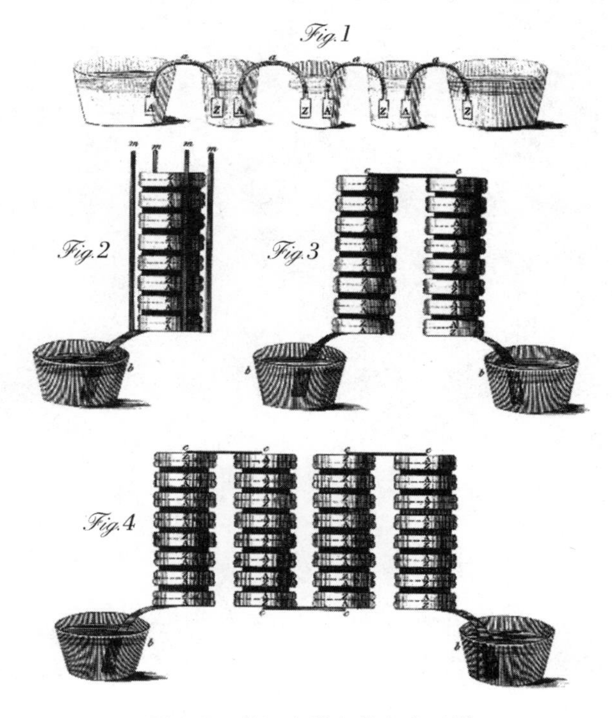

图 3.7 伏打电堆和伏打电池[5]

验证明过，我将来还会在其他地方要说到这个问题。[5]

1801年，伏打在法国进行学术访问，一方面为了展示他的新发现，另一方面也为了缔结意大利与法国的物理学联盟。拿破仑(Napoleon Bonaparte，1789—1821年)曾3次出席伏打在法国科学院的讲演(图3.8)，他亲自授予伏打6000法郎的奖金，并封他为意大利王国的议员和伯爵。此外，拿破仑还责成法国科学院组织一个专门委员会，以进一步研究伏打电堆及其对物理学和化学发展的影响。为了延揽人才，拿破仑要求法国科学院每年向在电学上做出如富兰克林和伏打那样成就的人颁发3000法郎的奖金，所有外国人均可申请，即使是敌对国(如英国)的科学家也可以。在伏打电堆发明后不久，蓄电池和干电池也相继问世。

图3.8 伏打向拿破仑解释伏打电堆的原理

如拿破仑所言，这"也许是通向伟大发现的道路"，伏打电堆的发明引起了物理学和化学领域一场深刻的思想变化。过去关于电和磁的认识，对于化合元素的关系认识，是机械的、静止的，这种观点被随后诞生的电磁学和电化学的新思想所替代，人类对自然力有了更深层次的认识和理解。

3.2
欧姆定律的发现与被接受

“看似寻常最奇崛，成如容易却艰辛”用来形容欧姆定律从发现到遭受质疑，再到最终被接受的整个过程可能是最为贴切的。欧姆（Georg Simon Ohm，1789—1854年）的实验之路并非一帆风顺，可以说是“山重水复疑无路，柳暗花明又一村”。在实验之初，他便遇到种种问题，还一度因实验粗糙、条件不佳等原因而得出错误的结论。后经多次改进，方才发现欧姆实验定律。此后，为了进一步在理论上说明其实验定律的正确性，欧姆用数学方法对电路定律进行了推导，并得到与实验相符的结果。但令人颇感失望的是，尽管欧姆在1826—1827年便发现了欧姆定律，但这一研究成果在当时的德国科学界却并未得到重视，直到十几年后的1841年才得到英国皇家学会的肯定。也就是在那一年，欧姆获得了英国皇家学会颁发的科普利奖章。

3.2.1 最初的探索

欧姆（图3.9）1789年出生于德国埃尔朗根的一个锁匠世家。虽然欧姆的父母从未受过正规教育，但是他的父亲是一位受人尊敬的人，高水平的自学程度足以让他给孩子们提供出色的教育。欧姆自幼聆听父亲的教导，并从父亲那里得到不少关于科学方面的启迪。1805年，欧姆考入埃尔朗根大学，但因生活困难不得不退学去做家庭教师，教授数学和物理以维持生计。在此期间，他仍然坚持学

图3.9 欧姆

习,没有丝毫懈怠。1811年,欧姆再度进入埃尔朗根大学,并于同年10月完成学业,获得了博士学位。毕业之后,他留校担任了一年半的无薪助教。后来他考虑到在当时德国等级森严的教师队伍中,无薪助教处于金字塔的最底层,要想登上顶端是何其困难,再加上自己的经济条件也不允许他长期待在这里。因此,欧姆决定离开大学,以便能够较为自由地从事科学研究,同时还可以改善自己的生活状况。1813—1817年,他在巴姆堡的一所中学任教。1819年,他又转到了科隆的一所经过改革的耶稣学校担任教师。在当时的德国,科隆教育风气之浓首屈一指。在那里,欧姆系统地学习和研究了拉普拉斯、泊松、傅里叶(Jean-Baptiste Joseph Fourier,1768—1830年)和菲涅尔(Augustin-Jean Fresnel,1788—1827年)的经典著作,对他们的科学思想有了较为深刻的理解,也为他日后的科学研究打下了坚实的基础。

1807年,傅里叶提出了著名的热传导方程。傅里叶假设导热杆中两点之间的热流量与这两点的温度差成正比,然后用数学方法建立了热传导定律。在这一理论的启发下,欧姆认为电流现象与此类似。他猜想导线中两点之间的电流可能与这两点之间的某种推动力之差成正比,欧姆称之为电张力,这实际上就是后来所说的电势。为了证实自己的观点,欧姆开始着手进行相关的实验。但值得注意的是,欧姆首先研究的是当时刚刚被发现的电磁力(见本书5.1.2节)的衰减而非电流强度与导线长度的关系。这很可能与他首先看到的是电磁力随导线的变长而减小的现象有关,也可能与他还没有形成电流强度的概念,而且尚未完全弄清楚电势与电势差的概念有关。

1825年4月,欧姆发表了自己的首篇科学论文——《涉及金属传导接触电定律的初步表述》(*Vorläufige Anziege des Gesetzes, nach welchem Metalle die Contakt-Elektricität leiten*)[6]。在该论文中,欧姆详细讨论了电流产生的电磁力的衰减与导线长度的关系:

如图 3.10 所示,欧姆在电源的两极分别接上导线 A 和 B,两导线的另一端各插入盛有水银的杯 M 和 N 中。再用一根导线 C 将杯 M 和另一个装有水银的杯 O 相连。欧姆将 A、B 和 C 这 3 根导线称为“不变导体”,被欧姆称为“变量导体”的导线将用于连接杯 N 与杯 O。欧姆一共准备了 7 根“变量导体”,其中 1 根短而粗,其余 6 根长而细,长度从 1 英尺到 75 英尺不等。在实验时,他将一根库仑扭力秤的磁针悬挂在“变量导体”旁,通过磁针转角的大小来观察电流产生的电磁力的大小。他发现,“变量导体”越长,磁针偏角越小,即其所受电磁力越小。于是他将那根短而粗的导线在有电流流过时所产生的电磁力称为“参考力”,其余导线上产生的力则称为“较小的力”。但他的目的并非测量电磁力本身的大小,而是要测量由“变量导体”的增长所导致的他所谓的“力耗”(Kraftverlust),即电磁力的损失。

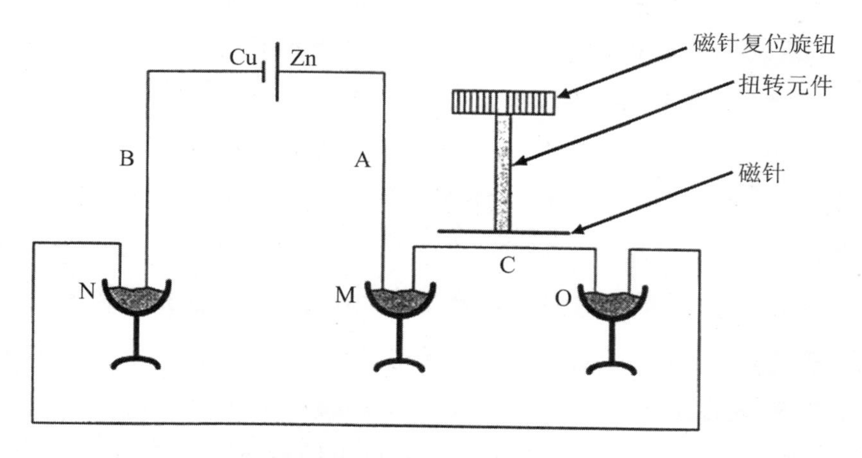

图 3.10　欧姆用于研究电磁力衰减与导线长度关系的装置示意图(纪辰绘)

按照欧姆的定义,力耗可表示为下式:

$$力耗 = \frac{参考力 - 较小力}{参考力} \tag{3.1}$$

根据实验数据,欧姆得到如下的经验公式:

$$v = 0.41\lg(1 + x) \tag{3.2}$$

式中,v 表示力耗;x 表示“变量导体”的长度,单位为英尺。在得到这一经验公式后，他将其推广为式(3.3)：

$$v = m\lg\left(1+\frac{x}{a}\right) \tag{3.3}$$

式中，v 与 x 的含义不变；a 由“不变导体”的当量长度决定；m 表示由温差电动势、“变量导体”的直径、a、参考力所共同决定的函数。

这里需要说明的一点是，欧姆在上述实验中唯一使用的工具是扭力秤，除此之外，再无其他。这说明他其实并未对电势做出测量，因为对电势的测量需要借助于静电计。因此他的公式中自然无法出现电势和电势差。式(3.3)中的 m 虽然与电动势有关，但这也仅仅是他的假设。再者，电源电动势和端电压是两个概念，二者之间存在很大的差别。总而言之，欧姆并非一开始就将电势差、电流强度和电阻这3个量联系在一起。

1825年7月，欧姆继续利用上述初步实验中所用的装置研究金属的相对电导率。在本次实验中，欧姆把各种金属制成直径相同的导线进行测量，确定了金、银、锌、黄铜、铁等金属的相对电导率。但由于这个实验较为粗糙，因此造成了不少错误，其中一个很明显的错误是他测得银的电导率竟低于铜。在后续的实验中，他才发现这个错误是因拉制的银导线的直径前后不一所导致的[7]。但其实欧姆并非第一个对金属电导率(传导率)进行研究之人。1821年，英国的科学家戴维(Humphry Davy，1778—1829年)在其发表的《关于由电产生的磁现象的进一步研究，以及带电体的性质与导电能力及温度的关系的一些新实验》(*Farther Researches on the Magnetic Phenomena Produced by Electricity, with Some New Experiments on the Properties of Electrified Bodies in Their Relations to Conducting Powers and Temperature*)一文中提出，金属的电导率与由该金属所制导线的单位长度的质量成正比[8]。法国科学家贝克勒尔(Antoine César Becquerel，1788—1878年)在1825年又指出，同一种金属导线的电导率相等的条件是：它们的长度之比与其横截面面积之比相等[9]。但对欧姆的研究帮助最大的当属英国数学家和物理学家巴洛(Peter Barlow，1776—1862年)在1825年的工作。巴洛发现，在同一电源条件下，通过导线的电流强度反比于导线长度的平方根，正比于导线直径；当导线直径增大到某一极限后，电流就不再发生明显的变化。现在看来，这一结论显然是错误的。但巴洛在进行实验时发现的另一条规律却给欧姆带来极大的启发，即电流在整条导线上保持不变。这一事实使欧姆想到电流强度可以作为电路的一个重要基本量，因此他决定在下一次实验中将其作为一个主要观测量来研究。这其实在无形之中为欧姆指明了研究方向，将欧姆带回到探索电路基本定律的正确道路上。

3.2.2 从实验定律到理论尝试

在巴洛的启发之下，欧姆开始进行探索电路规律的实验。在不到一年的时间里，欧姆便在1826年4月发表了那篇极为重要的论文——《论金属传导接触电的定律及伏打装置和施威格倍加器的理论》(*Bestimmung des Gesetzes, nach welchem Metalle die Contaktelektricität leiten, nebst einem Entwurfe zur einer Theorie des Voltaischen Apparates und des Schweiggerschen Multiplicators*)[7]。在这篇论文中，欧姆首先简要叙述了前期所做的关于电导率的实验，对自己在实验中所犯的错误及其原因进行了分析，并指出他的结论与前人的不同之处。紧接着，他指出了用伏打电堆做实验存在的缺陷。在最初的实验中，欧姆首先选用的是伏打电堆，但这种电源输出的不稳定性和电极的极化给他的实验造成了诸多不便，令他大为头痛。后来在德国物理学家波根道夫(Johann Christian Poggendorff，1796—1877年)的建议下，欧姆改用塞贝克(Thomas Johann Seebeck，1770—1831年)在1821年发明的温差电偶做电源才解决了实验中的电源问题。随后，欧姆提出了电路的实验定律，并详述了实验的具体情况。

在这次实验中(图3.11、图3.12)，欧姆准备了8根直径相同的导线，编号从1到8，长度分别是2、4、6、10、18、34、66、130英寸。他在1826年1月8日、11日和15日这3天共进行了5次实验，所得数据见表3.1。

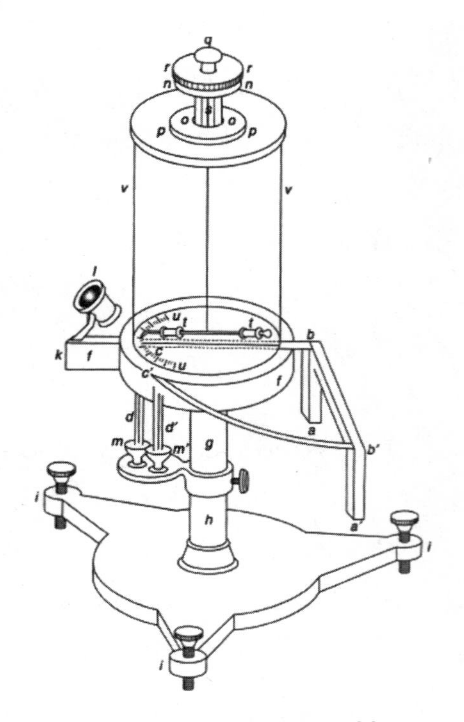

图 3.11　欧姆的实验装置[7]

图 3.12　复原的欧姆的实验装置(英国科学博物馆)

表 3.1　欧姆测得的电磁力数据表[7]

实验日期	实验序号	电流的电磁力(刻度)							
		1	2	3	4	5	6	7	8
1 月 8 日	Ⅰ	$326\frac{3}{4}$	$300\frac{3}{4}$	$277\frac{3}{4}$	$238\frac{1}{4}$	$190\frac{3}{4}$	$134\frac{1}{2}$	$83\frac{1}{4}$	$48\frac{1}{2}$
1 月 11 日	Ⅱ	$311\frac{1}{4}$	287	267	$230\frac{1}{4}$	$183\frac{1}{2}$	$129\frac{3}{4}$	80	46
	Ⅲ	307	284	$263\frac{3}{4}$	$226\frac{1}{4}$	181	$128\frac{3}{4}$	79	$44\frac{1}{2}$
1 月 15 日	Ⅳ	$305\frac{1}{4}$	$281\frac{1}{2}$	259	224	$178\frac{1}{2}$	$124\frac{3}{4}$	79	$44\frac{1}{2}$
	Ⅴ	305	282	$258\frac{1}{4}$	$223\frac{1}{2}$	178	$124\frac{3}{4}$	78	44

从表 3.1 可以看出，相比于 1 月 11 日和 15 日的数据，8 日的数据略微偏高。欧姆对此的解释是，温差金属偶的冷端本来是插在冰水混合物中的，即保持在 0 ℃。但 8 日那天，他将金属偶的冷端放在了窗台上，恰好那日的气温又极低，可能使冷端处在 0 ℃以下。如此便使得这一日电源的电压高于其余两日，8 日的数据也就有所偏高。根据表 3.1 的数据，欧姆得到了如下的公式：

$$X = \frac{a}{b + x} \tag{3.4}$$

式中，X 是电流的电磁力，以磁针读数表示；a 和 b 是由电路决定的两个常数；x 表示实验导线的长度。现在看来，上式中的 X 相当于电流强度；a 和 b 分别相当于电动势和除待测导体之外的回路电阻。

为了检验上述公式是否与实际情况相符，欧姆认为必须要通过计算进行验证。欧姆令 b 等于 $20\frac{1}{4}$，令各组的 a 分别取 7285、6965、6885、6800、6800。通过计算，他得到了如表 3.2 所示的结果。他这样说道：

> 如果我们拿这些经过计算得到的数字与通过实验得到的数字比较，就会发现它们的差别极小，这正是我们在实验中所希望的数量级。[7]

表 3.2　欧姆验算所得的电磁力数据表[7]

实验序号	电流的电磁力							
	1	2	3	4	5	6	7	8
Ⅰ	328	$300\frac{1}{2}$	$277\frac{1}{2}$	$240\frac{3}{4}$	$190\frac{1}{2}$	$134\frac{1}{2}$	$84\frac{1}{4}$	$48\frac{1}{2}$
Ⅱ	313	$287\frac{1}{4}$	$265\frac{1}{3}$	$230\frac{1}{4}$	182	$128\frac{1}{3}$	$80\frac{3}{4}$	$46\frac{1}{3}$
Ⅲ	$309\frac{1}{2}$	284	$262\frac{1}{3}$	228	180	127	$79\frac{3}{4}$	$45\frac{3}{4}$
Ⅳ	$305\frac{1}{2}$	$280\frac{1}{2}$	259	$224\frac{3}{4}$	$177\frac{3}{4}$	$125\frac{1}{4}$	79	45
Ⅴ	$305\frac{1}{2}$	$280\frac{1}{2}$	259	$224\frac{3}{4}$	$177\frac{3}{4}$	$125\frac{1}{4}$	79	45

接着，欧姆将金属偶的热端所在的沸水（即100℃），改成了常温，而冷端的温度继续保持在0℃。他继续实验测得的数据与用式(3.4)计算的结果相差最大不超过1/2。欧姆还发现，a取决于温差电源的温度差，也就是后来的温差电动势；b取决于温差电源内部阻抗，是由电源决定的一个常数。

通过反复实验，欧姆在实验数据的基础上，通过归纳总结再到验证，最终建立了以其名字命名的电路实验定律。但正如在结束了初次实验之后继续进行这次实验一般，欧姆并未止步于此。在不到一个月的时间里，欧姆又发表了他的另一篇论文——《由伽伐尼电力产生的电现象的理论尝试》(*Versuch einer Theorie der durch galvanische Kräfte hervorgebrachten elektroskopischen Erscheinungen*)[10]。在这篇论文中，欧姆仿照傅里叶的热传导理论，利用数学方法对电路定律进行了推导，得到如下公式：

$$X = kw\frac{a}{l} \tag{3.5}$$

以及

$$u - c = \pm\frac{x}{l}a \tag{3.6}$$

式中，X表示电流强度；k是电导率；w为导线的横截面面积；l为导线长度；a表示导体两端的电张力差（即电势差）；u为导体中某一点（以x表示）的电张力（电势）；c表示一个与x无关的常数。

欧姆将当量长度$L=\frac{l}{kw}$代入式(3.5)中，得到

$$X = \frac{a}{L} \tag{3.7}$$

这正是欧姆本人经常采用的公式，也是我们所熟知的欧姆定律的形式。欧姆在其论文中所说的当量长度其实就是电阻，它等于导线的实际长度与电导率和横截面面积乘积的比值。

次年，欧姆出版了《用数学推导的伽伐尼电路》(*Die Galvanische Kette, Mathematisch Bearbeitet*)一书，这是19世纪德国的第一部数学物理论著[11]。在这部论著中，欧姆严格推导了电路定律。为此，他提出了导体电量的计算方法和

关于电路的3条基本原理，并在此基础上建立起电路的运动学方程，求解此方程便可得到先前在实验中得到的电路定律。

欧姆提出的3条基本原理分别为：

(1) 电从一个物体经导线传到另一个物体的量与两个导体的电张力(电势)差成正比；

(2) 导体向周围空间散失的电量与物体的电张力(电势)及表面积成正比；

(3) 不同金属的接触电动势等于它们相互接触时的电张力(电势)的差。

应当说明的是，第一条基本原理是将电与热进行类比，以假说的形式提出来的。第二条基本原理可用于静电情况，也可用于电路，这是欧姆为了建立电路的一般方程而专门提出的。在这些基本原理或假说的基础上，欧姆通过严格的数学推导，最终得到了电路的一般方程：

$$I = \frac{A}{L} \tag{3.8}$$

式(3.8)既可当作全电路欧姆定律，亦可当作非全电路欧姆定律。在第一种情况中，A 表示电路中的电张力差(电动势)总和，L 表示全电路的当量长度(总电阻)；在第二种情况中，A 表示所求部分的电张力差(电势差)，L 表示该部分电路的当量长度(电阻)。

总的来看，欧姆定律首先发现于1826年的实验中，最终在1827年由欧姆通过数学方法严格推导而建立。所以，确切地说，欧姆定律的发现横跨1826年和1827年。但是，当时的科学界仍不承认欧姆的科学发现，许多人对他还抱有成见，甚至认为定律太简单，不足为信，这一切使欧姆感到万分痛苦和失望。欧姆定律被科学界接受之路可谓是一波三折，尽管不断遭到质疑，但最终还是被承认了，并成为电学史上具有里程碑意义的一大定律。

3.2.3 一波三折的承认之旅

在欧姆所处的那个年代，黑格尔(Georg Wilhelm Friedrich Hegel，1770—1831年)的德国古典唯心论是普鲁士的官方哲学，在德国人中被广泛信奉。黑格尔在唯心论的基础上统一存在和精神，把思想和物质都看成所谓“绝对精神”的表象，认为自然界只不过是与思维、概念格格不入的“绝对精神”的外壳，只有人的精神才是纯概念、纯范畴与物质。黑格尔的哲学体系从根本上否定了科学在认识自然中的作用，这其实是欧姆定律及当时德国其他一些重要科学成果被忽视的一个重要原因[12]。

当《用数学推导的伽伐尼电路》出版之后，欧姆给普鲁士教育部长苏尔兹(Johannes Schulze，1786—1869年)赠送了一本，并附上了一封信，请求苏尔兹为他在大学安排一份工作。然而苏尔兹笃信的是黑格尔唯心论哲学，因此他对欧姆的请求漫不经心，竟将欧姆安排在柏林的一所军校。尽管欧姆希望能够进入一所实验条件较好的大学，以便进一步研究电路，但迫于生计，他也只能听从苏尔兹的安排。其实对欧姆的责难始于德国物理学家鲍尔(Georg Friedrich Pohl，1788—1849年)，他率先撰文对欧姆的《用数学推导的伽伐尼电路》进行攻击。鲍尔曾言：

> 以虔诚眼光看待世界的人不要去读这本书，因为它纯粹就是不可置信的欺骗，它的唯一目的是要亵渎自然的尊严。[12]

由于鲍尔在当时的德国物理学界占有一席之地，因此他对欧姆的攻击造成了一些不好的影响。面对鲍尔的无理攻击，欧姆有些怒不可遏。当他准备还击之时，《文学杂志》的主编劝他暂时忍气吞声，如此，才避免了一场可能发生的风波。

1829年3月30日，欧姆给路德维希一世(Ludwig Ⅰ，1786—1868年)写信以求公断。他在信中这样写道：

> ……我的科学著作是具有广泛影响的，它已经受到公众的注意。我遗憾地说，现在我只遇到唯一的反对者——鲍尔，他的观点是建立在黑格尔原理的基础上的。[12]

可以看出，欧姆已经感到来自黑格尔哲学的压力。纵观历史，一位科学家受到某一哲学体系的压抑并不多见，欧姆所感受到的压力也并非来自黑格尔的整个思想体系，而是来自这个体系中的唯心论所造成的一些影响。路德维希一世在收到欧姆的来信后，将其交给了巴伐利亚科学院，并责令组成一个专门学术委员会来讨论欧姆的著作，对其做出评估。然而，委员会成员的意见并不一致，他们中的大多数人由于缺乏对电学发展历史的了解，故很难做出裁决，最后不得不向哲学家谢林(Friedrich Wilhelm Joseph Schelling，1775—1854 年)征求意见。谢林是德国自然哲学的创始人，与路德维希一世长期保持着通信，在科学家中有一定的影响。但谢林拒绝对此做出评价，以至于这件事最后不了了之。后来，欧姆在给施威格(Johann Salomo Christoph Schweigger，1779—1857 年)的一封信中说道：

> 《用数学推导的伽伐尼电路》的诞生已给我带来巨大的痛苦，我真抱怨它生不逢时，因为深居朝廷的人学识浅薄，他们不能理解它的母亲的真实感情。[12]

与现在人们对德国的印象不同的是，18 世纪末到 19 世纪初的德国还处在相对落后的状态，这种状况在物理学方面尤为突出。把持当时的德国物理学家片面强调定性的实验，忽视理论概括的作用，并且对法国人的数学物理方法甚为不满。

1806 年，普俄联军在与法国的耶拿战役中的失败宣告了老旧德国时代的基本结束。法国人的武力冲击了德国的世袭贵族特权，以至于 1807 年 10 月 9 日发布的普鲁士皇家敕令不得不扩大公民的权利，教堂财产被没收，德国被世俗化了。另外，代表新兴资产阶级利益的改革者在改造社会的同时，提出要以法国科学为榜样，彻底改造德国的科学体制。德国的教育因此有了较快的发展，大学引进法国科学经典著作作为教材，开办讨论班和研究生班来培养具有特殊技能的人才。在这种情况下，不同背景的青年学生和科学家得以交流，并团结起来冲破少数人的专擅和束缚，闯入以往不能进入的禁区。

尽管当时的德国已处于理论物理学产生的前夕，但老一辈的实验物理学家们对法国数学物理方法依旧采取排斥的态度。虽然欧姆定律建立在实验和理论的基础上，但由于欧姆使用温差电池和库仑扭秤做实验，这在当时是最新颖的实验方法，所以还是引起其他实验物理学家们的怀疑。更何况欧姆在后来进行理论推导时模仿了法国数学物理学家傅里叶的热分析方法，要求电传导时导线与周围环境完全绝缘。这种将复杂情况进行理想化以抽象出本质的做法，实际上是物理学理论研究的一种基本方法，但当时德国的一些实验物理学家们则认为这在实际中根本是不可能的[13]。可喜的是，当时德国的物理学界也已经出现了一些支持欧姆定律的声音，青年一代的物理学家们比较能够接受欧姆的思想。例如德国著名的哲学家、物理学家和实验心理学家费希内尔(Gustav Theodor Fechner，1801—1887年)在他30岁时出版的《伽伐尼电学和电化学教科书》(*Lehrbuch des Galvanismus und der Elektrochemie*)第三卷中最先引用了欧姆定律。但遗憾的是，这并未引起德国物理学界的广泛注意。费希内尔在序言中写道：

> ……我已经模仿了欧姆的理论，并用我的实验进一步证明了它，因此，这个理论最基本的结论已被事实所肯定。我迫切要推广这个理论，使它与更多的现象结合。我敢说，唯有这个理论才是第一次给伽伐尼电路的结构输入了真实的意义。[12]

在中年的物理学家中，施威格给予欧姆的支持最大。他自始至终给欧姆发表文章提供方便，欧姆的大部分论文发表在他主编的《化学和物理学杂志》(*Journal für Chemie und Physik*)上。1830年4月21日，施威格写信鼓励欧姆：

> 你对《杂志》的贡献是最成功的，我希望你继续经常地把这样重要的论文发表出来……请相信，在乌云和尘埃后面的真理之光最终会投射出来，并含笑驱散它们。[12]

正当欧姆定律在德国命运不济、备受冷落和质疑时，英吉利海峡彼岸的英国反而为它带来了命运的转机。虽然对英国人来说，它的到来似乎有些晚，至少在1831年前还没有任何英国人知道它，但它很快便被英国人欣然接受，并为英国的电磁学发展做出了不小的贡献。在欧姆的理论传入英国之前，英国科学家普遍认为电导力与导线直径成正比，与长度成反比。又因为距离卡文迪什手稿的公布还有半个世纪，所以他们对电势、电容、电量的概念模糊不清，而且尚不能区别电量和电流强度，以至于当他们了解到电势差的概念时，竟将电势和电流强度混为一谈。此外，与电阻率相关的电阻概念也一直未进入他们的研究范围。一直到1833年，英国科学家克里斯提(Samuel Hunter Christie，1784—1865年)才通过实验确定了电导关系，并首次提出了平衡电桥的原理[14]。10年后，在欧姆定律的基础上，惠斯通(Charles Wheatstone，1802—1875年)完成了对这一原理的系统化和理论化。欧姆定律在美国的传播则要归功于美国的物理学家巴赫(Alexander Dallas Bache，1806—1867年)，他同时也是富兰克林的外孙。1836—1838年，巴赫在英国学习期间，从英国科学家那里了解到欧姆定律。回国之后，他将此定律告诉了亨利(Joseph Henry，1797—1878年)。在此之前，亨利已经发现了自感现象，但他却不知道什么是电流强度、什么是电压。亨利曾把并联的电池组称为“量电池”，把串联的电池组称为“强度电池”。按照他的说法，“量电池”可以提供更多的电量，“强度电池”可以提供更大的电力。如果他早些知道欧姆定律的话，他就会发现所谓的“量电池”其实与单个电池没有根本上的区别，它们的电动势一样，只不过前者的内阻更小而已；“强度电池”与单个电池的区别不在于它们的供电能力的强弱，而在于它们的电动势不同。

欧姆定律的遭遇真可谓是“墙内开花墙外香”。随着欧姆定律在国外备受关注，欧姆在德国以外的科学界开始声名鹊起，特别是1841年英国皇家学会授予他科普利奖章更是大大提高了他的声誉，这引起了德国政府和科学界对欧姆的关注。再加上自1831年黑格尔去世之后，唯心主义思想对科学的束缚开始变得松弛，欧姆本人也觉得在精神上有了一定的放松。与此同时，高斯和韦伯(Wilhelm Eduard Weber，1804—1891年)在哥廷根大学培养的科学风气也正逐步向德国各地传播开来。而且截至1840年,已有不少实验物理学家证明了欧姆定律,并将其运用到自己的研究中。从上述的情形来看,德国科学界的情势正变得对欧姆定律的接受愈发有利。多佛(Heinrich Wilhelm Dove,1803—1879年)等人竭力想要将欧姆推到德国物理学界的最高位置。在众多科学家的不懈努力下,欧姆终于当选为巴伐尼亚科学院院士。后来,他被调到慕尼黑主持科学院物理学术委员会的工作,并担任慕尼黑大学物理教授,随后还担任了慕尼黑大学物理学讲座席位。但令人扼腕叹息的是,他两年后就在慕尼黑去世了,享年65岁。

为了纪念欧姆在电学上的贡献,1881年在巴黎召开的第一届国际电气工程师会议决定以"欧姆"命名电阻的单位。从此,欧姆成为举世公认的科学家。从欧姆及欧姆定律发现的遭遇来看,一个人的成败,或是一个正确的理论能否及时得到认可,会受到来自社会、学术权威以及传统观念等诸多因素的影响。在一定时候,一些学术权威若未能对一个新发现或新理论做出公允的评价,将会极大地阻碍其传播,同时也将带来无法估量的损失。尽管欧姆定律最终还是得到了认可,但这未免有些迟了。如果这一定律早些得到认可,欧姆便能早些进入其向往的地方,得到理想的工作条件,或许他还能做出更大的贡献。

3.3 电解定律的发现与解读

3.3.1 法拉第的发现

1800年,尼克森(William Nicholson,1753—1815年)用电池电解水,尽管电

池的输出电压较低，但因为其输出的电量很大，所以看到了非常明显的实验现象。次年，英国化学家沃拉斯顿（William Hyde Wollaston，1766—1828 年）利用莱顿瓶放电对水进行电解，然而所得结果却并不令人满意。尽管莱顿瓶的输出电压很高，但由于其电容量很小，所以电解产生的氢气和氧气很少，以至于难以进行测量。通过对以上实验的对比，当时正在从事电化学研究的法拉第（Michael Faraday，1791—1867 年）从中得到了启发，即电化学分解产物的量可能与电量直接相关。到了 1833 年，法拉第在研究电的同一性问题时，愈发肯定了当初的这种想法。他相信，伏打电和摩擦电不仅能够显示相同的物理和化学效应，而且这些效应可以用某些量来表示，这些量便是对各种不同电的共同量度。通过大量的实验，法拉第发现，电解产物的量与电流强度无关，而与通过的电量有关。在《电学实验研究》（*Experimental Researches in Electricity*）第 1 卷中，法拉第指出：

> 电化学分解发生时，我们有理由充分地相信被分解的物质的量不是与[电流]强度成比例，而是与通过的电量成比例。[15]

随后，法拉第做了一系列的精确实验以确定这种关系。其中一种是将稀硫酸注入一个一端封口的玻璃弯管中，让电流通过稀硫酸进行电解实验，析出的氢气和氧气会进入玻璃弯管的盲端。随着电解实验的进行，析出的气体不断累积会造成盲端的气压增大，从而使液面下降。因此通过玻璃弯管上的刻度便可读出气体体积与时间的关系。正是通过这个实验，法拉第确定了电解生成物的量与电量的正比关系。此外，他还做了多组对照实验，排除了稀硫酸浓度、电极大小和形状以及不同电池这些因素的影响。最后，法拉第得出如下结论：

> 我认为上述研究足以证明这样一条非常特殊而且十分重要的原理，即水受到电流影响时，它被分解的量与通过的电量刚好成正比。[16]

这里所说的水，除指直接作为介质受电流分解的水之外，还包括以酸或碱水溶液作介质时溶液中的水。因为此类水溶液在电解时，首先分解的是其中的水，这与电解熔化状态的盐的情况不同。上述结论可看作法拉第电解第一定律的一种表述，法拉第本人则常以“电化学作用量相等的原理”称之。

法拉第惯常提法中的“电化学量”有两层含义：一是指电量本身，二是指与通过电解质电量相关的被分解的质量。第二层含义中的这个量就是将要在下面介绍的电化当量，它其实只是法拉第在进行实验时对用电解法测定的化学当量的另一种叫法。与热功当量的含义类似的是，电化当量是指1个单位的电量在某一电极上析出某种物质的质量。二者的不同之处在于，热功当量是常数，而电化当量因元素的变化而有所不同。这里要特别说明的是，在历史上，电化当量概念的形成实则早于热功当量。但从二者的区别便可看出，法拉第的“电化学作用量相等的原理”还需完善。若要能够对所有的电解问题做出解释，仍需确定电化当量所满足的函数关系或实验定律，这便是法拉第电解第二定律所涉及的内容。

电解第二定律是在法拉第将“电化学作用量相等的原理”从水、硫酸的情况向金属盐类推广时提出的。为了确定金属盐分解后的量与电量是否也存在正比关系，法拉第便设计实验，用电对熔融状态的金属盐进行电解。在以氯化锡作为介质进行了4次实验后，法拉第得到锡的平均电化当量为58.35①。经过反复实验，他最后得到氢、氧、氯、碘、铅、锡的电化当量分别为1、8、36、125、104、58(取整数)[15]。在将自己所测的电化当量与贝齐里乌斯(Jöns Jakob Berzelius，1779—1848年)等人用化学分析的方法测得的化学当量进行比较后，法拉第惊奇地发现二者竟十分吻合。他由此得出以下的结论：

> 电化当量与普通的化学当量一致，甚至相同。[15]

这就是我们今天所熟悉的法拉第电解第二定律。

---

① 自道尔顿(John Dalton，1766—1844年)在1803年提出化合重量比(现在的化学当量)的概念后，化学家们普遍将氢当作标准，取其化学当量为1。

在经过一年的实验和研究之后，法拉第于 1834 年在英国皇家学会的《皇家学会哲学汇刊》上发表了《论电化学分解(续)》(*On Electro-chemical Decomposition, Continued*)[17]一文。在这篇论文中，法拉第正式提出了他的电解定律。

在发现电解定律的过程中，法拉第实则还完成了另一件功不可没、惠及后人的事情——创造新词。他竭力避免沿用那些意义不准确的词语，并根据自己对电流化学效应的理解，创造了一系列新的物理名词。他的这种做法应该是受到了英国 18 世纪哲学家瓦兹(Isaac Watts，1674—1748 年)的影响。当法拉第还在书店当工人时，他就接触到瓦兹的著作——《改进思维》(*Improvement of the Mind*)。瓦兹在他的书中这样写道：

> 青年人的第一个方向是这样的：在学习过程中要辨别词语和事物，对你要研究的东西要有清楚明晰的概念，不要满足于单纯的词语或名称。如果你辛勤劳动所得到的进步只不过是堆积了一大堆难以分辨的词汇，你将是矢不中的的。[18]

法拉第对此颇为赞同。他在进行关于电解定律的相关研究时所创造的名词大多沿用至今，如电极、阳极、阴极、电解质、离子、阳离子、阴离子以及前面提到的电化当量等等。

在创造新的名词时，法拉第还曾向当时以善造科学词汇而著称的大师——英国著名物理学家惠威尔①(William Whewell，1794—1866 年)请教。惠威尔在 1834 年 4 月 25 日给法拉第的信中这样写道：

> 我已经考虑过你想用来代替[正极和负极]的两个词 eisode 和 exode，从整体来看，我倾向于推荐 anode[阳极]和 cathode[阴极]来代替它们。这些词可以表示东方的和西方的道路的意思……它们的意义是从含有升起和落

① 英国博物学者、科学家、哲学家、圣公宗祭司与基督教神学家。同时专精于数学与诗词，他是最早从事科学史研究的史学家之一，是首位使用科学家(scientist)这个名词的人。

下的词演变来的……

当时法拉第还想用 zetodes 或 stechions 来表示离子，但惠威尔在同年5月5日的信中却建议他不要采用上述词汇，而是推荐了 anion、cation 和 ion 这3个词分别表示阴离子、阳离子和离子。他在信中这样解释：

> 如果你采用 anode[阳极]和 cathode[阴极]，我就建议你用 anion[阴离子]和 cation[阳离子]表示由电解产生的两种元素，它们是中性粒子，其意思是上升和下降。对于两者，你皆可称之为 ions[离子]，用来代替 zetodes 或者是 stechions。[19]

尽管惠威尔认为离子是中性粒子的观点是错误的，但这与当时科学家对电化学的认识不足有关，当时还没有人相信电解质中有带电的粒子存在。一直到1883年，瑞典化学家阿瑞尼斯（Svante Arrhenius，1859—1927年）才提出电介质中存在游离的离子的观点。自此，人们也才认识到离子实际上是带电粒子，而并非以前所认为的中性粒子。对于惠威尔的建议，法拉第欣然接受并将其全部用在自己的论文中。这些词汇连同法拉第自己所创的一些名词一直沿用至今，成为了现代电化学、化学和物理学中常用的基本词汇。

3.3.2 对电解定律的解读

受历史的局限性以及自己哲学思想的影响，法拉第在当时所提出的电解定律尚存在不完善和不易被理解之处，而他本人当时的叙述亦与当今教科书上的电解定律有所出入。有鉴于此，如果可以用现代语言对法拉第所提出的定律进行适当的解读，并对当时关于它的一些争论有所了解的话，我们或许可以更好地理解电解定律发生变化的渊源。

法拉第在描述他的电解定律时曾说过，“一个电流的化学力正比于所通过的

绝对电量”和“电化当量与普通的化学当量一致，甚至相同”[15]。前者可以看作第一定律，其数学表达式则为

$$F \propto Q \tag{3.9}$$

式中，F 为电流的化学力；Q 为通过的绝对电量。为了证明这一定律，法拉第假设同一电量分解出各种元素的质量之比与其电化当量之比相等，可用式(3.10)表示：

$$M_1 : M_2 : M_3 \cdots = K_1 : K_2 : K_3 \cdots \tag{3.10}$$

式中，M_1，M_2，M_3，…表示各元素的质量；K_1，K_2，K_3，…表示相应的各元素的电化当量。

如果我们假设质量 M 正比于电化学力 F，那么式(3.9)与式(3.10)便可合二为一，写作

$$M = KQ \tag{3.11}$$

但这只是我们的想法，法拉第当时并未做此假设。或许他认为电化学力与电量成正比便足以说清电解过程中的数量关系。尽管法拉第提出了电化当量的概念，但他却仅仅将其当作实验的结果，并未用它建立质量与电量的关系。相比于现在，这也许是法拉第当年建立其电解定律时的一个略微不足之处罢了。

然而真正给法拉第带来莫大困扰的并非上述的小小瑕疵。他所提出的第二定律的内容表明，相同的电量分解出的各种元素的电化当量相等，那么其化学当量便也相等，但并未涉及这些物质的亲合力的大小。他的最终目的实际上是想要借助电力定量地描述物质的化学亲合力，而他的定律却与物质的亲合力无关，这着实让人沮丧。当时的实际情况是，化合价的概念尚未产生，更不必说与化合价相关的“电原子”概念。另外，在法拉第提出电解定律的时候，能量守恒原理也尚未建立。若是法拉第当时已经知道能量守恒原理，从这一角度出发，或许他可以利用电解定律将电能与亲合力联系起来，从而消除自己的疑惑。但这已是后话，不过是后人的一种猜想罢了。而且目前也尚无任何文献表明，19 世纪 40 年代焦耳(James Prescott Joule，1818—1889 年)进一步确认能量守恒以后，法拉第还考虑过这个问题。值得一提的是，虽然法拉第在提出电解定律后没有继续进

行相关的研究，但是能量守恒定律却使后来的化学家能更好、更正确地理解法拉第的电解定律。

3.4
基尔霍夫定律的建立

19世纪40年代，电磁学中的一些基本定律已经建立，如上述的欧姆定律，以及后面章节将论及的奥斯特电流的磁效应、法拉第电磁感应定律、楞次定律以及安培的电动力学。可以这样说，电磁学理论在当时已初具规模。随着电磁学理论的突破，电气技术开始蓬勃发展，人类正大踏步地迈进“电气时代”。但欧姆定律只能用于求解较为简单的电路，而无法解决复杂的电路问题。当时许多著名的物理学家都试图攻克这一难题，但都未能成功，最终解决这一难题的是德国著名的物理学家基尔霍夫（Gustav Robert Kirchhoff，1824—1887年）（图3.13）。

图3.13　基尔霍夫

基尔霍夫1824年出生于普鲁士柯尼斯堡的一个律师家庭，1847年毕业于柯尼斯堡大学物理学专业，获得博士学位。他的博导是当时德国著名的数学家纽曼（Franz Ernst Neumann，1798—1895年），此外他还曾受业于著名的德国数学家雅可比（Carl Gustav Jacob Jacobi，1804—1851年）和贝塞尔（Friedrich Wilhelm Bessel，1784—1846年）等，这为他打下了深厚的数学物理基础[20]。

基尔霍夫一生的大部分时间都是在大学从事物理教学工作，他讲课生动有趣，深受学生的欢迎。曾在海德堡大学访问讲学的俄罗斯物理学家斯托列托夫(Alexander Grigorievich Stoletov，1839—1896 年)对基尔霍夫有这样的评价：

> 交往上的纯朴与对学生不知疲倦的关注，一贯的活动和自信心，简练的才干，清晰的言谈，这些都是基尔霍夫使我们惊讶的。这一切，说明他具有坚强的意志、责任感、高度(但不是高傲)的自尊心……基尔霍夫用漂亮的、从容不迫的书法书写手稿，这些手稿充分表现出他的深思熟虑和熟练，这是值得我们学习的。这种深湛与缜密的思想不是骤然或是凭空得来的，而是自己顽强工作的结果。[21]

基尔霍夫所处的时代是德国自然科学飞速发展的时代，然而相比于英国和法国，德国的自然科学依然较为落后。如前所述，彼时欧姆、法拉第等人在电磁学领域已有诸多发现，但这些发现仍需进一步的量化研究和数学分析，并且需要建立解决实际问题所需的计算方法[22]。1845 年，基尔霍夫在柯尼斯堡大学就读期间发表了他的第一篇论文——《电流流经平面——例如网络平面的情况》(*Ueber den Durchgang eines elektrischen Stromes durch eine Ebene, insbesondere durch eine Kreisförmige*)[23]。在这篇论文中，基尔霍夫给欧姆定律下了严格的定义，并以此为基础提出了网络电路的节点电流定律和回路电压定律，即日后的基尔霍夫电流定律和基尔霍夫电压定律，二者合称基尔霍夫定律。

在建立这两个电路定律时，基尔霍夫先是进行了理论分析，然后再进行实验验证。在理论分析部分，基尔霍夫假设有一个金属圆盘，给圆盘通上电流后模拟导电媒质中的平面电势场。他考虑了 3 种物理上的情形：第一种是导体圆盘无限大，处于平衡状态；第二种是有限大、带有恒定电荷的导体圆盘，电荷从圆盘边界上一点流入，从边界的另一点流出；第三种是有限大、带有恒定电荷的导体圆盘，圆盘边界上有 n 个流入点和 n 个流出点。经过分析，基尔霍夫得到了在这 3 种情况下流入与流出电荷均相等的结果。基于此，他得出导体盘内电压分布依赖于电荷流入点与流出点之间距离的结论。在得到该理论分析的结果后，基尔霍夫随即设计实验直接测量各点的电势，与理论结果进行比较。在实验中，基尔霍夫选用了一个直径为1英尺的铜盘和两根1.75英尺的铜线。他首先将两根铜线的一端分别固定在圆盘边缘的两个点上，然后将两导线的另一端分别接到电源的两端，等电势的位置则通过观察检流计的偏转角度来确定。根据基尔霍夫分析的结果，等势线大致是从电流入口处到出口处光滑过渡的一系列圆形，与圆盘的边缘成90°直角。对于实验和理论结果之间的偏差，基尔霍夫认为有两个方面的原因：其一，圆盘并不是完全均匀的，各处的电导率并不完全相同；其二，观测会造成误差。最终，他认为该实验结果证明了自己的结论。在论文最后的评论部分，基尔霍夫提出了以其名字命名的电路定律，并用所建立的定律对一个有5条支路的电路进行了分析。基尔霍夫基于欧姆定律而建立的电路定律，不仅适用于直流电路，而且也可用于交流电路(处理交流电路时，定律要使用复数形式)，是解决复杂网络电路问题的重要工具。值得一提的是，基尔霍夫在研究电路中电的流动与分布问题时，阐明了电路两点之间的电势差和静电学中的电势这两个物理量在量纲和单位上是相同的。此外，在建立电网络理论时，他还提出了"连通图""树"和"支撑树"等图论的基本概念，并用几何图(两个直角三角形与两个矩形的组合)来代替电网络(电路图)。

基尔霍夫定律的建立虽然是在1845年，但相关的研究却一直持续到1847年。直到基尔霍夫第三篇论文的发表，才宣告这一工作的真正完结。1846年，基尔霍夫在其发表的第二篇论文中，另外设计了一个实验来测量通电导体圆盘内电流的分布情况[24]。他利用在第一篇论文中得到的通电圆盘各点电势的表达式，计算出电流对悬浮于导体表面上方罗盘针运动的影响。基尔霍夫的测量虽不是很严格，但却和理论结果符合得很好。次年，基尔霍夫发表了第三篇论文[25]。相比于之前的两篇论文，这篇论文没有给出新的内容，也无实验部分，纯粹是从数学角度出发对电路定律进行了证明。若论有何不同之处，那便是他首先给出的是电压定律，其次才是节点电流定律。

建立了著名的基尔霍夫定律后，他继续在科学研究的路上前进，并取得了诸多成果。1857 年,基尔霍夫从势函数和欧姆定律出发,结合电荷守恒定律提出了电报方程,建立了电在导体中传播的普遍理论。1861 年和 1866 年,基尔霍夫先后发表论文对直径不同的两个带电球的表面电荷分布进行了研究,提出了比威廉·汤姆逊方法更简单、更适用的计算方法。1877 年,他又推导出考虑边缘效应的圆板电容器电容的简单公式,这些公式目前仍被广泛应用。除了电磁学领域外,基尔霍夫在连续介质力学、光谱学等领域也有非常出色的研究成果。在哲学方面,基尔霍夫是一个机械唯物主义者,把自然界的物理现象都归因于纯粹的机械运动。在教育方面,他培养了很多优秀的物理人才,其中包括 1918 年诺贝尔物理学奖获得者、量子论的奠基人、德国物理学家普朗克(Max Ernst Ludwig Planck,1858—1947 年)和 1913 年诺贝尔物理学奖获得者、荷兰物理学家欧尼斯(Heike Kamerlingh Onnes,1853—1926 年)。1878 年 10 月 17 日,基尔霍夫在德国柏林逝世,享年 63 岁。

参考文献

[1] Mottelay P F. Bibliographical History of Electricity and Magnetism [M]. London: Mottelay Press, 2008.

[2] Galvani L A. Aloysii Galvani de Vribus Electricitatis in Motu Musculari Commentarius. Bononiae: Ex Typographia Instituti Scientiarium, 1791.

[3] Magie W F. A Source Book in Physics [M]. Cambridge, Massachusetts: Harvard University Press, 1935.

[4] Volta A. Account of Some Discoveries Made by Mr. Galvani, of Bologna; with Experiments and Observations on Them. In two Letters from Mr. Alexander Volta, F. R. S. Professor of Natural Philosophy in the University of Pavia, to Mr. Tiberius Cavallo, F. R. S. [J]. Philosophical Transactions of the Royal Society of London, 1793, 83: 10-44.

[5] Volta A. On the Electricity Excited by the Mere Contacts of Conducting Substances of Different Kinds. In a Letter from Mr. Alexander Volta, F. R. S. Pro-

fessor of Natural Philosophy in the University of Pavia, to the Rt. Hon. Sir Joseph Banks, Bart. K. B. P. R. S. [J]. Philosophical Transactions of the Royal Society, 1800, 90: 403-431.

[6] Ohm G S. Vorläufige Anzeige des Gesetzes, nach welchem Metalle die Contaktelektricität leiten [J]. Journal für Chemie und Physik von Schweigger, 1825, 44: 110-118.

[7] Ohm G S. Bestimmung des Gesetzes, nach welchem Metalle die Contaktelektricität leiten, nebst einem Entwurfe zur einer Theorie des Voltaischen Apparates und des Schweiggerschen Multiplicators [J]. Journal für Chemie und Physik von Schweigger, 1826, 46: 137-166.

[8] Davy H. Farther Researches on the Magnetic Phenomena Produced by Electricity, with Some New Experiments on the Properties of Electrified Bodies in Their Relations to Conducting Powers and Temperature [J]. Philosophical Transactions of the Royal Society of London, 1821, 111: 425-439.

[9] Becquerel A C. Du Pouvoir Conducteur de l'Electricité dans les Métaux, et de l'Intensité de la Force Électro-dynamique en un Point Quelconque d'un Fil Métallique Qui Joint les Deux Extrémités d'une Pile [J]. Annales de Chimie et de Physique, 1826, 32: 420-430.

[10] Ohm G S. Versuch einer Theorie der durch galvanische Kräfte hervorgebrachten elektroskopischen Erscheinungen [J]. Annalen der Physik und Chemie, 1826, 82(4): 459-469; 1826, 83(4): 45-54.

[11] Ohm G S. Die Galvanische Kette, mathematisch bearbeitet [M]. Berlin: Bei T. H. Riemann, 1827.

[12] Winter H J J. The Reception of Ohm's Electrical Researches by His Contemporaries [J]. The London, Edinburgh, and Dublin Philosophical Magazine and Journal of Science, 1944, 35(245): 371-386.

[13] Jungnickel C, McCormmach R. The Second Physicist: on the History of Theoretical Physics in Germany [M]. Cham, Switzerland: Springer Nature, 2017.

[14] Christie S H. Experimental of Laws of Magneto-electric Induction in Different

Masses of the Same Metal, and of Intensity in Different Metals [J]. Philosophical Transactions of the Royal Society, 1833, 123: 95-142.

[15] Faraday M. Experimental Researches in Electricity: Vol. 1 [M]. London: Richard and John Edward Taylor, 1849.

[16] Faraday M. Experimental Researches in Electricity: Fifth Series [J]. Philosophical Transactions of the Royal Society, 1833, 123: 675-710.

[17] Faraday M. Experimental Researches in Electricity: Seventh Series [J]. Philosophical Transactions of the Royal Society, 1834, 124: 77-122.

[18] Watts I. Improvement of the Mind [M]. New York: A. S. Barnes & Company, 1885.

[19] Williams L P. Michael Faraday: a Biography [M]. New York: Basic Books, 1965.

[20] 曾铁. 19 世纪伟大的德国数学物理学者:纪念德国物理学家 G. R. 基尔霍夫逝世 120 周年[J]. 物理与工程, 2008, 18(1): 57-61.

[21] 涅图希尔,法布力堪. 基尔霍夫[J]. 陆铭深,译. 物理通报, 1958(5): 270-273.

[22] Oldham K T S. The Doctrine of Description: Gustav Kirchhoff, Classical Physics, and the "Purpose of All Science" in 19th-Century Germany[D]. University of California, Berkeley, 2008.

[23] Kirchhoff G. Ueber den Durchgang eines elektrischen Stromes durch eine Ebene, insbesondere durch eine Kreisförmige [J]. Annalen der Physik und Chemie, 1845, 140(4): 497-514.

[24] Kirchhoff G. Nachtrag zu dem Aufsatze: Ueber den Durchgang eines Elektrischen Stromes durch eine Ebene, insbesondere durch eine Kreisförmige [J]. Annalen der Physik und Chemie, 1846, 143(3): 344-349.

[25] Kirchhoff G. Ueber die Auflösung der Gleichungen, auf welche man bei der Untersuchung der linearen Vertheilung galvanischer Ströme geführt wird [J]. Annalen der Physik und Chemie, 1847, 148(12): 497-508.

第4章

静磁学的发展

4.1
静磁学的诞生

4.1.1 佩雷格林纳斯的磁体研究

西方最早对磁现象进行系统观察和研究的是佩雷格林纳斯，他是13世纪法国的一位数学家、磁学家和工程师。他的真实姓名是马里库尔(Petrus Peregrinus de Maricourt)，“佩雷格林纳斯”是他的洗礼名，但后世却常以洗礼名称呼他。

佩雷格林纳斯在1269年写给他一位朋友的信——《论磁体的信》(*Letter on the Magnet*)，是欧洲现存最早关于磁体的论著。这封信分为两部分，第一部分讨论了磁体的性质及确定其南极和北极的方法，第二部分介绍了利用磁体性质制作的装置和他有关永动机的一些设想[1]。

佩雷格林纳斯在信的开头部分提出了选择磁石的 4 个要素：①颜色——磁石的颜色如同铁被擦亮后在空气中放置一段时间后的颜色；②均匀性——磁石的均匀程度越高，其磁性就越强；③重量或密度；④吸引铁的能力。在随后的论述中，他首次提出了磁极的概念，他所引进的“polus”一词系“极”一词最早的拼法。他认为任何磁石均有两个磁极，即“南极”和“北极”，正如天穹有两个磁极一样。为了维护他关于天穹存在磁极的说法，佩雷格林纳斯批驳了北极存在大磁山的假设。他的论据是：①磁石无处不有，北极不会恰好就存在一个磁石高度密集的区域；②此前从未有人去过北极，如何就能知道那里有座大磁山？③磁针不仅指北，同时也指南。他关于天穹具有磁极的观点对后人产生了很深的影响，以至于后来有许多人认为地磁力的来源是北极星。与此同时，他还提出了磁石“周日旋转”的假说。所谓周日旋转，是指磁石球在天穹磁力的作用下产生的每 24 小时一周的自转运动。在此假说的基础上，他提出了以磁力驱动制造永动机的设想，如图 4.1 所示。这种永恒的运动根本无法观察到，但他将这种理论与实际的差异归结为人工技艺水平的限制。

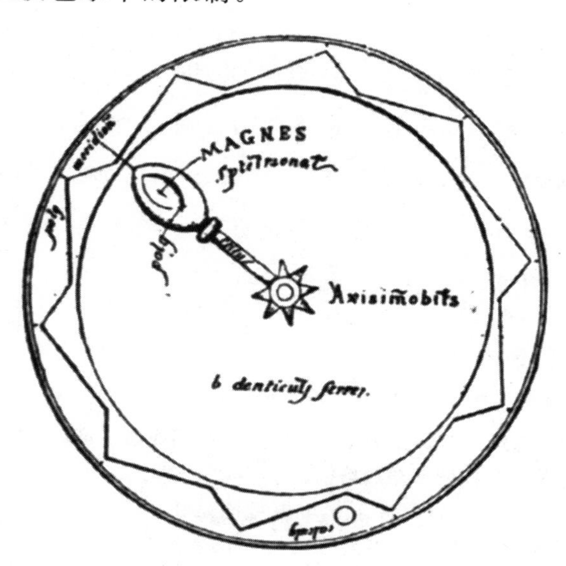

图 4.1　佩雷格林纳斯的永动机轮[1]

在确认磁石存在两极后，佩雷格林纳斯随即提出如何利用磁针寻找磁石球磁极的方法：用磁针确定出磁石球的子午线，这些子午线将汇聚于球面上的两点，这两点便是磁石球的南极和北极——这应该是现存文献记载中最早的小磁针实验。与此同时，他还指出了地磁偏角的存在。佩雷格林纳斯指出，磁针一般不是指向正南（北）方向，而是略向东（西）偏移。此外，佩雷格林纳斯在进行一系列的实验时，又发现了磁极"同性相斥，异性相吸"的原理，这比发现电的"同性相斥，异性相吸"原理早了4个多世纪。在尝试对这一原理进行解释时，他又有以下两个发现：其一，磁石裂成碎片后，无论多么小，碎片两极皆备，仍是一个完整的磁石；其二，磁极可能会中和另一磁性较弱的同性磁极，甚至逆转其极性。

素有"奇异博士"之称的英国著名哲学家和自然科学家罗吉尔·培根①（Roger Bacon，约1219—约1292年）曾这样盛赞佩雷格林纳斯：

> 当今世上仅有两位完美的数学家，伦敦的约翰②和马里库尔③。

他在自己的《大著作》（*Opus Majus*）中进一步写道：

> 因为他在实验哲学中的工作，我知道只此一人才能当此赞誉。他无心关注旁人的议论和称赞，只是静静地致力于寻找智慧的工作。因此，其他人如同黄昏时的蝙蝠一般，盲目地乱撞。而他目光如炬，擅长实验……此外，他仅仅是为了追求知识，如果他想要获得皇家的支持，他早就轻而易举地找到了给他荣誉和财富的君主。[2]

① 这里用全名——罗吉尔·培根，是为了与下文中的弗朗西斯·培根区别，后者是英国文艺复兴时期的散文家、哲学家，也就是我们所熟知的培根。

② John of London，生卒年不详，罗吉尔·培根可能是在13世纪60年代的巴黎听说此人的。他的具体工作目前尚不清楚，有人猜测他可能是当时一位影响力颇大的恒星表的作者，也有人猜测他可能设计了一种星盘。

③ 即佩雷格林纳斯。

佩雷格林纳斯的这封信在物理、航海、测地学中意义非凡。但遗憾的是，它在当时并未引起更多的注意，而是在欧洲的图书馆中尘封了近三个世纪才被重新发现。16世纪的音乐家、占星家和数学家泰斯纳(Jean Taisnier，1508—1562年)在1562年出版了一本名为《论磁的性质》(*De Natura Magnetis*)的专著，其中有一部分是逐字地大段抄袭佩雷格林纳斯信中的内容。但由于当时知道这封信的人极少，故而泰斯纳凭借此书为自己赢得了广泛赞誉。虽是学术造假，但这也从一个侧面说明了佩雷格林纳斯工作的价值。后来，这封信在吉尔伯特1600年出版的《论磁石、磁体和地球作为一个巨大的磁体》(*De Magnete, Magneticisque Corporibus, et de Magno Magnete Tellure*，以下简称《论磁石》)中被屡次提及。吉尔伯特的《论磁石》被公认为使磁学成为一门正统科学的学术著作，这足以说明佩雷格林纳斯对磁学的创立功不可没。

4.1.2 吉尔伯特对磁体的实验研究

1600年，吉尔伯特《论磁石》的出版标志着磁学作为一门独立学科的诞生。吉尔伯特(图4.2)是英国著名的医生、物理学家，1544年出生于英国科尔切斯特市的一个法官家庭，年轻时在剑桥大学圣约翰学院攻读医学，并获医学硕士学位。由于医术高明，他自1601年起担任英国女王伊丽莎白一世(Elizabeth Ⅰ，1533—1603年)的御医，直到1603年12月10日逝世。

图4.2 吉尔伯特

在吉尔伯特的时代，指南针在欧洲的航海中已经得到广泛的使用，由此导致了一批经验性著作的出现。除了佩雷格林纳斯的《论磁体的信》等中世纪作品，其中最著名的是英国退休海员和罗盘制造商诺曼(Robert Norman，生卒年不详)在1581年出版的《新奇的吸引力》(*The New Attractive*)。书中描述了诺曼对磁力的一些经验性观察，指出了磁倾角的存在，并讨论了磁偏角的问题。诺曼等人的著作引起了吉尔伯特的兴趣。大约从1581年开始,他与一些朋友一起在业余时间讨论这个问题,并开始了系统的实验研究。最后,他于1600年出版了《论磁石》一书。

该书的主要内容是:第一卷首先对历史文献中关于磁石和磁现象记载进行回顾与评论,然后讨论磁体的基本性质(两极、吸引、排斥以及磁化),最后论证地球是一个大磁体;第二卷则区分了磁和通过摩擦琥珀等绝缘体而得到的电,并讨论了相关的许多现象;第三至五卷是地磁学,涉及地磁线的基本走向、磁倾角和磁偏角等问题;最后一卷是所谓的磁力哲学,即用磁来证明地球是可以自转的(磁体是可以自转的,地球是磁体,所以也是可以自转的),并把磁作用推广到所有的天体以及天体之间[3]。

吉尔伯特非常强调实验的重要性,他强调:

> 在发现事物的秘密和研究隐秘原因的过程中,更有力的原因是通过确定的实验与证明过的论据得到的。

与此相应,贯穿全书最重要的内容是经验知识和精心设计的实验。借助于经验和实验,他否定了历史文献中的诸多"谎言与谬误",如磁石能够治病以及蒜汁能让磁石退磁①,等等。而他关于地球磁场的实验则是可控实验最为经典的范例。

基于地球是一个大磁体的结论,他磨制了一个天然磁石球,并用它作为地球的实验室模型。同时,他又制作了精巧的顶置式小磁针,用以模拟水手使用的指南针。这样,他就可以通过观察小磁针在磁石球附近的行为,以此来研究地球上不同地区指南针的方向变化。由此他证实了一些观察事实,包括指南针确实可以指向地球的两极、磁偏角和磁倾角确实存在,等等。关于磁偏角,他推论,其产生的原因是有磁性的大陆和无磁性的海洋在地球表面分布不均。为了证明这一点,他在磁石球的表面弄出了一些类似于海洋的缺陷,结果小磁针在其周围果然

① 传说当时的水手会因为吃蒜而受到鞭打,因为人们相信,大蒜的味道会使指南针失去作用。

会出现程度不同的偏转。

基于磁体可以在没有相互接触的情况下发生相互作用的事实，吉尔伯特将磁性看成一种与宇宙灵魂类似的存在。由此，他把磁学从实验提升到了“磁力哲学”的高度。根据这一哲学，地球由于拥有了这种力量，就成了一个有生命的个体，因此完全可以自转。而作为最早接受日心地动说的学者之一，他还相信，所有的天体都含有磁性，而太阳对所有行星都存在类似的磁力作用。

在今天看来，吉尔伯特把地球自转归因于磁力显然是错误的，但也不能将责任全部归咎于吉尔伯特，时代的局限性是一个很重要的因素。当时，康德(Immanuel Kant，1724—1804 年)和拉普拉斯的星云学说尚未产生，而佩雷格林纳斯关于磁石球“周日旋转”的假说还未完全被否定。直到 1632 年，伽利略(Galileo Galilei，1564—1642 年)在他的《关于托勒密和哥白尼两大世界体系的对话》(*Dialogo Sopra i due Massimi Sistemi del Mondo Tolemaico e Copernicano*)中，首次批判了佩雷格林纳斯建立在其“周日旋转”假说之上的“磁永动机”，并指出了吉尔伯特关于地球自转解释的错误[4]。

整体来看，吉尔伯特的磁学理论是成功的，是他首先将磁学建立在可观察的地磁现象和地球这样一个巨大的磁学实验室的基础上，也是他第一次为磁学注入了理性。可以说，吉尔伯特在弗朗西斯·培根(Francis Bacon，1561—1626 年)之前引领了 17 世纪实验哲学的风气之先。

4.1.3 笛卡儿的磁假说

长期以来，磁性被认为是神秘的、具有精神力量的代表。虽然吉尔伯特的《论磁石》开启了科学研究磁学的大门，但它的主要内容还是现象观察和实验，并没有提出真正意义上的磁学理论。第一个彻底为磁学褪去神秘主义色彩，提出科学的磁学理论的是当时法国著名哲学家笛卡儿(René Descartes，1596—1650 年)(图 4.3)。他在 1644 年出版的《哲学原理》(*Principia Philosophiae*)一书中接受了吉尔伯特的实验，并为磁体建立了第一个微观的模型：笛卡儿假设在磁体

图4.3 笛卡儿

中存在许多螺旋状的磁性微粒和微孔，其中微粒的螺纹有两个相反的方向，相应地，微孔会有序排列组成两种管道，仅允许螺纹方向与之匹配的磁性微粒通过。在磁体中，因为微孔排列有序，所以微粒可以顺利通过，两种磁性微粒分别从磁体的两端发射出来，通过磁体外部后再返回原磁体的管道中，如此周而复始地形成封闭的磁路。当某一磁体处于另一磁体产生的磁路中时(如图4.4中 *fig ii* 所示，两磁体分别为O和P)，从磁体O的B端发出的磁性微粒将经由磁体P的a端进入，从b端出来，最后再从A端回到磁体O中。通过以磁性微粒的运动作为媒介，磁体O和P之间就产生了力的相互作用。在铁中，虽然也存在微孔和磁性微粒，但由于微孔的排列杂乱无章导致微粒无法从其两端发出，故而不会产生磁力。而当其处于磁体所形成的磁路中时，磁体发出的磁性微粒会穿过铁内部，促使其内部的微孔排列变得有序，从而让它们能够通过，如此磁体就

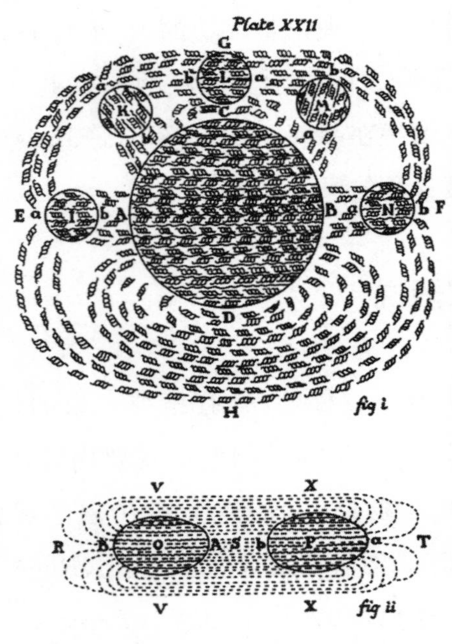

图4.4 笛卡儿关于磁路的示意图[5]

与铁产生了相互作用。基于该假说，笛卡儿认为，正是因为地球内部存在大量的天然磁石和铁矿，所以地球本身其实就是一个巨大的磁体，如图 4.6 中的 *fig i* 所示。对于其他物体，由于不存在磁性微粒和微孔，所以无法与磁体发生相互作用[5]。在《哲学原理》中，笛卡儿利用自己的假说成功解释了几乎所有当时已知的磁现象。现在看来，他的假说虽然不对，但亦有其成功之处，它正确地指出了磁体只能在一个封闭的场中运动，而且从某种意义上来看，后来磁力线和磁场的概念也都可以在他的假说中初见端倪。

4.2 磁作用力规律的发现

4.2.1 初探磁作用力规律

在 17 世纪初至 18 世纪中叶的这 150 年间，磁学虽然得到了不断的发展，但尚未进入真正的定量研究范围。英国科学家米谢尔是第一个发现磁作用力规律的，当时，他还只是剑桥大学女王学院的一名青年研究员。1750 年，米谢尔出版了《人工磁体专论》(*A Treatise of Artificial Magnets*)。他在该书中首次提出了“磁极引力和磁极排斥力随着对应极间距离的平方增加而减小”的结论，但并未对实验作进一步的说明[6]。

德国制图学家和天文学家迈尔(Tobias Mayer，1723—1762 年)是最先对米谢尔关于磁作用力规律的结论表示支持的人。迈尔在 1752—1762 年进行大地测量时，系统地对如何利用磁偏角和磁倾角确定地理坐标的方法进行了研究。他在1760年发表了一篇题为《从理论推导出的磁针倾角和偏角》（*Inclination and Declination of the Magnetic Needle as Deduced from Theory*）的论文。迈尔在这篇论文中指出，不论是磁吸引力还是磁排斥力，均与磁极间距离的平方成反比[7]。随后，瑞士著名数学家兰伯特（Johann Heinrich Lambert，1728—1777年）在其分别于1766年和1767年发表的《磁力定律》（*Laws of Magnetic Force*）和《磁流曲率》（*Curvature of Magnetic Current*）两篇论文中，也对磁作用的规律进行了讨论。在牛顿万有引力定律的启发下，兰伯特起初只是提出了磁作用力与距离的平方成反比的观点。为了验证这一想法，兰伯特进行了三十多次测量。但遗憾的是，他测量的是两块磁体中间位置的距离，并非两个相互作用的磁极之间的距离，因此他所得到的结果是：磁力并非与距离的平方成反比，而是与距离的三次方近似成反比[8]。此后，更多的科学家也积极投身于磁作用规律的研究中，其中最为出色的当属法国著名物理学家库仑。库仑凭借自己精确的实验最终将磁作用力的规律确定了下来。

4.2.2 库仑的实验

库仑定律是由库仑在1785年发表的两篇论文——《论电和磁Ⅰ》和《论电和磁Ⅱ》（*Premier Mémoire sur l'Electricité et le Magnétisme* 和 *Second Mémoire sur l'Electricité et le Magnétisme*）建立的。在第二篇论文中，库仑不仅讨论了电作用力，也对磁作用力进行了讨论和研究[9]。他直觉地发现磁和电具有某种相似性，它们都在“可感知的距离上”发生作用，但这两种作用力却并不具有同一性。因此，在提出库仑定律之后，库仑精心地设计实验，对磁作用力进行了深入的观测。

在测量磁力时，库仑使用的方法与测量电吸引力时的方法如出一辙，即测量振荡周期与距离之间的关系。只要磁针的振荡周期与距离成正比，即可证明磁力与距离的平方成反比。库仑用一根细丝将一根短磁针悬挂在空中，然后再将一根长磁针固定在其正下方。使短磁针旋转一个角度后，它就会在长磁针的作用下产生振荡，如此就可以测量出不同距离下短磁针的振荡周期。为了排除地磁的干扰，库仑先让短磁针在地磁子午面上振荡，得到振荡次数为15次。然后再让其在长磁针的作用下振荡，其中有两次的距离分别是4英寸和8英寸，对应的振荡次数分别是41次和24次。如此可得到在相距4英寸和8英寸时，短磁针在长磁针作用下的振荡频率的平方：

$$\begin{cases} f_4^2 = 41^2 - 15^2 = 1456 \\ f_8^2 = 24^2 - 15^2 = 351 \end{cases} \tag{4.1}$$

对上述结果进行分析后，可得到如下的关系：

$$\frac{f_4^2}{f_8^2} = \frac{1456}{351} \approx \frac{(1/4)^2}{(1/8)^2} \tag{4.2}$$

在不断重复上述实验后，库仑得出如下的结论：

> 在进行我刚才所述的必要修正后，我总是发现磁流体的作用不论是吸引还是排斥，都按照距离平方倒数的规律变化。

在《论电和磁Ⅱ》的结论部分，库仑将磁作用力的定律总结为：

> 磁流体的吸引力和排斥力，正如电流体一样，与其密度严格成正比，与磁分子间的距离平方成反比。[9]

至此，磁学才算是真正进入了定量化研究的阶段。

4.3
库仑的磁分子和磁化概念

在对电和磁的现象及规律进行比较之后，库仑发现，尽管二者在吸引和排斥现象中可以找到共性，但它们之间还存在着诸多的不同之处。在对大量的现象和实验进行分析后，库仑得到如下的结论：电流体和磁流体是两种完全不同的实体。他的这一结论严重阻碍了电和磁的统一，直到1820年奥斯特（Hans Christian Ørsted，1777—1851年）发现电流的磁效应时，科学家们才真正认识到电和磁是相互联系的。

库仑一直以来都支持二元电流体假说，但对于磁的理解，他的观点则经历了从一元流体到二元流体的转变。在接受磁的二元流体假说后，库仑遇到了一个问题：为什么一块磁体不论碎成多少块，每一块的两个磁极仍然存在？这个问题困扰库仑多时，最终他放弃了宏观流体理论而另觅他径。思考良久之后，库仑提出了磁体中的每个分子都具有磁性和磁极的设想。他假设：磁体中每个分子里都存在南、北两种磁流体，它们分别聚集在分子的两端，按照一定规律首尾相接排列成磁分子链。由于相邻的分子间总是以相反的两极相对，因此在磁分子链中间不显示任何极性，极性仅出现在磁体的两端。一旦磁体破碎，磁分子链随之断开，本处于磁链中的分子暴露出来，因此每一个磁体碎片仍然具有完整的两极。库仑的这一思想最先在他的第七篇讨论电和磁的论文中被提及。12年后，库仑在他于1801年发表的论文《用理论和实践确定将不同的饱和磁针引向磁子午线的力》(*Détermination Théorique et Expérimentale des Forces Qui Ramènent Differentes Aiguilles à Saturation à Leur Meridien Magnétique*)中重申了这一思想,并更进一步提出了分子磁化的概念[10]。库仑认为,铁分子中也存在着数量相等的两种异性磁流体,一般情况下,它们相互结合而使分子不显磁性。当其受到外在的磁力作用时,铁分子中的磁流体会发生位移而产生错位,如此铁分子就被磁化了。外加的磁作用力被撤去后,磁流体会部分或全部地恢复到原来的位置。为了保证分子位移不是没有限度的进行,库仑做了另一个假设,他这样写道:

> 磁流体对铁分子有一种附着力,这种力会阻止它们之间发生位移。如果这种力存在的话,它会有一个限度。当一种磁流体对于这种流体的分子的作用远远大于它对铁的附着力时,这个分子就会发生位移。这种位移一直持续到作用在每个分子上,直到使之产生位移的力与阻止其发生位移的附着力达到平衡时才停止。

库仑用磁分子模型和分子磁化概念,结束了一个多世纪以来磁流体理论中的各种非质流体的假说。尽管库仑并未活到电和磁走向统一的时代,但他的理论和思想对于后世电磁学的发展,尤其是安培(André-Marie Ampère,1775—1836 年)的电动力学的产生,起到了非常重要的作用。

4.4 静磁学数学理论的建立

泊松在建立了静电学的势理论后，展开了对静磁学的研究。在1821—1822年，他先后发表了两篇静磁学论文[11]。在这两篇论文中，泊松将磁看作流体，借鉴他用于静电学研究的方法来研究静磁学。按照现在的说法，他假定磁荷存在，最终得到静磁力与磁荷密度成正比，而与距离平方成反比的结论，从而在理论上证明了库仑对静磁力规律的总结。

然而泊松的理论存在一大缺陷，他将磁看成与电相似的实体，他将我们今天所谓的“磁荷”看成理论的出发点。当时泊松并非不知单独的磁荷不能分离，也不是不知磁荷不能离开磁体而单独存在，但在拉普拉斯物理学思维模式的指导下，他仍将磁学现象简化为“磁荷”之间的相互作用现象。为了尽量减少理论与实际的差异，他引入了“当量磁荷面密度”和“当量磁荷体密度”的概念。在任意形状的磁体内，任何一点均有一个确定的磁化强度，即单位体积中的磁矩 $\vec{I}$，他将$\vec{I}\cdot \mathrm{d}\vec{S}$定义为“当量磁荷面密度”，$\mathrm{div}\,\vec{I}$定义为“当量磁荷体密度”，这一做法参照了电荷面密度和体密度的定义。在进一步推导之后，泊松得到磁体在空间任一点产生的磁势为

$$V=\iint_S(\vec{I}\cdot \mathrm{d}\vec{S})\,\frac{1}{r}-\iiint_\tau \frac{1}{r}\mathrm{div}\,\vec{I}\,\mathrm{d}\tau \tag{4.3}$$

式中，r 表示磁矩元到所求点的距离，$\mathrm{d}\tau$ 表示体积元。该式表明，磁势是“当量磁

荷面密度”和“当量磁荷体密度”所产生的势的叠加。需要特别说明的是，尽管泊松的理论涉及“电势”和“磁势”，但这两个名称却并非他引入的，而是由后来的格林所创[12]。泊松建立的静磁学的数学理论虽然有其不可避免的缺陷，但却为当时人们借助分析数学研究磁学问题奠定了基础。麦克斯韦在建立自己的电磁学统一理论时，也从泊松的数学分析方法中获益良多。

4.5 关于磁现象的再研究

4.5.1 从地磁构造理论到对地磁起源的探究

自吉尔伯特在17世纪初年创立磁学理论以来，越来越多的科学家被吸引至磁学领域，并对与磁相关的自然现象进行了更广泛也更深入的观察和研究。

虽然吉尔伯特在《论磁石》中指出了地磁偏角会因地域不同而变化，但却未能发现它其实也在随时间而改变的现象。最早发现这一现象的是英国数学家格利布兰(Henry Gellibrand，1597—1637年)。格利布兰在1635年出版的《关于最近发现的磁变及其变化显著减少的数学论述》(*A Discourse Mathematical on the Variation of the Magnetical needle, together with Its Admirable Diminution Lately Discovered*)一书中首次提出了磁偏角长期磁变的概念，指出同一地方的磁偏角会随时间而改变。该理论被英国人称为“磁变之磁变理论”，第一个“磁变”是指磁偏角①,第二个“磁变”则是指磁偏角随时间的变化[13]。

图4.5　哈雷

另一项最突出也具代表性的成就当属英国天文学家哈雷(Edmond Halley,1656—1742年)(图4.5)的地磁构造理论。1683年,哈雷在《皇家学会哲学汇刊》上发表了他那篇著名的论文《磁罗盘的磁变理论》(*A Theory of the Variation of the Magnetical Compass*)[14]。正是在这篇论文中,他首次提出了地磁构造的假说。哈雷认为,地球分为内核和外壳层,其间充满了流动的物质。内核和外壳层分别绕各自的轴旋转,但内核的自转速度小于外壳层。根据这一假设,地球存在4个磁极,其位置为:北半球的两个磁极分别位于地角(Land's End)子午线距地理北极7°和加利福尼亚子午线距地理北极15°的地方;南半球的两个磁极则分别位于伦敦东120°的子午线距地理南极20°和伦敦西95°的子午线距地理南极16°的地方。根据哈雷的地磁构造理论,地球表面上各地的地磁偏角在进行周期的变化,此即所谓的“磁变现象”。为了支持自己的这一理论,哈雷在论文中列举了近五十个地区地磁偏角的历史记录。表4.1摘录的是伦敦和巴黎地磁偏角的历史记录。

表4.1　伦敦和巴黎的地磁偏角的历史记录[14]

伦敦		巴黎	
年份	地磁偏角	年份	地磁偏角
1580	11°15′偏东	1640	3° 0′偏东
1622	6° 0′偏东	1666	0° 0′
1634	4° 5′偏东	1681	2°30′偏西
1672	2°30′偏西	—	—
1683	4°30′偏西	—	—

① 英国人当时习惯称磁偏角为“磁变”。

当时的英国出于海上称霸和对外扩张的目的，迫切需要了解海上的地磁情况。因此英国分别于1689、1699、1702年3次派遣实验船横渡大西洋，由哈雷指挥，对海上的地磁情况进行测量。在完成这3次的海上地磁测量后，哈雷绘制了第一张精确的地磁图，如图4.6所示，后人又将哈雷获得的数据标注于图中制作了如图4.7所示的地磁图。

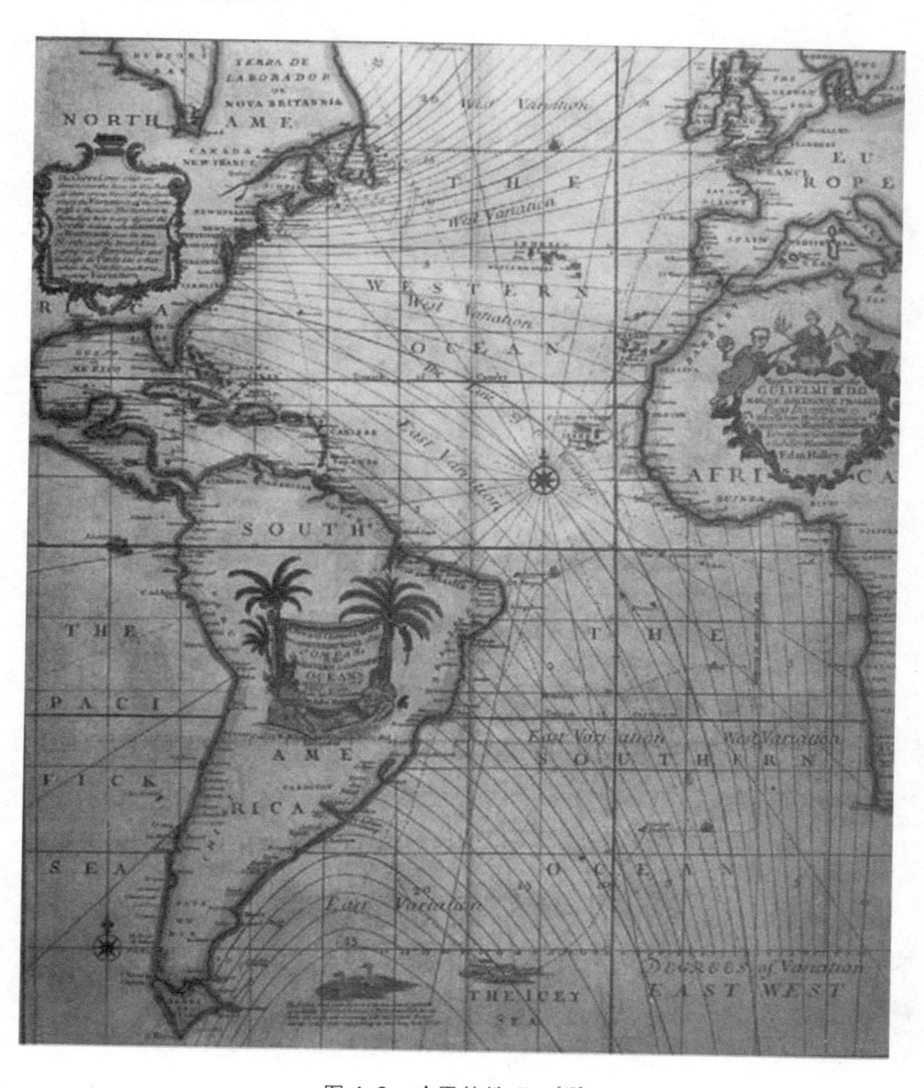

图4.6 哈雷的地磁图[15]

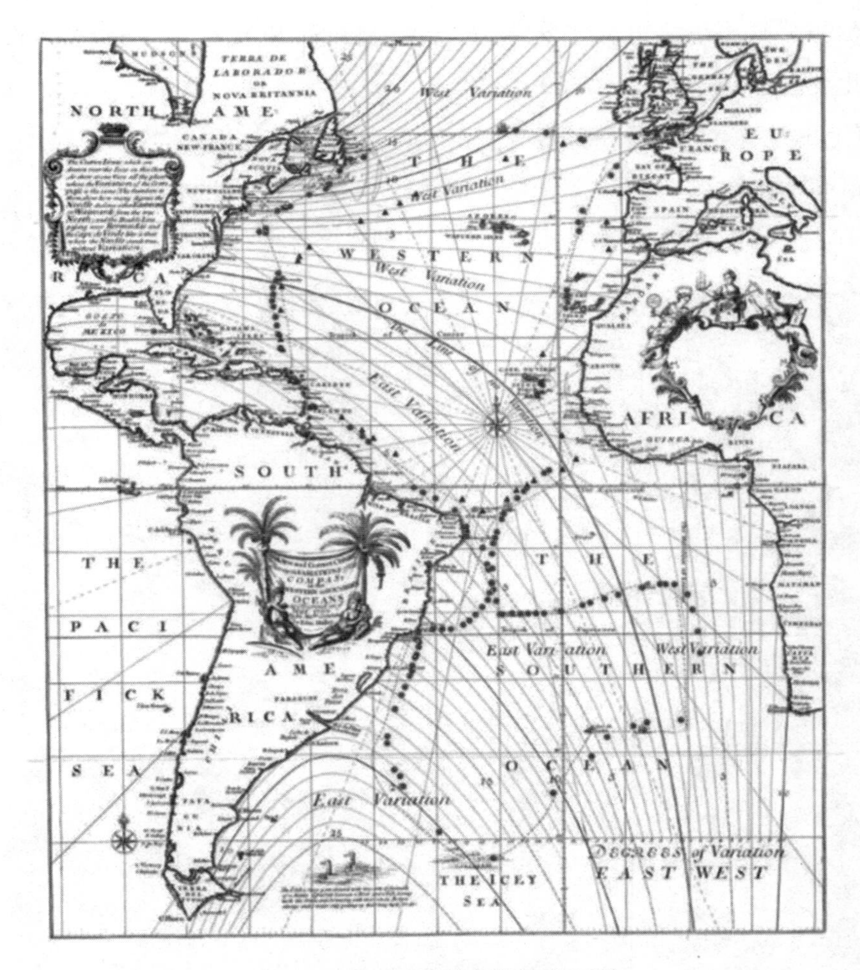

图 4.7　标明哈雷数据的地磁图[16]

哈雷曾这样评价自己的工作：

> 对于磁体系的磁变和其他几种特性的精确测定，是留给将来许多代人使用的。我们所希望做的一切，就是要在我们死后留下一个可以信赖的观察，并提出一个可以让后人审查、修改甚至被推翻的假设。

尽管哈雷的地磁构造理论早已过时，但现在看来，他的诸多观察结果仍然是正确的。最让人感佩的是他那虚怀若谷的态度和实事求是的科学精神，这才是他留给后人最宝贵的“成果”。

自哈雷以后，18 世纪的地磁学家相继绘制了许多地磁图，其中最突出的是美国数学家、制图学家丘奇曼(John Churchman，1753—1805 年)的工作，他在 1794 年发表的地磁图(图 4.8)中将等磁偏线延伸至两个地磁极[17]。丘奇曼假设两个地磁极的位置分别是北纬 58°、格林尼治西 134°和南纬 58°、格林尼治东 165°。然而目前尚不清楚他放弃哈雷四磁极假说的根据为何，但可以肯定的是，数学家和天文学家 A. 欧拉(Johann Albrecht Euler，1734—1800 年)在他之前已经提出地

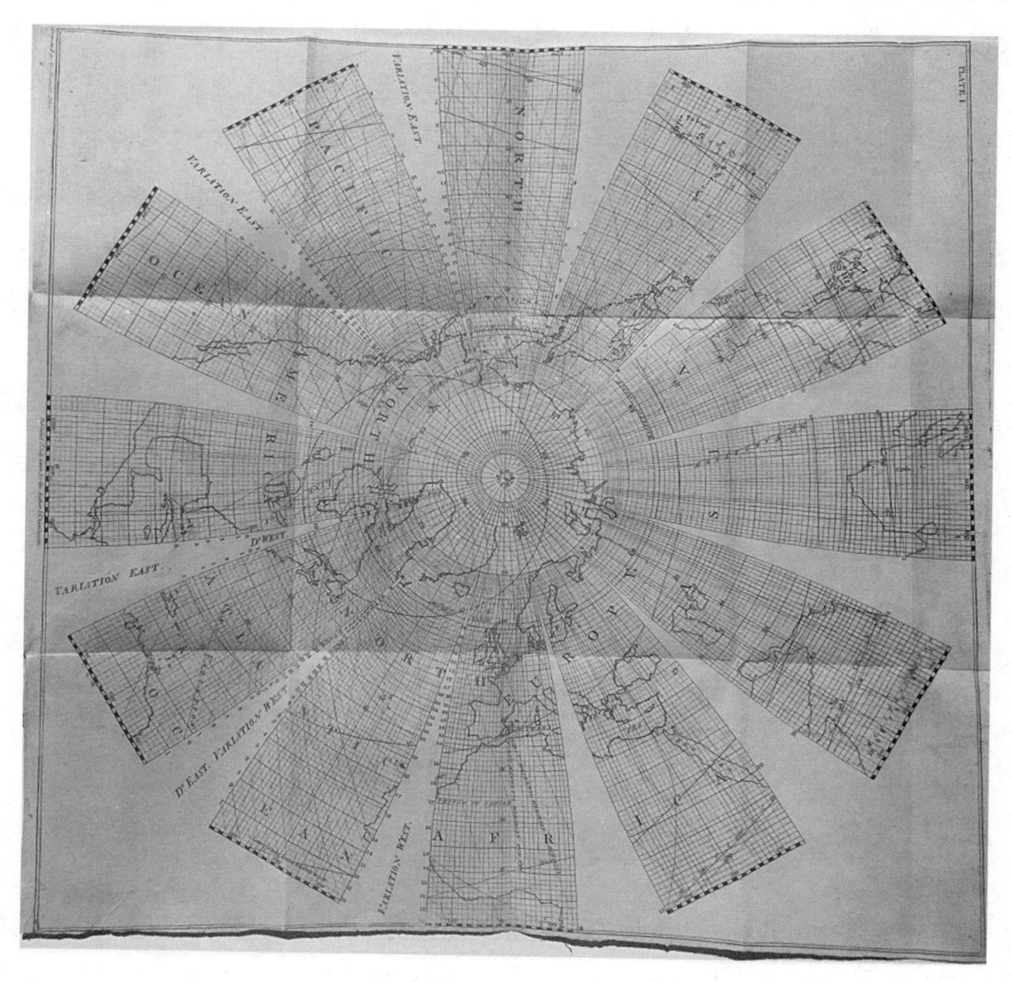

图 4.8　丘奇曼的地磁图[17]

球只有两个磁极的观点，这位 A. 欧拉是伟大数学家欧拉（Leonhard Euler，1707—1783 年）的长子[18]。1811 年，丹麦科学院就地磁构造问题设奖，该奖最终由地球物理学家汉斯丁（Christopher Hansteen，1784—1873 年）斩获，但他的地磁理论实可看作哈雷四磁极理论的重构。

1820 年后之不久，英国数学家、天文学家、化学家赫歇尔（John Herschel，1792—1871 年）根据塞贝克的温差电效应提出这样一个设想：地球表面和空气的接触会产生一种大气电，由此导致了地磁现象。但这种设想很快被安培在 1827 年提出的地磁起源假说所取代。安培认为，地磁是由地壳下面绕一固定轴旋转的电流体所产生的。他关于地磁起源的解释与其将一切电磁和静磁的现象都归因于电流电动力的做法如出一辙。由此来看，在安培的地磁理论中，地球仅仅只有两个磁极。到了 1838 年，高斯指出，地球是按照任意状态分布的无限个磁体的集合，地球表面任何一点的磁势均可用一个球函数的无穷级数表示[19]。根据当时欧洲地磁观测网提供的数据，高斯计算出这个级数的前 24 项系数，并因此项工作获得了英国皇家学会于 1838 年颁发的科普利奖章。

一直到 1830 年前，关于地磁构造和地磁起源问题的讨论仅仅是限于假说和理论的层面，最先深入北极海域并找到磁北极的是英国航海家和极地探险家罗斯（John Ross，1777—1856 年）。1829—1838 年，罗斯随叔父在北极航行时，于 1831 年 6 月 1 日在北纬 70°15′17″、西经 96°45′48″的位置发现磁针的倾角几乎达到了 90°，因此他宣布发现了磁北极。相对磁北极的发现，磁南极的发现要晚得多，一直到 1909 年 1 月才被澳大利亚的探险家大卫（Edgeworth David，1858—1934 年）和莫森（Douglas Mawson，1882—1958 年）发现[20]。

4.5.2 对地磁强度的测量

自 17 世纪以来，除了上述的地磁构造理论以及地磁起源问题外，对地磁强度的测量也一度成为人们关注的焦点。18 世纪地磁学的一个显著标志，便是地磁场强度概念的形成以及对它的测量。

18世纪，法国积极开展的远洋探险和测地活动为法国地磁学家考察各地的地磁情况提供了有利条件。1702—1712年，傅叶(Feuille，生卒年不详)前往南美洲沿岸进行经度测量。1750年，法卡伊拉卡(Nicolas-Louis de Lacaille，1713—1762年)在南非进行了区域广泛的磁偏角和磁倾角测量工作。布干维尔(Louis Antoine de Bougainville，1729—1811年)自1766年开始环球航行，在此期间，他进行了关于地磁要素的测量工作。上述这些测量工作为地磁场强度的测量做好了准备。

1769年，马莱(Jacques Mallet-Favre，生卒年不详)率先开展了测量地磁场强度的工作，但由于测量仪器的精度问题，导致在纬度相差7°的圣彼得堡和波诺伊河两地所测得的地磁强度几乎相同，无甚差别。有人据此得出地磁强度处处相等的结论。然而，波达(Jean-Charles de Borda，1733—1799年)却对此持怀疑的态度，他认为之所以会有这样的结果，是因为仪器的精度达不到要求。因此在1773年，他促使法国科学院以设计一种最佳测量地磁强度的仪器为课题进行悬赏，并于1776年亲自前往巴黎、士仑等纬度相差更大的地方测量地磁强度。由于磁针的轴承摩擦力太大，波达仍未能发现这两处地磁强度存在差异，无功而返。但他并不灰心，始终坚持自己的看法。他通知法国各远洋船队每到一处，要将测得的地磁强度数据及时送回法国。大约在1788年，拉马农(Robert de Lamanon，1752—1787年)远航至澳门，将其在澳门测得的地磁强度数据送回法国。在苦苦等待了十多年后，波达终于得到了梦寐以求的数据，从而否定了地磁强度处处相等的观点，证明了自己当初的设想。波达于1773年促成的悬赏后由库仑和斯文登(Jean Henri van Swinden，1746—1823年)所共享，两人各得1600法郎的奖金。库仑因论文《关于制造磁针最优方法的研究》(*Recherches sur la Meilleure Manière de Fabriquer les Aiguilles Aimantées*)而获奖，他在这篇论文中提出了一种丝悬磁针，并指出丝悬指南针的扭力可以精确地测出极小力[10]。库仑的丝悬磁针不仅提供了静力学和动力学两种测量磁力的方法，而且为地磁强度的绝对测量和磁学量绝对单位的引入开创了有利局面。库仑在获奖后继续深入研究，从而在1784年发明库仑扭秤，并进一步促成了库仑定律的发现。库仑是将扭力运用到地磁测量中的第一人，他后来又将扭力计算推广至物理学和力学的多种测量中。四十多年后，德国科学家洪堡和法国电学家阿拉戈在测量地磁强度时所用的磁针振荡方法，以及毕奥-萨伐尔定律的实验方法，无一不是源于库仑的这一思想。

洪堡在1798—1804年对南美洲进行了综合考察。在这次考察中，他测量并记录了三百多个磁偏角和磁倾角的数据，初步确定了磁赤道的位置，并首次将磁赤道的磁场强度定义为单位1。此后，在1820年以前的十数年内，地磁学家在确定各地地磁强度时，均是以他的单位作为参照。从南美洲返回后，洪堡和毕奥(Jean-Baptiste Biot，1774—1826年)合作完成了题为《关于不同纬度上地磁的变化》(*Über die Variationen des Magnetismus der Erde in Verschiedenen Breiten*)的论文，提出地磁强度随纬度的增高而增大的结论[21]。在这篇论文中，数学论证由毕奥负责，他做出如下假设：地磁是由位于地心的磁偶极子产生的；磁偶极子垂直于磁赤道所在的平面，与地球直径相比，其长度可忽略不计。由于毕奥在进行数学论证时所用的是洪堡在磁赤道附近的测量数据和他本人于1804年在阿尔卑斯山脉的测量数据，因此他的公式较为符合从磁赤道至北纬30°区域的地磁强度。但这篇论文的价值远不止于此，它将磁纬度和磁倾角联系了起来，在原来只有磁偏线的地图上增加了磁纬线。此外，毕奥还从理论上否定了哈雷的四磁极理论。

在对地面附近的测量工作进行到一定程度之时，科学家们开始将目光投向高空。1804年8月24日，毕奥和盖-吕萨克(Joseph Louis Gay-Lussac，1778—1850年)乘气球进行了人类史上首次测量高空磁场的活动。他们所采用的方法与洪堡相同，均是磁针振荡法。他们最终的测量结果显示，海拔4000米处的地磁强度与地面相当接近，差别极小，从而否定了地磁强度随高度增加而减小的观点。次月，盖-吕萨克独自乘气球至海拔7016米处进行测量，所得结论与第一次相符。

19世纪后，人们对地磁现象的探究一直都在进行，从未间断。时至今日，其中的许多问题历经数年后仍众说纷纭，吸引着众多科学家投身其中，继续探索。

参考文献

[1] Peregrinus P. The Letter of Petrus Peregrinus on the Magnet, A. D. 1269 [M]. Translated by Arnold B. New York: McGraw Publishing Company, 1904.

[2] Bacon R. The Opus Majus of Roger Bacon [M]. Bridges J H, ed. London and Edinburgh: Williams & Norgate, 1900.

[3] Gilbert W. On the Loadstone and Magnetic Bodies, and on the Great Magnet the Earth [M]. Translated by Mottelay P F. London: Bernard Quaritch, 1893.

[4] Galilei G. Dialogue Concerning the Two Chief World Systems: Ptolemaic and Copernican [M]. Translated by Drake S. Berkeley. London: University of California Press, 1953

[5] Descartes R. Principles of Philosophy: Translated, with Explanatory Notes [M]. Translated by Valentine Rodger Miller and Reese P. Miller. Amsterdam: Kluwer Academic Publishers, 1982.

[6] Michell J. A Treatise of Artificial Magnets [M]. Cambridge: Cambridge University Press, 1750.

[7] Gillispie C C. Dictionary of Scientific Biography: Vol. 9 [M]. New York: Charles Scribner's Sons, 1981.

[8] Gray J J. Johann Heinrich Lambert, Mathematician and Scientist, 1728 - 1777 [J]. Historia Mathematica, 1978, 5(1): 13-41.

[9] Coulomb C A. Second Mémoire sur l'Électricité et le Magnétisme [J]. Histoire de l'Académie Royale des Sciences, 1785: 578-611.

[10] Société Francaise de Physique. Collection de Mémoires Relatifs a la Physique (Tome Ⅰ, Mémoires de Coulomb) [M]. Paris: Gauthier-Villars, 1884.

[11] Poisson S D. Mémoire sur la Théorie du Magnetisme [C]//Académie Royale des Sciences ed. Mémoires de L'Académie Royale des Sciences de L'Institut de

France（Année 1821 et 1822，Tome Ⅴ）. Paris：Gauthier-Villars，1826，247-338,488-533.

[12] Green G. An Essay on the Application of Mathematical Analysis to the Theories of Electricity and Magnetism [M]. Nottingham：T. Wheelhouse，1828.

[13] Mottelay P F. Bibliographical History of Electricity and Magnetism [M]. London：Mottelay Press，2008.

[14] Halley E. A Theory of the Variation of the Magnetical Compass，by Mr. Ed. Halley F. R. S. [J]. Philosophical Transactions of the Royal Society of London，1683，13：208-221.

[15] Halley E. Some Remarks on the Variations of the Magnetical Compass Published in the Memoirs of the Royal Academy of Sciences，with Regard to the General Chart of Those Variations Made by E. Halley；As Also Concerning the True Longitude of the Magellan Straights[J]. Philosophical Transactions of the Royal Society of London,1715，29：165-168.

[16] Murray L L. The Construction of Edmond Halley's 1701 Map of Magnetic Declination [D]. The University of Western Ontario，2012.

[17] Churchman J. The Magnetic Atlas，or Variation Charts of the Whole Terraqueous Glove [M]. New York：Gaine & Ten Eyck，1800.

[18] Williams L P. Science，Education and the French Revolution [J]. Isis，1953，44(4)：311-330.

[19] Glassmeier K H，Tsurutani B T. Carl Friedrich Gauss-General Theory of Terrestrial Magnetism：a Revised Translation of the German Text [J]. History of Geo-and Space Sciences，2014，5(1)：11-62.

[20] Roberts P. Fighting the "Microbe of Sporting Mania"：Australian Science and Antarctic Exploration in the Early 20th Century [J]. Endeavour，2004，28(3)：109-113.

[21] von Humboldt A，Biot J B. Ueber die Variationen des Magnetismus der Erde in verschiedenen Breiten [J]. Annalen der Physik und Chemie，1805，20(3)：257-298.

第5章
电磁研究的突飞猛进

5.1
电流磁效应的发现

在18世纪以前,人类对磁与电的观察和研究是独立进行的,因而一直没有发现磁与电之间任何实质性的联系。虽然王充很早就把“顿牟缀芥”的静电吸引和“磁石引针”的静磁吸引相提并论了,吉尔伯特也在其《论磁石》中描述并讨论了电和磁的现象,库仑更是进一步得到了非常相似的静电作用和静磁作用定律,但由于这些都仅仅限于对静电现象和静磁现象的研究,故而电与磁的联系就不可能被发现。库仑甚至曾断言,电和磁是两种完全不同的实体,它们之间没有任何联系,不可能相互转化。一直到18世纪80年代,意大利生物学家伽伐尼从蛙腿受双金属环刺激产生痉挛的实验中,发现了动电(他当时称之为“动物电”)现象。紧接着意大利物理学家伏打又进一步从实验中确立了电流的理论，并成功研制了伏打电堆，使得物理学家可以获得稳定的电流源，才为电与磁联系的发现和研究创造了条件。到这个时候，人类已经走到了研究电与磁内部联系的大门口，而为人类推开这扇大门的便是丹麦物理学家奥斯特[1]。

5.1.1 奥斯特的哲学思想

提起奥斯特在1820年发现的电流磁效应，很多人常常将其看作一个偶然的机遇。然而，1953年美国科学史家斯托弗(Rober C. Stauffer，？—1992年)教授在Isis杂志上发表了题为《关于奥斯特发现电磁现象的长期误传》(*Persistent Errors Regarding Oersted's Discovery of Electromagnetism*)一文，以确凿的证据证明奥斯特的发现并非如人们长期所认为的那样，相反，奥斯特是在一定的哲学思想指导下，在有目的地进行了长期探索之后，才最终发现了电流的磁效应[2]。此后，又有人对奥斯特的发现做了进一步的研究，基本上弄清了它的过程，消除了人们一直以来的误解。

图5.1 奥斯特

奥斯特(图5.1)1777年出生于丹麦的一个药剂师家庭，幼年时曾被寄养于一个德国人家里，因而学会了德文，后又学习了拉丁文、法文以及数学的基础知识。11岁后，他回到父亲身边，协助父亲在药房进行工作，在那里他又习得了化学基础知识。1794年，奥斯特以优异的成绩考入哥本哈根大学。他在大学选修了天文、物理、数学、化学和药物学等课程，但对他影响最深的是康德的批判哲学。1799年，他以论文《论外部自然的基本形而上学范畴》(*The Architectonics of Natural Metaphysics*)获得博士学位。在这篇博士论文中，奥斯特阐述了他对康德哲学思想在科学中所起的指导作用的理解，为其之后的电磁研究提供了思路。毕业后，他在1801—1803年间先后到德国和法国游学，结识了当时许多著名的物理学家和化学家。尤其是在柏林游学时,奥斯特读到了谢林的书并聆听了相关的自然哲学讲座。在将自己的观点与这位哲学家的思想进行比较之后,他更加坚定了自己的哲学信念。1804 年,奥斯特返回哥本哈根,并申请到哥本哈根大学任教,但由于他偏重于哲学,且此时籍籍无名,故而遭到了拒绝。无奈之下,他选择进行公开演讲,待稍有名气之后,才于 1806 年被聘为物理教授。自 1829 年起,奥斯特开始担任哥本哈根理工学院院长一职直至 1851 年 3 月 9 日去世。

奥斯特一生进行过很多研究,其中最为著名的成就当属他于 1820 年发现电流的磁效应。在这一发现中,他的哲学思想起到了非常重要的指导作用,其中最为关键的是康德哲学和谢林的自然哲学体系。

康德哲学对奥斯特的影响主要有两个方面:其一是在认识论方面,奥斯特在大学期间就已经熟读康德的《纯粹理性批判》(*Kritik der reinen Vernunft*)。他从该书中所理解到的康德的哲学观点为:科学并不仅仅是发现自然界,即科学家的任务不单是记录经验事实并将其概括为数学方程式,还要用人的思想给感官以一种自然规律的模式,并由人的理性保证这种模式并非任意,故而,科学家应该发扬自身的理性创造精神。其二是在本体论方面,康德在他的《道德的形而上学基础》(*Grundlegung zur Metaphysik der Sitten*)中放弃了其在《纯粹理性批判》中的不可知论。康德在前者中提出了基本力的概念,他给这些基本力赋予了物质的性质,并将其分为吸引力和排斥力两种。自然界的其他力,如电力、磁力、热力等都是这两种基本力在不同条件下的变形[3]。与康德的哲学思想一起成为奥斯特寻找电和磁相互联系基本指导思想的还有谢林的哲学观。谢林认为,科学的哲学体系的第一原则就是要探索广延整个自然界的极性和二元性。谢林将电和磁看作两种基本物质,把它们比作“自然界的质数”,认为“伽伐尼电操纵着一切有机物,是有机界和无机界的真正的边缘现象”。

奥斯特逝世后,曾在 1818 年在奥斯特那里当过抄写员的化学家弗希汉默(Johan Georg Forchhammer,1794—1865 年)在一次纪念演讲中说道:

奥斯特一直在探究这两种巨大的自然力之间的关系,他过去的著作都证明了这一点,我在1818年到1819年每天都跟随在他的左右,因此可以用我自己的经历说明,发现电磁现象这一仍然很神秘的想法一直萦绕在他的头脑之中。[4]

斯托弗教授在评论奥斯特这一发现时也说道:

在科学史中,任何设想不论其如何奇妙,只要它导致了重要的实验发现,就应当引起我们的注意。如此,奥斯特从谢林的"美而伟大的思想"和从一般的自然哲学原理中所接受的激励,以及奥斯特的实验和思考双方的影响,应当被承认是关于物理学中这个重要发现的因素。这可以作为例子,说明在科学王国外的智力因素对科学发展的潜在影响的意义。[2]

因此,可以这样说,正是有一定的哲学思想作为指导,奥斯特才从一开始就知道他所探求的是什么。所以,奥斯特发现电流的磁效应有其明确的目的性,不能完全归于偶然的机遇。

5.1.2 划时代的实验——发现电流的磁效应

早在18世纪80年代,库仑就曾根据自己对电和磁的研究论证过电和磁是物质的两个完全不同的方面。尽管它们的作用定律在数学形式上很相似,但其性质却大不相同,相互转换更是不可思议[3]。一些人接受了库仑的这种思想,根本不去探究电与磁之间的联系。然而奥斯特却并非如此,他在康德和谢林哲学思想的影响下,一直在思考如何能够通过实验找到二者之间的联系。

1812年,奥斯特在其发表的《关于新发现的化学自然定律的看法》(*View of the Chemical Laws of Nature Obtained Through Recent Discoveries*)一文中,提出通过电流实验来研究电在其潜在状态下是否对磁具有作用[5]。到了1813年,奥斯特明确预言了这种电磁效应的存在。但可惜的是,由于他当时所推测的转换条件出现了错误，所以奥斯特认为磁效应不会沿着电流的方向，因此他总是将导线放置在与磁针垂直的方向上，结果实验均以失败而告终。一直到1819年冬至1820年春，奥斯特在给一批具有相当物理学知识的学者讲授电、伽伐尼电和磁的课程时，他对电和磁之间的联系重新进行了深入思考。由于之前的实验都失败了，所以奥斯特不敢在课堂上公开他的思想。后来，在1821年发表的《对电磁现象的观察》(*Observations on Electro-magnetism*)一文中，奥斯特这样回忆：

图5.2　奥斯特正在演示电流的磁效应

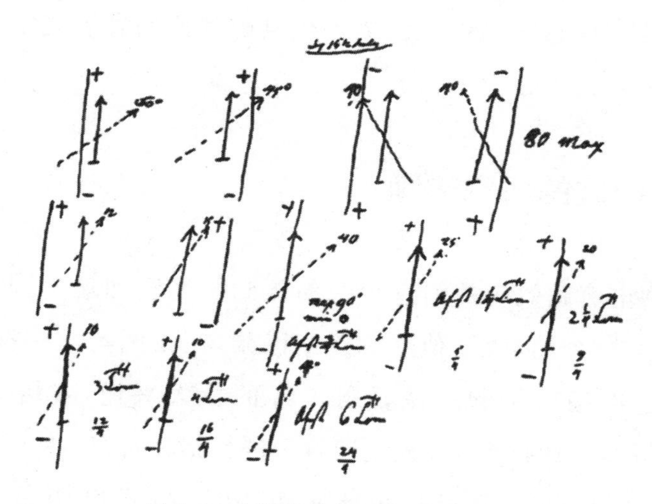

图5.3　奥斯特的部分实验记录[4]

> 我在1820年春讲授电、伽伐尼电和磁的课程时回到了这个问题上。听众大多数在科学上是有一定造诣的，这就要求我在讲演和阐述我的观点之前必须要思量再三。而在一般讲座中，不如此行事却是行得通的。这样，我原来对于电和磁的同一性的信念就变得愈发清晰起来，我决定通过实验来验证我的看法，这次实验的准备是在一天内做的，而那天晚上我必须要做一个演讲。[5]

在那次课程快要结束的时候，奥斯特把一个非常细的铂金属丝放在一个用玻璃罩罩着的罗盘针上，当他接通电源时，发现磁针被扰动了。他反转电流后，磁针又向相反的方向偏转。但由于磁针被放在玻璃罩中，电流太弱，磁针的扰动微弱而且显得没有规则，再加上在此之前电流的磁效应尚无人知晓，所以当时并无人注意到这一现象。但是奥斯特本人已是大喜过望，他知道这就是令他魂牵梦绕了十几年的实验结果。此后的3个月中，奥斯特进行了深入的研究，他发现载流导线周围的确存在一个环形磁场。奥斯特无比兴奋，因为他终于找到了电磁转换的关系。1820年7月21日，奥斯特的实验报告《关于电流对磁针作用的实验》(*Experimenta circa Effectum Conflictus Electrici in Acum Magneticam*)正式发表。正是这篇用拉丁文写就的短文，为近代电磁理论的发展奠定了基础，开辟了物理学史上的一个新纪元。

5.1.3 随之而起的研究热潮

奥斯特发现电流磁效应的消息很快便传到了德国和瑞士，此时阿拉戈正在日内瓦访问，得知这个消息后，他立刻返回巴黎，在法国科学院报告并演示了奥斯特的实验。这次报告引起了法国科学界的极大兴趣，安培、毕奥和萨伐尔(Félix Savart，1791—1841年)等人立即着手进行相关研究。

反应最迅速的是安培，他于1820年9月18日、25日和10月9日在法国科学院分别宣读了3篇论文。在报告中，安培提出了确定磁针偏转方向的右手定则。

此外，他还考察了线圈之间的相互作用，以及直线电流之间的相互作用，并用实验表演了两根通电直导线相互作用的现象。安培指出，通电直导线中的电流方向相同时互相吸引，方向相反时则互相排斥。为了对电流的磁效应做出解释，他将磁的本质简化为电流，认为所有电磁作用都是电流与电流的作用，他将这种作用力称为“电动力”。在后来的进一步研究中，安培以数学形式对上述理论加以概括和说明，提出了分子电流的假说。此假说一经提出，便遭到了不少的质疑。如塞贝克就表示反对，他认为磁比电更为本质。

除了安培，毕奥和萨伐尔同样立即展开了研究。通过磁针周期振荡的方法，他们发现了直线电流对磁针作用的定律，即著名的毕奥-萨伐尔定律。他们的研究表明，电流元在空间中某点所产生的磁感应强度，其大小正比于电流强度与电流元导线长度之积，反比于该点到电流元垂直距离的平方，其方向垂直于电流元与上述距离所在的平面。对于安培所提出的“电动力”理论和分子电流假说，毕奥持反对意见。他认为电磁力是一种基本力，不能将所有的电磁作用都归因于电流之间的相互作用。

相比于法国，当时的德国对此现象并不是很感兴趣。理论上讲，德国与丹麦是邻邦，本就有地理上的优势，且一直影响与引导奥斯特的哲学家皆出自德国。但由于当时德国社会情况的影响，奥斯特的发现反而没有在德国引起研究电磁理论的热潮。

再看英国科学界，他们得知奥斯特发现电流磁效应的消息稍晚于法国，大概是在当年的10月份。当时的法拉第正在英国皇家研究院工作，此前他还从未进行过有关电磁学方面的研究。1821年，时任《皇家学会哲学汇刊》编辑的菲利普斯(Richard Philips，1767—1840年)邀请法拉第写一篇关于电磁问题的评述。以此为契机，法拉第开始走进了电磁学研究领域，从此一发不可收拾。在整理电磁学文献资料时，为了判断各种学说是否正确，法拉第亲自动手进行实验验证。在实验过程中，他发现了有别于奥斯特所讲的新现象，即电流能使磁针的一极绕电流旋转，反之，若磁极周围有载流导线，导线也会绕磁极旋转。

在1821年9月3日至10日的实验中，法拉第发现了电磁旋转现象并进行了

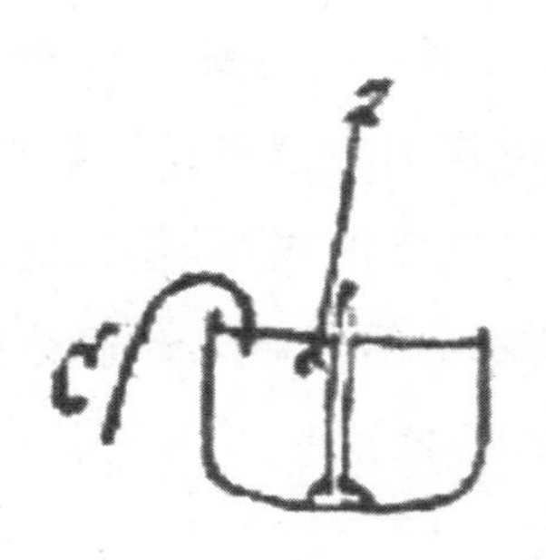

图5.4 法拉第设计的演示通电导线绕磁极旋转的装置示意图[7]

一些相关研究。他在9月4日这天设计了两个简单的装置,分别展示通电导线围绕磁极和磁极围绕通电导线旋转的现象:①导线绕磁体:在一个深容器内充满水银,将磁体固定在容器底部的石蜡上,只有顶端磁极露出水银面。然后利用软木塞使导线的一端浮在水银面上,底部浸入水银之中,上端放置在一个倒立的银杯里,银杯中装有水银珠以便与导线的接触良好。接通电源后,导线绕磁极旋转。法拉第设计的装置示意图如图5.4所示。②磁体绕导线:磁体的一极利用铂块牵引坠入到水银面以下,只留下另外一极露出水银面。然后连接导线使得导线的一端浸入磁极附近的水银中。图5.5为法拉第在其日记中所绘制的通电导线绕磁极和磁极绕通电导线旋转的效果示意图,其中C和Z分别代表伏打电堆的铜极和锌极,N和S则分表表示磁极的N极和S极[7]。这两个实验装置利用水银的导电性和流动性,既保证了电流通过导线,又使导线可以自由移动,便于观察。同年10月,法拉第发表了题为《论某些新的电磁运动及磁学的理论》(*On Some New Electro-magnetical Motions, and on the Theory of*

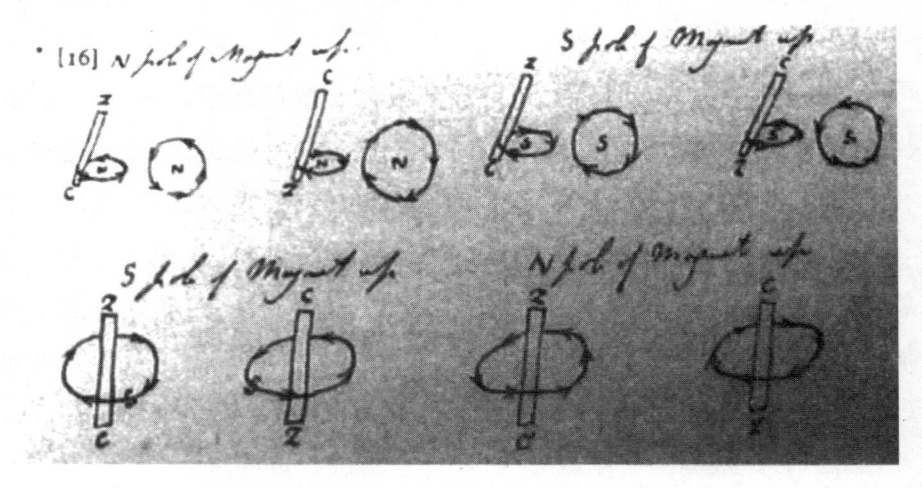

图5.5 法拉第绘制的通电导线绕磁极和磁极绕通电导线旋转的效果示意图[7]

Magnetism)的论文，阐述了他对电磁旋转现象的发现[8]。但他在这篇论文中并没有详细描述用来发现电磁旋转的实验装置。对这一装置的详细描述是在他的另一篇论文——《电磁转动装置》(*Electro-Magetic Rotation Apparatus*)中[8]。这篇论文中所描述的装置如图 5.6 所示，是法拉第发现电磁旋转现象后，在一位机械师的帮助下设计制造的仪器而并非一些学者所误认为的原始实验装置[9]。这一装置实际上也就是最早的电动机雏形。

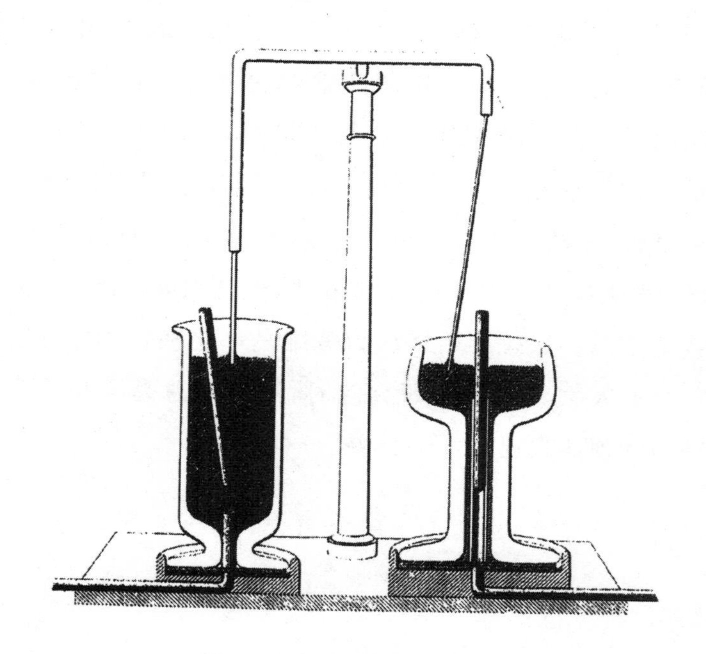

图 5.6　法拉第的电磁旋转器[8]

其实在法拉第之前，时任英国皇家学会会长的沃拉斯顿①也做了一些实验，并提出了"电磁旋转"的概念。不过他所谓的"电磁旋转"乃是指通电的螺线管会使附近的导线绕自身轴旋转，与法拉第后来所提出的电磁旋转有本质的区别。但当法拉第的论文发表时，伦敦知识界就有谣言传出，指责法拉第剽窃了沃拉斯顿的成果。其实，在发表论文之前，法拉第曾特意登门求教，但偏偏沃拉斯顿不在家。法拉第觉得他有权利表达自己的观点，于是就将论文发表了。不想这一

① 沃拉斯顿于 1820 年 7 月至 11 月底担任英国皇家学会会长。

番阴差阳错竟给他带来令他终生不快的事情。1821年10月8日，法拉第给斯多达[①](James Stodart，1760—1823年)写信，请求他出面调停，但斯多达表示对于此事他无能为力。无奈之下，法拉第只好写信给沃拉斯顿，希望能给他一个解释的机会，但得到的却是沃拉斯顿的一番责怪。更让法拉第伤心的是，他的导师戴维没有出面主持公道，甚至在他1823年申请加入皇家学会时，戴维竟以学会会长[②]的身份责令法拉第取消申请。而法拉第最终还是在1824年1月当选为英国皇家学会会员，仅1票反对。有人推测，这张反对票来自戴维，真相如何？现在已不得而知。但这件不愉快的事情并未影响戴维对法拉第的欣赏和器重。1825年，当戴维由于健康原因不得不辞去其在皇家研究院的职务时，他极力推荐并坚持由法拉第接替他。这一建议一经提出便立刻得到皇家研究院理事会的全体支持。戴维在晚年时，认为法拉第乃是他一生最大的发现，对法拉第的评价极高。法拉第亦是如此，虽然有过上述不愉快的事件，但他对戴维始终怀着崇敬之心，从未忘怀他的栽培之恩。法拉第始终认为戴维是一位在化学上做出过丰功伟绩的伟大化学家。当有人去参观皇家研究院时，法拉第总是不忘提到戴维在皇家研究院的伟大功绩和他对自己的深切教益。

---

① 手术器械制造师，是法拉第的好友，他知道法拉第关于电磁旋转实验研究的详情，因而法拉第希望他能出面向沃拉斯顿说明。

② 戴维于1820—1827年担任英国皇家学会会长。

5.2
电动力学的创建与发展

5.2.1 安培对电动力学基础的奠定

安培(图 5.7)是法国著名物理学家、化学家和数学家,1775 年出生于法国里昂的一个商人家庭,在青少年时代曾受过良好的家庭教育。在父亲的帮助下,安培阅读了大量的家庭藏书和里昂图书馆的各种书籍,11 岁时学习了拉丁文,12 岁便开始学习微积分基础,而且还自学了欧几里得(Euclid,生卒年不详)、欧拉和伯努利的重要著作,18 岁就读完了拉格朗日的分析力学。1796—1801 年,安培在里昂学校教授数学和化学,1801—1804 年又到布尔教授物理、化学和天文学,1804 年转到巴黎理工学院任教。1814 年,安培当选为法国科学院院士,1827 年被选为英国皇家学会会员,此后又被推选为德国柏林科学院院士,以及瑞士、瑞典、比利时、葡萄牙等国科学院或学会的院士或会员。1836 年 6 月 10 日,安培在法国马赛逝世,享年 61 岁。安培最主要的成就是在 1820—1827 年间对电磁作用的研究,麦克斯韦称赞他为“电学中的牛顿”。为了纪念安培在电磁学领域的巨大贡献,电流的国际单位“安培”

图 5.7 安培

即是以他的姓氏命名。

牛顿将万物间的相互作用简化为粒子间的吸引力的做法，以及后来拉普拉斯在研究普遍的物理现象时，将其简化为粒子间吸引力和排斥力产生的效应的做法，对安培产生了极深的影响。奥斯特发现电流磁效应后，安培在研究电磁学规律时，将所有电流体和磁体简化为具有电动力学特征的电流元的集合。安培认为所有的电磁作用都是电流与电流的作用，他将这种作用力称为“电动力”。在建立电动力学理论时，他将超距作用理论引入电学。这套理论提出“磁就是电流”的假说，认为电的作用是超距的、即时的，取消了磁的实体地位。

自1820年起，安培进行了一系列的实验和理论研究，并将最终成果总结在他的《关于独特地用实验推导的电动力学现象的数学理论的报告》(*Theorie Mathematique des Phenomenes Electrodynamiques Uniquement Déduite de l'Experience*)中[10]。安培设计的4个极为精巧的零值实验正是构成他建立电动力学原理的基础。所谓零值实验，是指两个电流同时作用于第三个电流而使彼此平衡，进而判断电流相互作用的特性。在这些实验的基础上，安培经过数学推导后得到了普遍的电动力公式，奠定了电动力学的基础。

在介绍这4个实验之前，应该说明的是，现在对电流方向的规定其实源自安培。1820年，安培在《化学与物理学年鉴》(*Annales de Chemie et de Physique*)上发表了一篇关于两个电流相互作用的论文。针对电流方向的问题，他在文中这样说道：

> 为了简单起见，我将称一系列电动的和导电的物体中的电态为电流。因为我将继续提到两种电运动的相反方向，因此我将不变地赋予正电运动的方向以电流方向的含义，以免不必要的重复。如此，拿电池来说，电池中电流的方向是指在水解中由释放出氢气的一端到释放出氧气的一端，而在联系两极的导体中，电流的方向是指从产生氧气的一端到产生氢气的一端这样一个相反的方向。[11]

现在对电流方向的规定与此如出一辙，即电流的方向为正电荷运动的方向，是电子运动方向的反方向。在同一篇论文中，安培还引入了“电流计”一词来代替施威格的“电流倍加器”。

对于第一个零值实验，安培是这样描述的：

> 要证明的是，在保持它①与一根固定导体的作用方向和距离不变的情况下，先让一个电流沿一个方向通过这根导体，然后再让该电流从相反的方向通过这根导体，所产生的吸引力和排斥力的绝对值相等。

在实验时，安培使用了一个无定向秤，也就是悬吊在水银槽上两个方向相反的通电线圈，如图5.8所示。安培用该装置来检验对折的通电导线有无磁力作用。若两个线圈的受力不平衡，就会发生偏转。通电后，安培发现无定向秤没有发生偏转，这就证明在距离相等的情况下，大小相等、方向相反的两个电流对第三个电流的吸引力和排斥力的绝对值相等。这一结果为安培的数学简化提供了实验基础，他可以用一个统一的公式来表示这两种力，而不需再考虑吸引力和排斥力绝对值不等的情况。

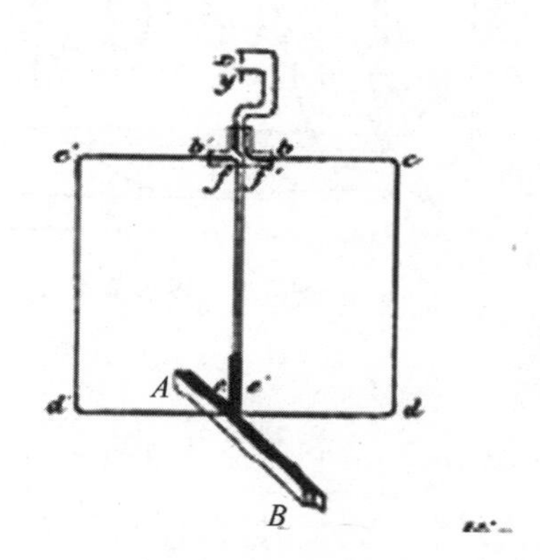

图 5.8　零值实验一②[10]

安培假设任意两个电流元 ids 和 $i'ds'$ 之间的相互作用力可以表示为 $\frac{\rho ii'\mathrm{d}s\mathrm{d}s'}{r^n}$，式中，$r$ 表示两个电流元之间的距离；ρ 是由电流元与距离的夹角 θ、θ' 和电流元所在平面的夹角 ω 所确定的函数；n 为一待定常数。

为了证明电动力具有矢量性，安培接着做了第二个零值实验。相比于第一个实验，他仅仅是将原来对折导线中的一根绕成了螺旋状，装置如图 5.9 所示。

---

① 指另一已知电流。

② 图中 AB 为水银槽。

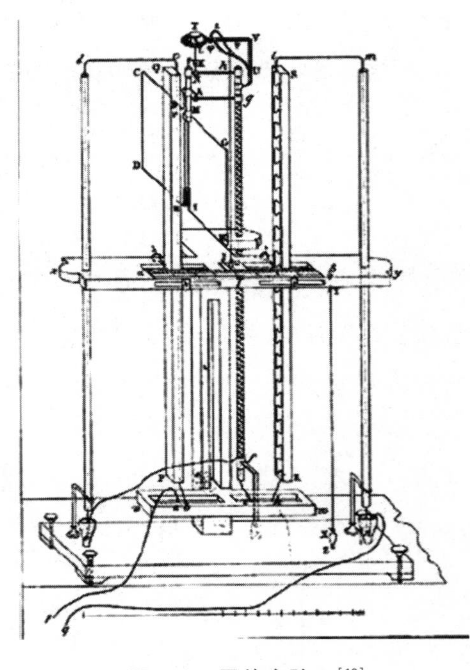

图5.9 零值实验二[10]

结果无定向秤仍然没有发生任何偏转，这表明弯曲的电流和直线电流等效。因此弯曲电流可以被看作由许多小段电流组成，即前者的作用就是电流元的矢量和。

安培随后又做了第三个实验来确定电动力的方向。他将圆弧形导体装在架子上后置于水银槽上，如图5.10所示，然后通过水银槽给其通电。安培发现，无论是改变通电回路，抑或是用各种通电线圈对其作用，圆弧导体皆保持不动。这一实验结果表明电动力的方向垂直于载流导体。

在确定电动力的方向后，安培做了第四个实验，进一步研究了电动力与电流及距离之间的关系。如图5.11所示，安培选用了3个半径依次相差 m 倍的线圈，然后按照半径从小到大的顺序将其放置在同一平面内，且保持三者的圆心在同一直线上。除此之外，还要使中间线圈圆心与第三个线圈圆心之间的距离是其与第一个线圈圆心之间距离的 m 倍。通电后，中间的线圈保持不动，这表明第一个线圈和第三个线圈对该线圈的作用力相互平衡。安培由此得到结论，即载流导线的长度与作用距离增加相同倍数时，作用力保持不变。在此基础上，他进一步证明了电流元相互作用力公式中的 $n=2$，$\rho=\sin\theta\cdot\sin\theta'\cdot\cos\omega+k\cos\theta\cdot\cos\theta'$，$k$ 为一常数。1827年，通过数学推导，安培最终确定 $k=-\frac{1}{2}$。

通过4个零值实验以及理论分析和数学推导，安培得到了普遍的电动力公式，即两个电流元之间的作用力为

$$F=\frac{ii'\mathrm{d}s\mathrm{d}s'}{r^2}\left(\sin\theta\cdot\sin\theta'\cdot\cos\omega-\frac{1}{2}\cos\theta\cdot\cos\theta'\right) \tag{5.1}$$

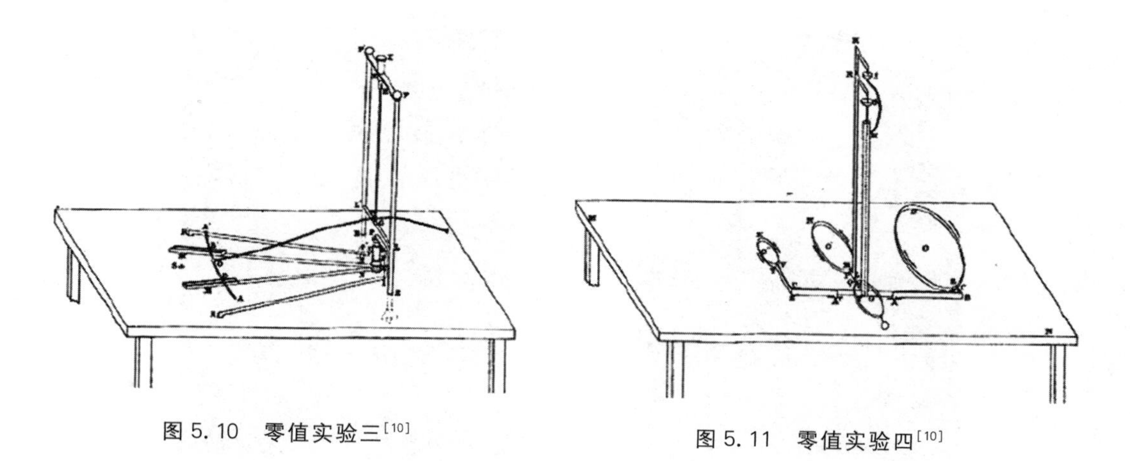

图 5.10 零值实验三[10]

图 5.11 零值实验四[10]

这一公式的提出为电动力学奠定了基础。从形式上看，这一公式与牛顿的万有引力定律非常相似，因为安培正是仿照牛顿的理论体系创建了电动力学。他认为电流元是电磁现象的本质，与力学中的质点别无二致。电流元之间的电动力与万有引力类似，也是一种超距作用。因此，麦克斯韦以“电学中的牛顿”称赞安培，实在是再恰当不过了。

5.2.2 毕奥-萨伐尔定律的发现

1820 年，奥斯特发现电流的磁效应的消息传到法国后，就在安培立即着手进行相关实验研究的同时，毕奥和萨伐尔二人也合作展开了对电的磁效应的定量研究。很快，他们便联名发表了《运动中的电传递给金属的磁化力》(*L'Aimantation Imprimée aux Métaux par l'Électricité en Mouvement*)一文，提出了著名的毕奥-萨伐尔定律[12]。这一定律在电磁学中的地位等同于库仑定律在静电学中的地位，它是人类第一次得到电流磁效应的定量结果，对人类关于电磁现象的认识做出了突出的贡献，对电磁学的发展具有里程碑式的意义。

在建立以他们的姓氏命名的这一定律时，毕奥(图 5.12)和萨伐尔(图 5.13)巧妙地运用了磁针振荡周期的实验方法。其整个实验可分为两个部分：

图 5.12 毕奥

图 5.13 萨伐尔

第一步，毕奥和萨伐尔通过测量磁针的振荡周期，间接地得到了载流导线产生的磁场作用在磁极上的力，进而推出磁力与振荡周期成反比这一规律。这一方法前人其实已经使用过，库仑在测量静电相互作用时所使用的就是周期振荡法，唯一的区别就是库仑所测量的是电偶在电场下的振荡周期。为了抵消地磁场的影响，毕奥和萨伐尔采用了补偿法以避免由地磁场造成的误差。实验时，他们先使实验磁针在地磁作用下振荡，然后使补偿磁针沿着磁子午线由远及近地靠近实验磁针，直至振荡停止，如此便可消除地磁场的影响。后来，他们又进行了一个不需要补偿磁针的实验，即通过比较的方法扣除地磁场的影响(图 5.14)。两次实验的结果皆表明，磁针振荡周期的平方正比于磁针与通电导线之间的距离。

第二步，在确定电流的磁力与电流夹角的关系时，毕奥和萨伐尔通过比较直导线和具有对称性的弯折导线作用在磁极上的力，计算出弯折导线产生的磁力与其夹角的关系(图 5.15)。

通过实验，毕奥和萨伐尔证明了整条导线产生的磁力与距离成反比。在此实验基础上，毕奥经过严密的数学运算，推出电流元产生的磁作用强度并非与距离成反比，而是反比于距离的平方。通过直导线与弯折导线的关系，他进一步得到电流元的磁作用强度正比于电流元的方向和距离间夹角的正弦值。毕奥-萨伐尔定律就此诞生了。

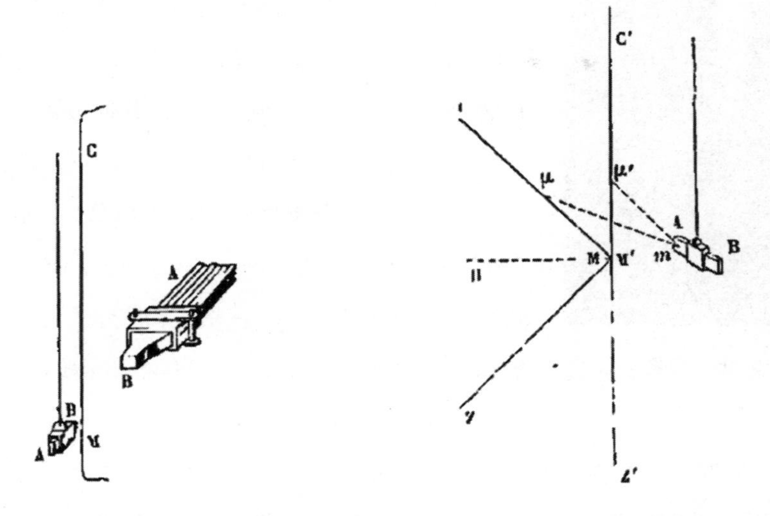

图 5.14 抵消地磁场的影响[12] 图 5.15 通电弯折导线对磁极的影响[12]

毕奥在对电和磁之间的关系进行研究时，与安培曾进行过一场论战。他反对安培将电磁力简化为电流与电流之间的电动力的做法。毕奥认为电磁力是一种最基本的力，这种基本力操纵着一切电磁现象且不可再分。而在安培看来，毕奥只要将磁当作运动中的电或电流，电磁力其实就是电动力的复合力。对于这场论战，后世评价不一，但有一点却基本上达成了共识：这场论战使安培更加坚信了把磁简化为电流的必要性，其关于分子电流的设想也愈发清晰起来。

5.2.3 电动力学在德国的发展

自欧姆定律发现后，新兴理论物理学在德国发展迅速，一改德国电磁学落后的局面。当安培的超距电动力学传到德国后，德国物理学家便以此为基础，使之不断得到发展，最终形成了以纽曼和韦伯为代表的大陆派电动力学，即超距电动力学体系。这一电磁理论体系的发展与法拉第的电磁场理论几乎同时出现，二者相互竞争，均为麦克斯韦电磁场理论的建立提供了借鉴。

纽曼（图 5.16）是德国著名数学家、物理学家和矿物学家，1789 年出生于德

图5.16 纽曼

国雅基莫夫①。他曾参加过对法军作战,但在滑铁卢预备战役中受伤。伤愈后,纽曼到柏林大学学习矿物学,在1825年底获得博士学位。但后来他转而研究物理学,并在该领域取得了不少成就。

纽曼先后于1845年和1847年发表了两篇论文——《感应电流的一般定律》(*Allgemeine Gesetze der Inducirten Elektrischen Ströme*)[13]和《论感应电流数学理论的一个一般原理》(*Ueber ein Allgemeines Princip der Mathematischen Theorie Inducirter Elektrischer Ströme*)[14]。他在这两篇论文中提出了矢量势,并在安培电动力学的基础上推导出了法拉第电磁感应定律,第一次给出了这个定律的数学表达形式,现常写作

$$\varepsilon = -\int \frac{\partial \vec{A}}{\partial t} \cdot \mathrm{d}\vec{l} \tag{5.2}$$

式中,ε 是感应电动势;$\vec{A}$ 是纽曼引入的电流的位置函数;$\vec{l}$ 是沿电场线方向的路径;t 是时间。但由于纽曼是超距论的拥趸,他认为自己的矢量势只是超距力学中的一种势,与法拉第所谓的场没有任何关系。

大陆派电动力学的另一代表人物韦伯(图5.17)是德国著名的物理学家,1804年出生于德国维滕堡大学的一个神学教授家庭,后来在哥廷根大学任教。韦伯一直以来颇受洪堡和高斯的赏识,并与高斯长期合作,曾协助高斯提出了磁学量的绝对单位。他长期从事电动力学和电磁单位的研究工作,1846年提出了韦伯电作用定律,创建了德国电动力学体系。1852—1857年间,韦伯逐步形成了第一个有质电原

图5.17 韦伯

① 现属捷克。

子的思想。他认为电荷在具有电量的同时也具有质量，带电粒子的质荷比是一个常数。他将电原子的运动运用到金属电导、热导和光辐射等现象的解释中，为洛伦兹(Hendrik Antoon Lorentz，1853—1928 年)的电子论、里克(Eduard Riecke，1845—1915 年)和德鲁德(Paul Karl Ludwig Drude，1863—1906 年)关于物质结构的电子理论的创建提供了基础。

1846 年，韦伯继纽曼推导出电磁感应定律后继续发展安培的理论。与此同时，他还采纳了莱比锡大学物理学教授费希内尔在一年前提出的假说，即电流由沿相反方向以相同速度大小运动的同等数量的正负电荷构成。在安培电动力的基础上，韦伯提出了更一般的电作用力公式

$$F=\frac{e_1\,e_2}{r^2}\left[1-\frac{1}{c^2}\left(\frac{\mathrm{d}r}{\mathrm{d}t}\right)^2+\frac{2r}{c^2}\cdot\frac{\mathrm{d}^2r}{\mathrm{d}\,t^2}\right] \tag{5.3}$$

式中，r 表示电荷 e_1 和 e_2 之间的距离；c 表示电荷的电动力学电位与静电学单位的比值。韦伯将库仑定律、安培的电动力和纽曼的电磁感应公式统一到他的电作用力公式中，这一公式后来便成为了电动力学的基础。

但是，由于韦伯的公式中包含$\frac{\mathrm{d}r}{\mathrm{d}t}$，即依赖于速度的力，因此遭到以亥姆霍兹(Hermann von Helmholtz，1821—1894 年)为代表的诸多物理学家的反对。1847 年，亥姆霍兹在《论力的守恒》(*Über die Erhaltung der Kraft*)一书中提出了电荷系统的势能公式，该公式中没有与速度和加速度有关的项[15]。而韦伯的电动力公式中却包含有带电粒子的相对速度和加速度，由此导出的电相互作用能中必将含有带电粒子的速度项。因此，亥姆霍兹在提出势能公式的当年便指出，韦伯的电动力公式不遵守能量守恒定律。韦伯在次年对此做出回应，他指出电系统的相互作用能不应当也不能是一成不变的[16]。例如，当两个带电粒子发生相互作用后，其相互作用能除了与它们之间的距离有关，还与它们当时的运动状态有关。如果它们二者之间存在相对速度，那么它们之间的势能将小于没有速度的情况。但是，韦伯给出的如式(5.4)的势能公式，更是出现了电势能由正变负，甚至可以负到无穷大的可能性。

$$W=\frac{e_1\ e_2}{r^2}\left[1-\frac{1}{c^2}\left(\frac{\mathrm{d}r}{\mathrm{d}t}\right)^2\right] \tag{5.4}$$

一般来说,对于同号电荷,系统的电势能大于或等于0;对于异号电荷,系统的电势能小于或等于0,但却绝不能出现从正变负或从负变正的情况。1869年,韦伯进一步指出,电荷系统的总能量除了包含由他的电动力公式所推得的电势能,还应包括机械动能和机械势能,如式(5.5)所示。电荷运动加速引起电势的降低将转换为机械势能[17]。

$$W=\frac{e_1\ e_2}{r^2}\left[1-\frac{1}{c^2}\left(\frac{\mathrm{d}r}{\mathrm{d}t}\right)^2\right]+T+V \tag{5.5}$$

式中,T表示机械动能;V表示机械势能。

亥姆霍兹在1870年严厉驳斥了韦伯的回应,认为韦伯的解释根本站不住脚。按照韦伯的理论,在有限的距离内,带电点电荷的速度会达到无限大。若这些点电荷在一种黏滞液体中运动,液体的温度会显著升高。但实际情况是,液体的温度根本没有发生变化。换一个角度来看,即使韦伯的定律与能量守恒定律相容,他的电荷系统也不稳定[18]。

对于亥姆霍兹的诘难,韦伯在3年后做出了答复。他认为在上述情况下,两个电荷之间的距离可以无限地小,以至于达到分子的量级。这时分子力的调节作用将会显现出来,机械势能将不可忽略。因此,在微观条件下,韦伯认为他的电动力公式也是与能量守恒定律相符的。

韦伯与亥姆霍兹之间这场长达十数年的争论最终导致二人关系的破裂。第一届国际电气工程师大会于1881年在巴黎召开时,恰巧韦伯未出席会议。在确定电流强度的单位时,“韦伯/秒”的提议因遭到亥姆霍兹的强烈反对而被放弃,结果“安培”趁势而入,成为了电流强度的单位。但是,这次论战也为后来麦克斯韦的电磁理论引入欧洲大陆创造了有利局面,推动了欧洲大陆电磁学的发展[19]。

5.3 电磁感应的发现

5.3.1 对磁生电的最初探索

当电流的磁效应被发现后，众多物理学家积极投身于寻找电与磁关系的研究热潮，并且获得了一系列成果。人们自然而然就会想到，既然电可以生磁，那么磁能生电吗？即奥斯特效应的逆效应是否存在？其实，在电流的磁效应被发现不久，就有人宣称发现了它的逆效应，但很快又被否定了。人们设计了很多实验，试图探寻磁生电的踪迹，但多以失败告终。有人其实已经看到了涉及电磁感应的实验现象，但由于种种原因错失良机，与电磁感应现象的发现失之交臂。阿拉戈、安培和科拉顿(Jean-Daniel Colladon，1802—1893 年)便是其中的典型代表。尽管如此，他们的最初探索还是为法拉第日后的研究工作积累了经验，提供了借鉴。

1822 年，阿拉戈和德国物理学家洪堡到格林尼治附近的一座山上测量地磁时，偶然间发现磁针的振荡会受到来自放置在磁针下的金属块的阻碍作用，这其实就是电磁感应现象端倪的初现。但当时的阿拉戈却无力对此现象做出解释。两年后，阿拉戈根据这一现象重新设计了一个实验(图 5.18)：用一根极柔软的悬线吊起一根磁针，在磁针的下方安装一个可以自由旋转的铜圆盘；当圆盘转动时，磁针会跟着转动，但稍微有些迟滞；若让磁针摆动，则磁针的摆动会很快衰减。这便是著名的“阿拉戈圆盘实验”。阿拉戈的实验结果一经宣布便在当时的电磁学界造成了极大的轰动，引起广泛的关注。各学派的科学家都尝试用自己的电磁学理论对这一现象做出解释，但却都铩羽而归，未能触及该现象的本质[20]。一直到1831年，法拉第发现电磁感应现象后才完美地解决了这一问题。尽管阿拉戈在这次实验中未能给出合理的解释，但他却因该实验而获得了次年的科普利奖章，这从一个侧面说明了该实验的重要性。

图5.18　阿拉戈的实验装置示意图[21]

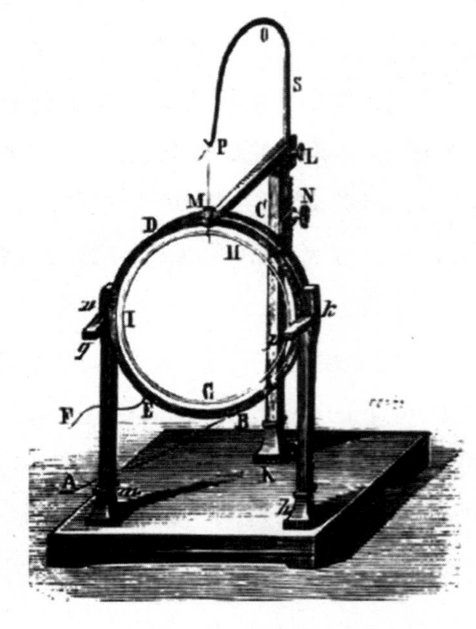

图5.19　安培的实验装置[22]

就在当年的夏末，法国科学家安培其实也已经做出了涉及电磁感应现象的实验(图5.19)：将一个圆周略小于线圈的铜圆环悬挂在一个水平放置的多匝线圈里，并且使铜圆环与线圈同心，然后在线圈附近放置一个马蹄形强磁体。当线圈接通电源时，可以观察到铜环发生偏转。安培实际上在无意之中制成了一个过阻尼冲击电流计。具有敏锐洞察力的安培在记录实验时写道：

如不承认在铜环中存在可以形成运动

电流的少量铁的话，这个实验无疑证明感应能产生电流。

但令人费解的是，安培对此现象做出了轻率的结论：

感应能产生电流这一事实，尽管本身很有趣，但它与电动力作用的总体理论无关。

因此，这一实验在当时并未公布。但其实，在这次不寻常的实验中铜环上感应出的正是同轴电流。如果一定要用安培所钟爱的分子电流假说来解释，其实是很牵强的。结果安培陷入了十分尴尬的境地：要么承认同轴电流，放弃分子电流说；要么保护分子电流说，否认同轴电流。历史证明，为了保护心爱的理论，安培对自己的这次实验保持了缄默[22]。一直到1825年10月，安培在给友人的信中还是固执地认为：在铜环中感应出的电流具有分子电流同样大小的数量级（实际上就是分子电流），并非同轴电流。如果安培及早地把他的实验公布出来，那么法拉第也许就会很快悟出产生感生电流的必要条件，得出他直到1831年才提出的相同结论，电磁学的进展可能会因此加快7—8年，而安培本人也不必在10年以后向法拉第乞求分享电磁感应的优先权。安培的这次经历恰恰印证了恩格斯的那句话——“当真理碰到鼻尖上的时候，还是没有得到真理”。

如果说安培是“坐”失良机，那么瑞士物理学家科拉顿就是“跑”失良机。1825年，科拉顿做了这样一个实验：将一个磁铁插入连有灵敏电流计的螺旋线圈中，然后观察线圈中是否有电流产生。但是为了排除磁铁移动时对灵敏电流计的影响，科拉顿把灵敏电流计放到另一间屋里，然后用很长的导线将其与螺旋线圈连接起来。他认为，反正产生的电流应该是“稳定”的（当时科学界都认为利用磁场产生的电流应该是“稳定”的）。插入磁铁后，如果有电流，跑到另一间屋里观察也应该来得及。在这种思想的指导下，科拉顿开始着手进行实验（图5.20）。可是科拉顿发现，无论他跑得多快，所看到的电流计指针始终都是指在“0”刻度的位置——科拉顿失败了。有人说，这是一次“成功的失败”。因为科拉顿的实验装置设计得完全正确，如果磁铁磁性足够强，导线电阻不大，电流计十分灵敏，那么在科拉顿将磁铁插入螺旋线圈时，电流计的指针肯定是摆动了。换句话说，科拉顿的电磁感应实验实际上是成功了，只不过他跑得太慢，没有看见电流计指针的摆动而已。也有人说，这是一次"遗憾的失败"。如果科拉顿没有将电流计放在另一个屋里，抑或是他有一个助手在另外那间屋里，那么电磁感应现象的发现权必定属于科拉顿。还有人说，这是一次"真正的失败"。因为科拉顿没能转变自己的思想，没有从自己屡次的失败中吸取教训，难以摆脱当时科学家意识中"稳态"电流观的桎梏，进而转变到"暂态"的考虑上来，所以他想不到请一个助手，或者把电流计拿到同一间屋里来。对于他的这个失败，众说纷纭、褒贬不一。但无论后人如何评价，对科拉顿而言，这也只能是他永远的遗憾了。

图5.20　科拉顿的实验示意图

法拉第后来一一重复了上述实验，尽管他当时没有很快做出明确的解释，但这些前人和他自己后来屡次失败的教训，让他决定不再固守"稳态"的猜想，终于在1831年8月观察到了电磁感应现象。

5.3.2　法拉第其人

法拉第(图5.21)1791年出生于当时伦敦郊区一个贫苦的铁匠家庭。贫困的生活剥夺了法拉第接受正规教育的机会，他总共只念过几年小学，仅具备加减乘除和初步的读写能力。后来由于生活所迫，他不得不在13岁时就辍学而自谋生路。他在伦敦一家装订、销售书籍兼营文具的小商店做勤杂工，帮助老板递送报纸。由于工作认真勤快，一年后法拉第便转为正式学徒，学习书籍装订技术，这使他有机会接触到大量的科学读物。1812年，法拉第在他21岁时遇到了他的伯乐——戴维。戴维在当时已是举世闻名的英国化学家，在学界有很大的影响力。这一年，法拉第有幸旁听了戴维在伦敦皇家研究院的4次讲演。他在听讲时不但详细地做了笔记，回家后还细心地进行整理，配上插图，将其装订成册。出于对科学的热爱，他鼓起勇气给戴维写了一封信，表达了自己有志于科学的迫切心情，并附上自己的听讲笔记作为证据。戴维在收到信后立即写了一封热情洋溢的回信，使法拉第备受鼓舞。戴维十分欣赏法拉第的才华，所以在1813年3月，当皇家研究院恰好缺少一个实验室助理员时，戴维立即推荐法拉第担任自己的助手。法拉第由此踏上了他献身科学的道路，实现了多年的夙愿。

图5.21 法拉第

法拉第在1813年3月进入皇家研究院后，工作倍加努力，表现非常出色，深得戴维的器重和信赖。当年10月，戴维决定赴欧洲大陆讲学和旅游，在他的推荐下，法拉第担任了戴维的秘书兼助手。戴维的这次讲学历时一年半之久，足迹遍及法国、瑞士、意大利、德国、比利时、荷兰等国家。在此之前，法拉第几乎没有离开过伦敦，这次欧洲大陆之行让他结识了欧洲许多著名的科学家，了解了各国科学研究的动态，大大增长了见识，开阔了眼界。此外，他在游学期间还协助戴维做了许多化学实验，极大地丰富了科学知识，提高了实验能力，为他后来开展独立的实验研究奠定了牢固基础。

1815年4月，法拉第回到皇家研究院后，全身心地投入化学实验研究工作(图5.22)。在戴维的指导下，法拉第不仅完全掌握了各种实验技术，能够开展复杂的实验研究，而且还拥有大量资料，对当时新的研究动态了然于胸。次年，他就在皇家研究院《科学季刊》(*Quarterly Journal of Science*)上发表了第一篇科

图 5.22 法拉第在实验室

学论文，自此受到科学界的瞩目[23]。对于这篇处女作，法拉第极为珍视。四十多年后，法拉第在将它收入文集时曾指出：

> 这是我在化学上的第一次尝试，那时我的恐惧远大于我的信心，而这两者又远大于我的学识，我根本未想到我能够写出一篇有创见性的科学论文。

此后，法拉第的信心倍增，同时又得到戴维的鼓励和支持，陆续发表了一系列研究论文。到了 1821 年，他成为了很有名的分析化学家。1822 年，他又发现了磁转动现象，即电动机的雏形。1823 年，法拉第成功使氯气液化，并连续取得了一系列重大成就。正是由于这一系列杰出的科学成就和在化学上的高深造诣，1824 年 1 月法拉第被正式选为英国皇家学会会员，由此确立了他的科学地位。1830 年以前，法拉第的成就基本上都是在化学领域取得的。从 1831 年起，他才将主要精力转到电磁学实验研究方面，正是在这个领域内，法拉第取得了他一生中最伟大的发现。

纵观法拉第的一生，他的科学成就是多方面的，可以说现代物理学和化学的许多领域都起源于他的发现和研究。他留下的实验研究笔记达一万六千多篇，分装成三大册，名为《电学实验研究》。这部巨著的字里行间贯穿着他孜孜不倦探索科学真理的强烈欲望和旺盛热情。这不但是他非凡的创造性科学业绩的实录，而且也是他忘我地献身科学的非凡意志的见证。如今人们在阅读科学书籍时，经常可以见到以法拉第命名的各种发现，如法拉第电磁感应定律、法拉第电解定律、法拉第圆筒、法拉第笼、法拉第暗区、法拉第效应、法拉第放电、法拉第旋转、法拉第常数、法拉电容单位等等，而这些还远未囊括以法拉第命名的全部发现。由此可见，法拉第在科学史上具有极其重要的地位，称其为19世纪最伟大的科学家之一亦毫不为过。

5.3.3 电磁感应定律的发现

法拉第于1831年将主要研究方向转变到电磁学上之后，在当年的8月份，他就发现了电磁感应现象。这看似是短期内取得的巨大成就，实则是法拉第10年来不断思考和探索的结果。尽管这10年中他的主要精力并非全放在电磁现象的研究上，但他却也从未间断和放弃这方面的探索。

1821年9月，法拉第发现了电磁旋转现象，认识到带电导线周围存在着一种不同于“中心力”的特殊“圆周力”。尽管法拉第当时并不清楚这种“圆周力”的形成和传播机制，但他设想是带电导线内的电流使导线处于一种特定的状态，并可以在周围的媒介和附近物体中感应出这种特定状态，从而产生电流。法拉第后来在1824年11月28日的日记中这样写道：

> 设想通过导线的电磁流可能会受到靠近的强磁极影响，从而可以在导线的其他部分显示出某种反作用效应，但是没有观测到任何此类效应。[7]

为了寻找电流感应电流的效应,法拉第在1825年11月28日用与伏打电池连接的导线做了3个感应实验。他用了一个四槽电池,每个槽有10对极板,并排连接。这3个实验具体如下:

实验1:用长约4英尺的导线将电极连接起来,在与其相距仅2页纸厚度的位置放置一根平行的导线,后者的两端与电流计相连以显示是否有电流产生。

实验2:将一个螺线管与电池两极相连,使一根导线穿过螺线管后,再将其两端与电流计相连,观察是否有电流产生。

实验3:用一根直导线与电极相连后,在该导线的上方放置一个两端与电流计相连的螺线管,观察是否有电流产生。

实验的结果让人有些失望,因为在这3个实验中,电流计都没有任何反应。过了大概两年半的时间,法拉第在1828年4月22日又进行了一次实验。他这次将一个铜制圆环固定在一段导线上,然后用一根丝线将圆环悬挂起来。待其平衡后,使一根磁棒的磁极穿过圆环,但没有任何反应。法拉第又尝试将磁极放在圆环的其他位置或是改用马蹄形磁铁环绕圆环,同样没有任何反应。接着,他用诸如铂线、银线等制作圆环重复以上操作,依旧是无功而返。从法拉第所做的这些实验来看,法拉第和科拉顿犯了同样的一个错误,他总是想利用相隔非常近的导线或螺线管的轴心,即磁力最强的部分来强化导线的某种特定状态,进而获得一种稳恒的感应电流。但当他跳出这一思想的樊篱,意识到感应现象或许是一种暂态效应时,成功也就指日可待了。

就在他发现电磁感应现象的前几个月,有两项研究工作给了法拉第极大的启发。一项是他本人进行的有关声学振动图像的研究,在1831年2月至7月约半年的时间内,法拉第对声学振动的弹性界面上的微粒、液体和细沙等呈现出的规则图形现象进行了广泛而深入的实验研究。有人认为声学振动图像的瞬时性使法拉第意识到感应电流可能是一种瞬时电流,因为法拉第在1832年的密信中将电磁作用与声音的振动进行过类比,他意识到电磁感应可能与声学振动感应类似,是导体内粒子特定排列以及传递波动的结果。改变粒子的特定状态来传递电的波动,就可能获得电流的感应效应。另一项工作是英国物理学家斯特金

(William Sturgeon,1783—1850 年)、美国科学家亨利与荷兰科学家莫尔(Gerrit Moll,1785—1838)在 1824—1831 年间先后对电磁铁进行的改进工作,他们利用软铁芯获得了磁力极强的电磁体。对于如何增强磁铁的磁性这一问题,法拉第早在 1821 年就考虑过,他当时主要考虑的是磁性与磁铁性质的关系。他发现圆环形磁铁可以保证磁几乎全部贯穿整个磁铁。因此如果在软铁环上缠绕线圈,通电后不但形成了磁力很强的电磁铁,而且还可以保证磁几乎毫无遗漏地穿过整个电磁铁。如此,便可以在最大程度上强化粒子的特定状态。法拉第后来从莫尔那里得知,在通过电磁铁的电流方向改变的同时,磁极的极性也几乎瞬间改变。这一消息与法拉第从声学振动图像研究中所认识到的瞬间改变效应是一致的,他似乎已经预见到感应电流的瞬时性。

1831 年 8 月 29 日,法拉第进行了著名的“圆环实验”,发现了电磁感应现象。他的实验大致如下:第一步,用一根粗 7/8 英寸的圆铁棍(软铁)制成一个铁环,铁环的直径约为 6 英寸,如图 5.23 所示。圆环的一半,即 A 侧,缠绕 3 段长约 24 英尺的导线,导线之间用细绳和棉布隔开,经测试,各段之间完全绝缘。这 3 段导线既可分别利用,也可连接成一根。在圆环的另一侧,即 B 侧,缠绕两段总长约 60 英尺的导线,方向与 A 侧相同。第二步,B 侧线圈的末端用铜线连接,铜线延伸至不远处一个小磁针的上方。将一个由 10 对 4 平方英寸极板组成的电池与 A 侧的某段线圈相连,这时,小磁针发生了一个可以被察觉到的摆动;在断开 A 侧线圈与电池的连接时,小磁针又会发生摆动。第三步,当法拉第将 A 侧的 3 段线圈连接为一个整体后再次对其通电时,小磁针会产生比前两次更为强烈的效应。若是将 B 侧的铜线换成一个螺线面,在通电的瞬间,小磁针会被螺线面吸引,断开电源的瞬间则被排斥。法拉第由此得出结论:

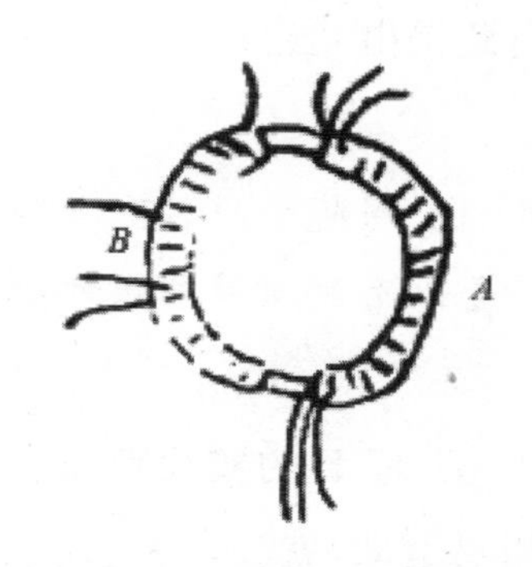

图 5.23 圆环实验示意图[7]

> 因此效应①明显,但稍纵即逝。[7]

在当日的其他实验中,他都获得了基本相同的结果。

在确定了感应效应后,法拉第自9月12日开始尝试改变各种实验条件,以期对感应现象的机理有更加全面的了解。法拉第认为"圆环实验"不能算是奥斯特效应的逆效应,因为它是在圆环的一侧通过电流,然后在另一侧产生了感应电流,其实质还是电流感应电流。他想要实现真正的"磁生电效应"。很快,法拉第在9月24日这一天便利用永久磁体产生了感应电流,证实了自己的设想。紧接着,法拉第又做出了下一步设想,若是不用铁棒结果会如何? 10月1日,他将铁棒换为木棒后进行实验,发现依然可以观察到感应效应,只不过较为微弱而已。他由此得出结论:

> 因此不需要铁棒也可以产生感应效应,但是效应很弱或是太过突然,几乎没有时间移动磁针,我更倾向于后者。[7]

而10月17日的实验则让法拉第认识到,不需要磁路断合,只要磁棒和导体之间有相对运动,就会产生感应效应。但到目前为止,法拉第得到的都还只是瞬时电流。后来,在阿拉戈铜盘实验的启发下,他设计了一套新的实验装置,才产生了稳恒的感应电流。

1831年10月28日,法拉第利用一个直径为12英寸、厚为1/5英寸,圆心固定在一个铜轴上的铜旋转圆盘进行实验(图5.24)。圆盘两侧分别为磁铁的N极和S极。为了测定产生感应电流的最佳方向,法拉第在电流计的两个接线柱上安装了两个电刷。在铜盘旋转时,将这两个电刷分别放在铜盘的各个部位进行测量。经过反复实验,法拉第发现,电流产生在由圆盘中心到边缘的半径方向上,只要圆盘以恒定速度保持旋转状态,就会产生稳恒的电流。这台实验装置其

---

① 指电磁效应。

实就是人类史上的第一台直流发电机(图 5.25)。

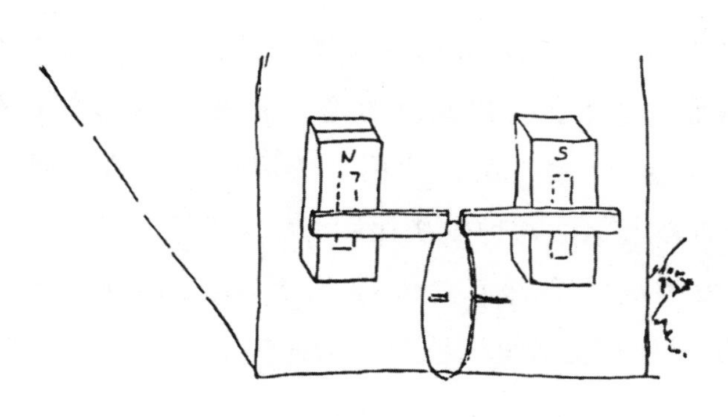

图 5.24　圆铜盘装置示意图[6]

图 5.25　法拉第的直流发电机

1831 年 11 月 24 日,法拉第在皇家学会正式宣读了发现电磁感应现象的论文。随着对电磁感应作用现象认识的不断加深,法拉第开始尝试对这一现象背后的机理做出解释。同年 12 月 9 日,法拉第在日记中首次提出了“磁曲线”一词。法拉第后来为“磁曲线”添加了一个注解:

> 所谓磁曲线,我指的是磁力线,无论毗邻的磁极如何改变,都可以用铁屑清晰地描绘出来,或者对它们来说,一根非常小的小磁针构成一条切线。[23]

这是法拉第第一次对“磁力线”概念的描述。接下来的一段时间内,法拉第慢慢认识到,只要磁力线被切割就会产生感应电流,且磁与磁体之间具有相对独立性。在 12 月 26 日的一个地磁感应实验中,法拉第更进一步地清楚了感应电流方向、运动导线和磁力线方向这三者之间的关系。至此,法拉第已经得到了电磁感应现象的全部内容。

法拉第对 11 月 24 日在皇家学会宣读的那篇论文进行了一些改动和增补,形成了收入《电学实验研究》第一辑的 4 篇论文:《论电流感应》(*On the Induction of Electric Currents*)，《论磁生电》(*On the Evolution of Electricity from Magnetism*)，《论物质的一种新的电学条件》(*On a New Electric Condition of Matter*)，《论阿拉戈的磁现象》(*On Arago's Magnetic Phenomena*)[23]。他调整了一些实验的顺序，增添了24日以后的一些实验，并对论文的一些内容进行了处理，使事实的罗列和观点的表达更加符合逻辑。修改后的论文发表于1832年的《皇家学会哲学汇刊》上，但在论文发表时，法拉第依然用宣读原始论文的时间——11月24日来标示论文形成的日期。他的这种做法让后人错以为他在1831年11月24日之前就已经完成了所有的电磁感应实验，而事实上并非如此，他的相关研究截止到那一日还尚未结束[24]。论文对电磁感应的描述如下：

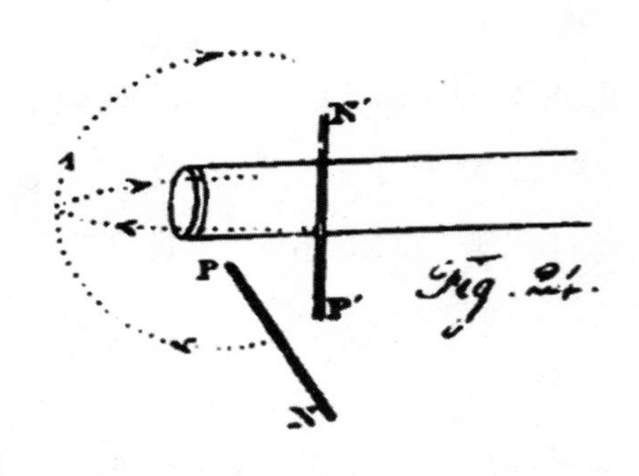

图5.26　电磁感应现象示意图[23]

磁极、运动导线或金属以及产生的电流三者之间的关系，即支配磁电感应电流的定律是非常简单的，虽然表述起来非常困难。如果在图24①中，PN表示一根经过磁体N极的水平导线，它的运动方向与曲线的方向一致，从下往上运动，或者如果导线的运动平行于自身，与曲线相切，或者沿其他方向经过磁极，但都是在大体相同的方向上切割磁曲线。在同一侧，如果磁曲线被沿着虚线方向运动的导线切割，导线内的电流将从P到N。如果使其沿相反方向运动，电流将会从N到P。或者如果导线在垂直位置上，如P′N′，使其沿相似方向运动，与水平虚线曲线一致，只要在它的同一侧切割磁曲线，电流将从P′到N′……因此，关于导线经过磁极运动，它们可以直接被简化为相反的两种情况：一种情况，从P到N产生电流；另一种，从N到P。[23]

① 即本书中的图5.26。

可以看出，法拉第对电磁感应只是由实验得出了描述性的结论，而没有提出严密的数学定量表达形式。本书5.2节已经提到，最先给出电磁感应定律数学表达式的是德国物理学家纽曼在1845年的工作。1846年，德国物理学家韦伯得出了电磁感应定律的另一种数学表达式。1851年，法拉第以实验的方式验证了纽曼与韦伯二人从理论上推导出的数学表达式，证明了运动导线产生的感应电流只与导线横切的磁力线数目有关，宣告了对电磁感应定律探索的最终完成[24]。

5.3.4 对电磁感应的初步解释

在发现电磁感应现象之前，法拉第就对安培电动力学理论的全面性持怀疑态度。因此，在发现电磁感应现象后，为了对这一现象背后的机理做出解释，法拉第没有采用安培的理论，而是另辟蹊径，创造了一些新概念，即“电致紧张态”和“磁力线”。

法拉第最初考虑利用物质的“电致紧张态”概念来说明感应是如何发生的。那么，何为“电致紧张态”呢？法拉第在经过修改后发表于1832年的论文中有如下的描述：

> 当导线受到伏打电流或磁的电感应时，导线就处于一种“特定状态”，因为它会阻止电流在导线中的形成，而在通常状态下这样的电流是会形成的。当处于这种状态的导线不受任何影响的时候，它拥有产生电流的能力，这种能力是导线在通常情况下所不具备的。物质的这种电状态迄今为止还从未被认识，但是它可能会对许多，即使不是全部的，由电流所产生的现象有重要意义。由于后面即将出现的原因，我在同几个博学的朋友商谈之后，冒昧地称其为“电致紧张态”。[23]

其实在发现电磁感应现象之前，法拉第就已经意识到感应电流可能是一种瞬时电流，电磁感应现象的发现则完美地证实了他的预见。在法拉第看来，这种瞬时效应是因物质粒子特定状态的改变所致，是一种动态效应，而不是一种静态效应，这是法拉第在认识上的一个飞跃。他将电磁感应与声学振动相类比，认为在感应时导体内的粒子和振动盘上的物质微粒类似，导体粒子特定状态的瞬间改变传递“电的波动”，就好像物质微粒受力振动瞬间传递振动一样，电的波动引起短暂的整体的感应电流，而物质微粒振动则引起瞬间的物质整体形状的改变。导体整体及物体粒子所处的这种“特定状态”应该就是法拉第“电致紧张态”概念的原型。法拉第根据他的“电致紧张态”理论，提出了一些猜想。但除其中一个预测到了自感现象的存在外，其他猜想都无法得到实验的有力证实，因此他不得不将这个理论暂时搁置[24]。

随着对电磁感应现象研究的不断深入，法拉第的认识也在逐步发展。一方面，“电致紧张态”无法得到实验的验证；另一方面，他的“磁曲线”即“磁力线”概念在解释电磁感应现象的过程中却显示出越来越强的合理性，并且被许多实验所证实。因此，法拉第的思想渐渐地由初期利用比较抽象的“电致紧张态”转变到后期利用更为形象和准确的“磁力线”概念上来。法拉第在其署名日期为1832年1月的论文(后来经发表收录为《电学实验研究》第二辑)中关于磁曲线有如下描述：

> 相对于磁体运动的物体会产生感应电流，其中的定律依赖于金属对磁曲线的切割，这已经被详细和确凿地证明了，现在看上去这个定律也适用于说明上一篇论文的第一部分①中感应电流产生的原因；由于有一个更好的理由解释效应的产生，那么就不需要设想存在一种特殊的情形，即我冒昧提出的“电致紧张态”。

法拉第在论文的最后总结道：

① 即11月24日宣读的论文中的“电流感应”部分。

> 如果一段没有连接的导线移动切割磁曲线，就会产生一个力，这个力趋于促使电流通过它；但实际上电流无法产生，除非导线末端有连接，以使电流可以释放和更新。[7]

法拉第这里所说的力实际上就是今天所熟知的"感应电动势"。不过，这时的磁力线仅仅是作为一种分析工具被提出的，其实体性质的确定则是在法拉第研究抗磁体时才完成的。

之后，法拉第又在"磁力线"概念的基础上提出了"电力线""热力线""重力线"等概念，力线思想逐渐成为其科学思想的核心部分。它所体现出的近距作用思想以及力线作用理论，对日后场理论的发展以及麦克斯韦等人电磁学理论的发展都产生了不可估量的重要影响。"电致紧张态"理论虽然由于无法得到有力的实验验证而一度被搁置，但它却从未被法拉第遗忘和放弃。在法拉第随后的电化分解和静电现象等研究中，"电致紧张态"理论又被重新拾起，引导法拉第发现了许多重要的成果，并促进了力线思想的确立和进一步发展。

5.3.5 亨利与自感现象的发现

亨利(图 5.27)1797 年出生于美国纽约州的奥尔巴尼市。他的父亲是一个穷苦的车夫，弟弟出世后，亨利便被送到乡下外祖母那里，艰苦的乡村生活培养了他吃苦耐劳的精神。14 岁时因父亲去世，亨利不得不辍学，投师学习修理钟表和琢磨宝石。18 岁那年的某天，亨利因为身体不舒服而留在宿舍休息，却无意间发现了英格兰一位神学博士写的一本科普读物。书的开头就引起了亨利的注意，"你向空中扔一块石头或者射出一支箭，为什么它不沿着直线，也就是你所给予的方向一直向前运动呢?"亨利一口气读完了全书，书中的内容使他对科学产生了

图 5.27　亨利

浓厚的兴趣[25]。于是亨利决定接受系统的科学教育，通过刻苦自学，他于1819年以优异的成绩考入奥尔巴尼学院。在奥尔巴尼学院，亨利系统地学习了数学、物理学、化学、生物学和解剖学，在数学和物理方面的成绩尤为突出。由于成绩优异，亨利深得院长的赏识，在学院学习时被聘为助教，帮助院长做一些化学实验。由于在电磁学方面做出了卓有成效的贡献，亨利后来成为美国19世纪杰出的实验物理学家和科学活动家。此外，他对金属扩散现象、磷光现象、辐射热等也有研究。

当时科学界极为关注的莫过于对电和磁关系的研究。自1827年起，亨利开始进行电和磁的相关研究工作。他认为电磁铁是揭开电磁奥秘的钥匙，于是决定用安培的分子电流假说对当时的电磁铁进行改进。他一改前人的做法，用绝缘导线来替代被磁化的软铁棒，从而使得电磁铁的改进取得重大突破。1829年8月，亨利在用实验研究不同长度的导线对电磁铁提举力的影响时，意外地看到了通有电流的长导线在断开时可以产生明亮的火花，这一现象立刻引起了他的重视。他即刻用短导线、长导线和螺线圈进行了一系列实验，结果发现：

> 当一个小电池被稀硫酸适当地激励时，如果用一段不足一英尺长的导线连接它的一个电极，而该电极必须置于水银杯中，那么不管是破坏还是形成这个连接都不会觉察到火花。相反，如果使用30或40英尺长的导线而不是短线，即使连接的时候觉察不到火花，但当从水银里拽出导线的一端使该连接被破坏时，就会产生一个强烈的火花。如果电池的作用非常强，短导线也会产生火花。在这种情况下，只需等几分钟，作用就会减弱，短导线不再产生火花。这时候，如果换上长导线，又可以获得火花。把导线绕成线圈，效果明显增加。它似乎同样部分地依赖于导线的长短和粗细，我仅仅通过假定长导线被充上更多的电来说明这些现象，当连接被破坏时，通过它的自身作用而放出火花。[25]

亨利还发现，通电线圈断路的瞬间，电流确实会增大。但由于当时电磁感应定律还尚未被发现,因此他无法对此现象做出解释,便暂时地放下了这个问题。

1832 年 6 月,当亨利无意间读到一篇关于法拉第电磁感应定律论文的摘要时,他马上意识到 3 年前被搁置的问题的关键所在。很快,他就在《美国科学与艺术杂志》①(*American Journal of Science and Arts*)上发表了题为《论用磁产生电流和电火花》(*On the Production of Currents and Sparks of Electricity from Magnetism*)的论文,在这篇论文中,亨利把通电线圈断路时电流增大的现象叫作自感[26]。1835 年,亨利发表了第二篇关于自感的论文。通过一系列的实验,他对自感与导线或线圈的大小、尺寸、材质以及形状的关系进行了定性的总结[27]。例如,①长导线比短导线更易产生自感;②细导线比粗导线更易产生自感;③线圈比直导线更易产生自感;④若将导线对折,再绕制成螺线管,则不会产生自感;等等。

亨利曾经做过这样一个实验,它与近一个世纪前诺莱利用莱顿瓶所做的实验类似:分别取 6 片 1.5 英寸长的铜片和锌片组成一个小电池,然后用 5 英里②长的导线绕制成一个线圈,再将此二者接入由 26 个学生手拉手构成的一个回路中。当电池产生的电流经过线圈流过学生的身体时,他们并没有特别的感觉,但在断开电路的瞬间,26 个手拉手的学生都感觉到了强烈的电击。这其实就是电流的自感作用。

在 1889 年第二届国际电气工程师大会上,大家一致决定采用“亨利”作为电感单位,以纪念这位科学家在电流自感方面做出的杰出贡献。

5.3.6 楞次定律的发现

楞次(Heinrich Friedrich Emil Lenz,1804—1865 年)(图 5.28)1804 年出生

① 该杂志 1819 年创刊时名为《美国科学与艺术杂志》,1880 年改名为《美国科学杂志》,沿用至今。

② 1 英里≈1.6093 千米

图5.28 楞次

于爱沙尼亚德尔帕特市①，是德裔俄国物理学家、地球物理学家。1833年，楞次在圣彼得堡科学院宣读了题为《论用电动力学方法决定感生电流方向》(*Ueber die Bestimmung der Richtung der durch elektrodynamische Vertheilung erregten Ströme*)的论文，次年将其发表在德国的《物理学与化学年鉴》(*Annalen der Physik und Chemie*)上。楞次在这篇论文中巧妙地将安培的电动力学和法拉第的电磁感应定律结合在一起，解决了如何判断感应电流方向的问题，并且提出了"电动机-发电机原理"[28]。现在的教材一般这样表述楞次定律：

> 闭合回路中感应电流的方向，总是使得它所激发的磁场来阻止原磁通量的变化。[29]

但其实这并非楞次本人对该定律的描述，他是用"电动机-发电机原理"来确定感应电流方向的。再者，楞次本人的表述也不可能与现在的表述相同，因为当时还没有"磁通量"一词，这一概念至早也是法拉第在1846年才提出的。

那么楞次是如何表述的呢？以两个端面互相平行的线圈为例，使A线圈固定，B线圈可以移动。根据安培的电动力学原理，B将在电动力的作用下向A运动。用"电动机-发电机原理"判断此感应电流方向的程序如下：假定B作为电动机线圈，通电后受A线圈电流磁场的作用力而向A运动(电动机)，根据安培力规律(或电动机原理)，要求B线圈的电流应与A线圈的电流有相同的绕行方向。于是，根据楞次的"电动机-发电机原理"，B线圈上的感应电流的绕行方向应与A线圈上电流的绕行方向相反。楞次本人对定律的叙述似乎直接涉及感应电流的

① 今爱沙尼亚共和国的塔尔图。

方向,实际上只是给出了确定感应电流方向的原则。判断者仍然必须在对电动机原理有充分掌握的基础上,按一定的程序才能确定感应电流的方向。

5.4
电的同一性的证明

通过寻找自然现象的统一性以揭示物质最本质的运动规律,一直以来是众多科学家的目标。随着新电源的不断发现,关于各种电的本质是否具有同一性的问题逐渐成为科学界备受关注和争议的研究课题。在法拉第发现电磁感应现象之前,业已为科学界所熟知的电有 4 种:摩擦电、动物电、伏打电、温差电。而 1831 年电磁感应现象(产生了第五种电源——磁感应电)的发现又让这一问题重新成为科学界争论的焦点。法拉第自然也不例外,对其产生了极大的兴趣。因此在 1832 年 8 月至 12 月这段时间内,法拉第集中而系统地对电的同一性问题进行了研究。通过一系列的实验,他成功地证明了电的同一性,将不同源的电统一了起来。

在进行相关研究时,法拉第首先将各种电的效应分为两类:一类是电处于张力状态(静电状态)下产生的效应,即一定距离下的引力和斥力效应;另一类是运动状态(电流状态)下产生的效应,即热效应、磁效应、电解效应、生理效应和电火花效应。法拉第明确地说明,做出这样的分类是出于简便考虑,而并非出于自然哲学上的考虑[23]。在当时,科学界已知伏打电、温差电、磁感应电的两种状态都存在,且已经用实验证实了它们皆可产生上述的 6 种效应。作为一种典型的静电,普通电(即摩擦电)与动物电类似,它在处于张力状态时所产生的引力和斥力效应也早已广为人知。摩擦电在处于运动状态(电流状态)时的热效应、生理效应、电火花效应也已为人所证实。现在最需要进一步研究的是摩擦电在放电时是否也能产生磁效应和电解效应。

1832年8月27日,法拉第让摩擦电通过连接有电流计的电路放电以验证摩擦电的磁效应。在实验开始前,他首先对电流计做了一些防护措施,如用锡箔纸覆盖电流计以防止它受到静电感应的影响。通过实验,法拉第得出结论:电流无论是通过水、导线、真空还是聚集的点,都可以使电流计的指针发生偏转,所需的唯一条件就是要有一定的作用时间[7]。由此,法拉第利用实验证明了摩擦电的磁效应。在完成对磁效应的证明后,法拉第旋即在8月31日继续进行证明摩擦电的电解效应实验。首先,他重复了沃拉斯顿在1801年进行的一个实验——让摩擦电放电产生的电流通过银丝做的电极来电解硫酸铜溶液,实验很成功,但反应比较微弱。接着,他又设计了一系列的实验,均产生了比较明显的分解效应,取得令人满意的实验结果。法拉第的实验不仅证明了摩擦电的电解效应,而且为他后来建立法拉第电解定律提供了实验例证。关于电解定律的建立过程已在第3章中详细介绍过,本章不再赘述。

到目前为止,电的同一性已大致得到了证明,剩下的就是一些修修补补的完善工作。通过一些不成系统的碎片式研究,法拉第最后在收入《电学实验研究》第三辑的论文中对5种电的6种效应的产生情况进行了总结,见表5.1。

表5.1 法拉第验算所得的电磁力数据表[23]

	生理效应	磁偏转	制造磁体	电火花	热力	真正的化学反应	吸引与排斥	通过热空气放电
1.伏打电	×	×	×	×	×	×	×	×
2.普通电	×	×	×	×	×	×	×	×
3.磁电	×	×	×	×	×	×	×	
4.热电	×	×	+	+	+	+		
5.动物电	×	×	×	+	+	×		

法拉第在论文集的注释中很清楚地写明:表中的“×”表示该种效应至论文

发表时(即1833年1月)已经被实验证实;“✚”表示该种效应至1838年12月已被证实;表中的空白表示直到1838年12月还未被实验证实的效应。表5.1虽然列出了8种效应,但“磁偏转”和“制造磁体”表明的都是电的磁效应,“吸引与排斥”和“通过热空气放电”表明的都是静电状态下的引力和斥力效应,所以该表所描述的其实就是5种电的6种效应。法拉第坚信,既然5种电都已被证实可以通过冷空气放电而产生电火花,那么在同样强度下,肯定会产生表中空白处所标示的各种效应。因此,法拉第在论文中这样写道:

> 我认为从这些收集到的事实必然引出的总结论是:无论电的来源如何,其本质都是同一的。所列举的5种电在现象上的不同并非其本质的不同,只是程度上有所差异而已。程度的变化与数量和强度的变化成正比,而对任何一种电来说,数量和强度几乎都可随意改变。[23]

至此,法拉第关于电的同一性研究终于完成。但纵观法拉第关于电的同一性研究过程,他的工作实际上存在着认识论和方法论上的缺陷。法拉第并没有通过实验证实5种电都可以产生6种效应,使得结论的说服力打了折扣;而且即使5种电都可以产生6种效应,也不能得出电具有同一性的结论。他所认为的6种效应仅仅是他的认识,是在一些简单实验的事实基础上得出的归纳性认识,不具有强大的概括和综合证明作用,这种科学研究的归纳法的缺陷导致他的结论存在瑕疵。再者,电的存在形式是否仅有5种,当时的科学界无法给出确定的回答,那么在此基础上所得的结论也实在难以令人信服。此外,法拉第长期持有的自然力的统一和转化思想,以及亲身经历各种实验研究所导致的认识,使他认为各种电的同一性是一个不言自明的真理,这在客观上造成了他关于证明电具有同一性的愿望并非多么强烈,在这方面付出的努力与其他重要的研究相比也就小得多[30]。总的来看,法拉第关于电的同一性研究在原创性方面与之前的研究不可同日而语,所获得的实验结论也比较勉强,存在方法论、认识论上的缺陷。故相比于其他研究,法拉第关于电具有同一性的证明所获得的关注就少了很多。

5.5
静电感应研究与场观念的形成

5.5.1 研究缘起

1831年发现电磁感应现象后，法拉第通过一系列的实验研究，建立了电磁感应定律。紧接着，他又用实验验证了电的同一性，并对电解现象进行了深入的研究。在研究电磁感应现象和电的同一性问题的过程中，法拉第提出了"电致紧张态"理论和"电力线"的思想，而且随着研究的不断推进，他的"电力线"思想逐渐被完善。尔后，在"电致紧张态"理论及"电力线"思想的指导下，法拉第成功地预测到了静电感应现象的实质，并通过一系列实验证明了他的预测。

"电致紧张态"理论在法拉第解释电磁感应现象时曾被暂时搁置。但自1832年起，在对各种电解质溶液的电解现象的研究过程中，为了说明溶液中电力的传递，法拉第又重新启用了"电致紧张态"理论。他认为，电力在溶液中引起电解质粒子的紧张态后，正是众多邻接粒子通过其紧张状态的不断建立和释放，电力才得以连续传递，同时伴随有物质粒子的迁移。通过实验研究，法拉第认为静电现象和电解现象存在共同之处，二者都是通过物质粒子"电致紧张态"的改变来传递电力的，因此可以用粒子的"电致紧张态"理论对这些现象一并加以解释。法拉第之所以对电的传递有这种解释，很可能是因为他受到了康德的影响。德国古典哲学家康德的思想曾在电流磁效应的发现过程中扮演过重要的角色，为奥斯特提供了哲学思想指导。法拉第的电学研究及其电学哲学观的形成同样受到了康德的哲学思想影响。拉普拉斯等人将物理现象简化为粒子间的吸引和排斥作用,其物理学简约纲领对众多物理学家的研究产生了重要的作用,安培电动力学的建立便深受其影响。但在康德看来,他们所指的空间是经验观察无法达到的,是虚空的空间(empty space),是精神混乱的结果。康德认为,自然科学处理的空间应该是被充满的空间,其间充满了力。人的精神对这个空间的直觉产生知觉,对时间的直觉产生事件的因果关系,这种因果关系导致了作用概念与力的概念,因而也就导致了物质的概念。与其说物质是直觉的结果,倒不如说是一系列假设的结果。康德的这种"只有通过空间的力才能知道这个空间的物质"和"物质充满空间,不是由于它的纯粹存在而是由于它的特殊活力"的思想对法拉第产生了深远的影响,引导并促使他发现了著名的静电感应定律[31]。

5.5.2 对超距作用的挑战

1833 年 1 月 24 日,法拉第将冰块放在两个电极中间,如此一来,冰块就可以像莱顿瓶一样充电了。他发现,随着冰块的逐渐融化,感应程度有所下降。若是将冰块换成其他物质,如氯化钾、硝酸钾、氯化钠、一氧化铅等,实验结果与冰块类似。对于这种现象,法拉第后来在《论静电感应》(*On Static Induction*)一文中这样说道:

> 当我发现大量的事实,也就是电解质处于固态时不会析出它们的元素物质,而处于液态时,则会析出,我认为我找到了一个解释感应效应的途径,可以把很多不相同的现象归于一个统一的规律之下。[23]

经过不断的研究和思考,法拉第认识到电解现象和静电现象有共同之处,可以借助于粒子的"电致紧张态"理论一并加以解释。令法拉第稍感不安的是,尽管他始终无法通过实验找到粒子"电致紧张态"存在的实验证据,可是他依然坚信粒子的这种状态在电力的传递过程中必定存在着。在1835年9月19日给惠威尔的回信中，他这样写道：

> 我暂时放弃寻求电致紧张态[存在]的实验证据(记住我的研究都是实验性质的——法拉第注)，因为我不能发现任何事实可以证明这一点，但一系列研究给我的印象使我坚持认为它确实存在。[32]

尽管法拉第最终没能找到粒子"电致紧张态"或"极化状态"存在的实验证据，但通过实验，他已经敏锐地意识到物质粒子在电力作用下确实处于某种极化的紧张状态，这种状态是电力的感应所致，是电解过程的第一步。他在论文中这样写道：

> 在电解作用中，感应是第一步，而分解是第二步……由此我怀疑普通感应也全部是邻接粒子的作用，并且相隔一段距离的电作用①也只有通过中间物质的影响才能发生。[23]

虽然固体物质置于电极之间时不会电解，但是由于静电力的感应作用，其物质粒子也必然处于一种不同于常态的极化紧张状态，粒子的这种状态因物质的不同而有所不同，从而对通过的静电力产生影响。也就是说，介质会影响静电力的传递。这不仅对经典电流体理论提出了质疑，更是对超距作用发起了挑战。

18世纪末至19世纪初，静电学首先在法国发展起来。1811年，在库仑的影响下，法国数学家泊松通过静电学研究给出了电荷在导体表面各处产生静电势的数学方程式，完成了静电学理论的数学化，对当时的科学界产生了重要影响。由于库仑、泊松的数学电学理论的重要影响，他们提出的电流体理论也逐渐与他们的静电学理论一起，成为欧洲科学界的主流正统理论。他们认为，电是两种实

---

① 即静电感应作用。

体，分布于导体表面，电与电之间的作用就是这两种实体间的作用。而电流是与物质可分的流体，是由这两种实体所构成的，实体或流体之间的作用力遵循平方反比超距作用理论。按照泊松等人的电流体理论，既然电是实体，那么就可以给导体充电，使导体带正电或负电。当时，人们的普遍认识也是如此。这些学者的静电学理论也对法拉第的研究产生了一定的影响：法拉第在1832—1835年研究电解现象时就意识到，静电感应可能是由介质邻接粒子的"电致紧张态"所致，但是由于传统理论的影响甚广，法拉第在表述他的新观点上显得有些迟疑和犹豫不定[33]。而在当时，新发展起来的安培的电动力学也建立在超距作用的基础之上，要撼动这些基本已得到公认的理论之基谈何容易。但法拉第的难能可贵之处就在于此，在对自己多年的实验和研究成果进行总结之后，他毅然对超距作用发起了挑战，同时提出了自己的静电感应定律。

大约自1835年11月起，法拉第开始逐步表明自己的观点，并对正统理论发起挑战。后来，他在1837年发表的《论静电感应》一文中这样写道：

> 我对于艾皮努斯、卡文迪什、泊松以及其他许多著名人物的鼎鼎大名都抱有崇敬之情，我认为所有这些人的理论都认为感应是一种超距直线式的作用，这使我很长时间以来不愿承认我刚刚表述过的观点；尽管我总是寻找机会证明与之相反的观点，并且偶尔也做了一些与此问题有关的实验……现在我认为所有现象中的普通感应①都是由处于极化状态的邻接粒子所致，而不是粒子或物体的超距作用。[23]

紧接着，法拉第从3个方面对自己的想法进行了验证：①关于静电存在于导体表面还是介质表面问题的研究；②对多种物质的特殊感应能力（即我们今天所说的电容率）的测定；③证明静电力以曲线方式进行传递。

法拉第之所以如此关注静电究竟是存在于导体表面还是介质表面，是因为

① 即静电感应。

这个问题是关系到其静电理论正确与否的重要判据，同时也是其理论与主流正统理论的截然不同之处。他在1835年11月的日记中这样写道：

> 静电存在于导体的表面还是存在于与导体接触的介质表面？我认为是介质，必须找出这个观点的结果。这对于整理和说明各种各样的电现象及其相互之间的联系，意义非比寻常……导电物质能够绝对带电或充电吗？介质物质能够这样绝对带电或充电吗？看上去在空气、油等物质中可以，因此介质也可以……在激发起电特别是摩擦起电情况下，电存在于介质上。[7]

在《论静电感应》一文的开始部分，法拉第这样提道：

> 只给某种物质充以独立的正电力或负电力……所有这样的努力最后都失败了。这首次促使我将感应看作物质粒子的作用，每个粒子都存在大小恰好相等的两个力。这种情形以及其他情况都促使我首先注意到绝对充电现象……我将举例证明我的观点是正确的，即介质电感应是绝缘媒介或电介质邻接粒子的一种作用。[23]

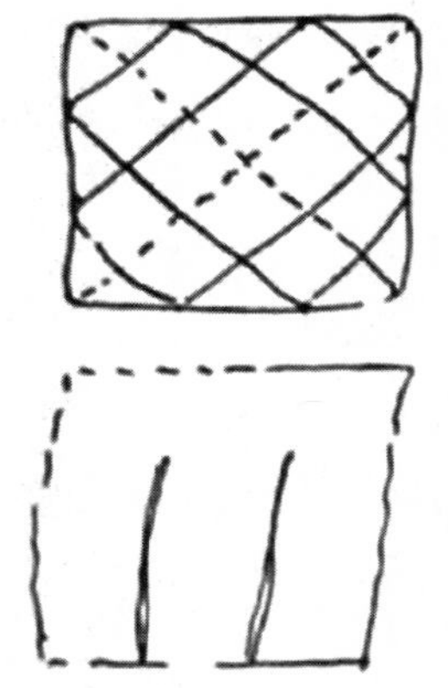

图5.29 法拉第笼构造示意图[7]

1836年1月15日，法拉第建造了一个边长为12英尺、主要由铜线构成的立方体笼子，即著名的“法拉第笼”，如图5.29所示。笼子安装好后，法拉第用起电机给其充电。他发现当电量很大时，从笼子的各个角及边棱处均可以引出电火花，而笼子内部却没有。随后，法拉第在笼子的一个侧壁上开了一个小门，他进入笼子后，用一个顶端装有金属球的玻璃棒测量笼子内部各处的带电情况。法拉第发现，除了小门的周围，笼子内部各处均没有电，他由此得出结论：

当恰当地充电时，立方体的内部没有电。[7]

笼子的外部有电，而内部没有电，这充分说明静电存在于介质中，而不是存在于导体中。而导体间的放电可以说明，存在于介质中的电绝不会是一种，否则不可能产生正负电间的放电现象，电只能成对存在，正电必然伴随负电。无论是导体还是非导体，都不可能只带一种电。在公开发表的论文中，法拉第写道：

我得出的结论是，对非导体或导体而言，它们都不能绝对或独立地带一种电，显然物质的这一种状态是不可能的。[23]

经过一系列的实验研究后，法拉第在1836年8月3日得出结论：

它们①明显是我所说的大小相等、互相作用的力的两个要素，类似于电池作用中的氢和氧。但这些力仅在方向上存在区别，就像磁针元素的N极力和S极力一样互相伴随，不可分离，它们可能是物质粒子中原有力的极化。我以前所认为的电流是一种力轴的观点，可以或多或少地用来描述静电力的性质。也许可以用电紧张线来描述，虽然我一直用正电和负电这两个术语表述②，但我仅仅想表达它们是这种线的两个端点而已。[7]

很明显，法拉第所提出的"电紧张线"其实就是静电力线。法拉第静电力线理论可以很好地说明为什么正电和负电总是等量的。而且，绝不可能给物质充一种电的原因现在也变得非常简单和明显了。所谓的充电其实只是沿电紧张线作用的一种紧张。由于这种线是静态的，一端的正电必然与另一端的负电电量相等。这好比两个定点间拉紧的一根绳，各点的作用力方向相反，而大小相等。因此，充电必然和感应相联系。由此，法拉第意识到感应必然是所有电现象的基础，也

① 指正负电。
② 指表述静电。

即第一步。对于电解现象来说,电解的第一步必然是感应形成的粒子的紧张。通过电力和粒子间化学亲合力的互相转化,粒子的紧张不断形成和释放,这一过程伴随粒子的迁移,同时也是电流的形成和流通过程。感应既然是通过物质的粒子作用的,由于不同的物质由不同粒子构成,而且不同粒子受到相同的感应力时引起的紧张也会不同,那么不同物质产生的感应就会不同,也就是必然存在物质的"特殊感应能力"(special inductive capacity),即我们今天所说的每种物质都有其特定的电容率。这也是超距作用理论所遇到的最棘手的问题之一。从1836年12月开始,法拉第便开始着手对多种物质的特殊感应能力进行实验测定和对比研究[33]。

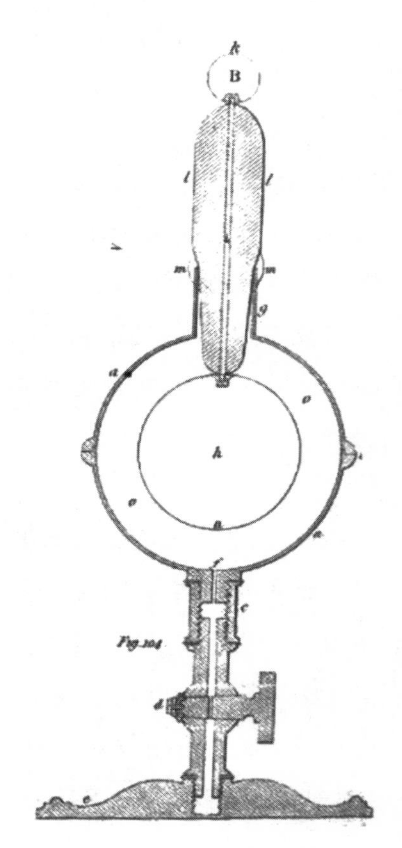

图5.30 法拉第测定介质电容率的装置示意图[23]

为了精确测量物质的特殊感应能力,法拉第设计并制作了一种同心球实验装置,如图5.30所示。该装置由两个直径不等的金属球组成,小的金属球置于大金属球内,二者同心,它们之间的空间就是感应发生的空间。这个实验装置的原理和莱顿瓶的原理相同,但它的优胜之处在于其内部的介质不一定是玻璃,而是可以自由更换的,因此可以测定不同物质的特殊感应能力。为了比较两种物质的感应能力,法拉第制作了两个几乎完全相同的装置。实验时给其中一个装置充上一定量的电,此时,与其接触的库仑静电计显示一定的角度。然后使两个装置的外球互相接触,再用静电计分别测量。如果填充物是一样的,那么第一个装置的电量会被平均分配,即两个静电计的角度相同,均为原来的一半;如果填充物不一样,接触后两个静电计显示的角度就会不同。因此从静电计读数的差别上就可以推算出感应能力的相对大小。

自1836年12月23日起，大约至1837年2月2日为止的将近两个月的时间里，法拉第对各种气体的感应能力进行了对比测定。大致自1837年8月24日开始，他又对各种液体和固体的特殊感应能力进行了对比测定。例如，法拉第得出虫胶相对于空气的特殊感应能力为1.45，燧石玻璃和硫黄相对于空气的特殊感应能力分别为1.76和2.24[23]。这些实验结果证明了介质的确会对静电力的传递产生影响，从而否定了库仑、泊松等人的超距作用理论。

最后，法拉第通过证明静电力以曲线方式传递彻底否定了超距作用理论，因为静电力以直线方式还是以曲线方式传递是关系到法拉第静电作用理论正确与否的重要判据。按照传统超距作用理论，静电力与介质无关，其作用方式是直线式的。而按照法拉第的理论，静电力是通过介质来传递的，介质的邻接粒子按照电紧张力线排列，通过它们的紧张态来传递静电力，而处于电致紧张态的粒子有纵向扩张的趋势，因此，静电力必然以曲线方式传递。反过来说，如果静电力以曲线方式传递，就可以证明静电力是通过介质的粒子来传递的，而不是超距作用的结果，这二者互为因果关系。

在利用同心球实验装置对各种物质的感应能力进行对比测定的实验过程中，法拉第发现偶然带电的虫胶棒可以对外部物质产生感应作用。为此，他专门设计了一个实验，较好地说明了感应是以曲线方式传递的。法拉第在他的日记中对该实验做了较为详细的描述：

> 现在用固体物体做实验。带电的虫胶棒及其上方的铜半球像前面的实验一样放置，用输送球①检查虫胶半球杯状体的各部分，发现均不带电。如图所示②小心放置，用输送球靠近其内部各部分，无论虫胶绝缘还是不绝缘，移开输送球，发现均带正电，与前面的实验结果一样。拿走虫胶，再次检测发现不带电。因此，通过虫胶发生了曲线感应。[7]

---

① 法拉第用于检测物体带电情况的一种金属球。检测时，先将其接触要检测的物体，再与静电计接触，从静电计的读数便可以知道物体的带电情况。

② 即本书中的图5.31。

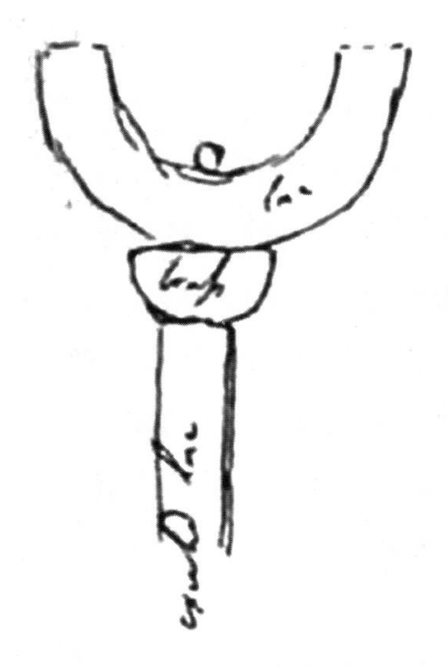

图5.31 法拉第测量感应作用方式的装置示意图[7]

法拉第的这个实验又一次成功地证明了静电感应是以曲线方式作用的,并不是超距作用的直线方式。

1838年6月,法拉第在一篇论文中完成了其电学新理论的统一。他在这篇论文中给出了关于电学研究的10个著名命题,说明了所有的诸如电化分解、传导、感应、放电等各类现象,都是因为邻接的极化粒子紧张状态的不同释放方式而产生的不同现象[23]。

法拉第关于静电感应现象的研究是革命性的,突出表现在他对正统静电作用理论的彻底颠覆。这种颠覆主要体现在两个方面:一是静电作用受到电介质的影响,而不是传统的和媒介无关的超距作用;二是静电作用呈曲线方式传递,不是超距作用的直线方式。他的静电作用理论完全否定了传统的超距作用理论。在此基础上,法拉第利用其理论合理地解释了各种电现象。同时,利用静电粒子作用理论也可以很好地解决电力线的传递问题,为法拉第力线思想的进一步发展和成熟奠定了基础[33]。

5.5.3 场思想的初步形成

在研究电解现象的过程中,法拉第已经隐约意识到电解现象和静电感应现象之间存在着共同之处。对电解现象的研究使他找到了解释静电感应现象的途径,并开始有意识地将二者统一起来加以解释。研究法拉第的权威学者威廉斯在其著作中对法拉第的电学新理论进行了如下总结:

电的本性是什么?紧张。电如何作用?通过传递紧张。这种紧张如何传递？从微粒到微粒。微粒的不同如何导致各种电学现象的不同？简单地说，当粒子能够比较容易地把紧张传递给邻接的粒子时，就是传导现象；若粒子能够自由移动，但是被化学亲合力同另一个粒子紧紧地绑缚在了一起，结果就是物质和力都被传递的电解传导现象；若粒子被诸如固体内聚力的力固定住了，或者它很难把它们的力传递给其他的粒子，结果就是被称作感应的极化紧张，力增大到一定程度，就是由于这种紧张的释放而导致的破坏性放电。这样，所有的电学现象都可以被看作是建立紧张，然后是紧张的释放。因此电感应总是施加电力的第一个结果。其他的电学现象都是由于它们的感应状态的不同释放方式而产生的现象。[31]

如此，所有的电学现象都被法拉第统一到一个新理论之下了。为了完成这项巨大的工作，法拉第几乎耗尽了自己的精力。在发表了《电学实验研究》的第 14 辑后，他的健康状况迅速恶化，患上了严重的精神衰弱。因此 1839—1843 年，法拉第不得不暂停实验研究方面的工作，只进行一般的事务性工作。在他休养的这段时间内，法拉第虽然没有继续他的实验研究工作，但他仍然不时地回到电学理论的思考上来。随着思考的不断深入，到 1844 年他的身体状况有所好转之时，法拉第立刻着手解决了其感应理论中的一个基本问题，即粒子与粒子之间是怎样相互作用的。

如果说静电学超距作用理论中最为棘手的问题是电介质，那么法拉第的静电感应理论中最让他感到亟需解决的问题就是真空。尽管法拉第抛弃了超距作用，但他在自己的理论中还保留了“短程力”，并且承认在“不可感知”距离上的作用。他对这两个概念的解释是十分含混的，为此他感到头痛不已。最终将他带出这种困窘局面的是博斯科维奇①(Roger Joseph Boscovich，1711—1787 年)于 1758 年提出的“点原子”理论。根据博斯科维奇的理论，物质是由一种不可分割、不可扩张的点原子构成，这些点原子之间相隔一定的距离。不可入性要求它们

① 拉古萨共和国物理学家、数学家、天文学家、外交官、诗人、神学家、耶稣会士。

在相距很近时产生巨大的斥力，但当相距很远时，因为要满足牛顿的万有引力定律，它们便会相互吸引。在上述两种距离范围之内，由于物质是连续的，它们之间必交替呈现排斥力和吸引力[34]。但迄今为止，我们只发现了原子间存在近距离的排斥力和远距离的吸引力，并无博斯科维奇所说的排斥力与吸引力交替出现的情况。尽管如此，它还是部分地符合了粒子的实际情况。法拉第在1844年给泰勒写了一封信——《关于电导和物质本质的考虑》(*A Speculation Touching Electric Conduction and the Nature of Matter*)。他在信中这样说道：

> "博斯科维奇"的原子比通常的概念具有更大的优越性……一个关于该问题的想法，认为设想物质的力与某种称为物质的东西无关是困难的；但是，如果认为或设想那个物质与力无关，则肯定更困难，而且的确行不通……因此物质将是完全"连续"的，在考虑一块物质时，我们不应当考虑原子与隔开它们的空间的区别。中心周围的力给这些中心以物质原子的性质；当许多中心被它们的联合力结成一块时，这些力又给这个质量的每一部分以物质的性质。[35]

物质就是这样通过力充满了空间，而粒子则通过空间的"力网"与相邻的粒子发生作用。法拉第的邻接作用理论以"力网"为基础，认为只要有一个实体存在便可以产生作用场或力场，另一个物体的出现就能使这种作用场显示出来。可以说，法拉第至此已经解决了自己的感应理论所面临的困境。而且他还进一步认为，其实万有引力也可以用力线来描述，只不过引力线是直的。此后，随着对"磁致旋光效应"和物质"抗磁性"的发现以及相关实验研究的后续进行，法拉第对力线是实体性存在的观点变得更加坚定，力线思想也逐渐走向成熟，场的思想最终也得以确立。

5.6
磁感应研究与场观念的确立

5.6.1 法拉第效应的发现

英国科学家赫歇尔是第一个把电学和光学现象联系起来考虑的科学家。根据石英晶体使偏振光旋转与电流使磁针偏转现象的相似性，赫歇尔大胆地进行推测：偏振光可能会在电磁作用下在某种介质中发生旋转。其实法拉第在1822年就曾设计实验试图寻找光和电的关系：他在一个24英寸×1英寸×1.5英寸的玻璃槽中注入电解质溶液，然后把电池的两极分别加在槽的两端，再让一束偏振光沿电流方向通过溶液。遗憾的是，法拉第的这次实验并没有成功，但他探寻光与电、磁的关系之旅就此开启。12年后，即1834年，法拉第重复了上述实验，仍然是一无所获。1845年，在法拉第身体好转并重新开始实验研究之际，他选择了继续当年的未竟之业——研究光和电的关系。法拉第这一次在之前实验的基础上做了改动：在静电发电机两极之间接一根玻璃棒，然后让偏振光沿电流方向通过玻璃棒。但令他失望的是，这次实验仍以失败而告终。尽管探索光与电的实验之路充满了坎坷，屡战屡败，但法拉第屡败屡战，愈战愈勇。在法拉第给赫歇尔的一封信中有这样一段文字：

> 仅仅由于光、磁和电必能联系起来的最强烈的信念，才使我恢复了对这

一课题的研究，并且在我找到问题的关键之前经过了巨大的努力。[31]

法拉第在后来发表的论文《论光的磁化和磁力线照明》(*On the Magnetization of Light ang Illumination of Magnetic Lines of Forces*)中也有类似的表述：

> 我长期以来坚持着这样一种观点，甚至于几乎达到了认定这种思想的程度，我与其他许多自然知识爱好者相信，物质的力赖以表示的各种形式有一个共同的起源，或者说，它们是如此直接相关，以至于可以相互转化。[36]

由此可见，法拉第一直以来从未放弃过寻找光、电和磁之间联系的研究工作。

就在法拉第苦思失败原因而不得时，威廉·汤姆逊的到来为他打开了思路。1845年6月，威廉·汤姆逊在英国科学促进会的剑桥会议上宣读了一篇电学论文，提出了他对光、电和磁三者之间存在某种联系的猜测。尽管这是法拉第与威廉·汤姆逊的首次会面，但两人一见如故，法拉第对当时年仅21岁的威廉·汤姆逊赞赏有加[37]。会议结束后，威廉·汤姆逊在同年的8月6日给法拉第写了一封信，他在这封信中向法拉第提出了3个问题：①带电物体对电介质的作用是吸引还是排斥？②是否可以用空气密度的变化来表示带电物体对空气的吸引或排斥？③透明晶体具有自然旋光性，但玻璃在受到剧烈张力时是否还能够产生类似的效应？威廉·汤姆逊的前两个问题属于静电学范畴，而第三个问题则超出了静电学的范围，与法拉第一直苦思的问题密切相关。威廉·汤姆逊的第三问启发了法拉第：既然由各向异性所引起的某一方向的内部张力是晶体产生旋光性的原因，那么如果要在非晶态的玻璃中看到旋光性，用电或磁的方法使其产生各向异性或许可行。既然电力的方法屡遭失败，说不定磁力或可一试。经过这样一番深思熟虑之后，法拉第决定改而研究磁和光的关系。

1845年9月，法拉第进行了如下实验：取一根长、宽、厚分别为2英寸、1.5英寸和0.5英寸的重玻璃棒。实验时让一束偏振光沿棒的纵向通过，然后观察磁极被夹在玻璃棒的不同位置时的现象。他在这次实验中惊喜地发现，如果磁极夹在玻璃棒的侧面，即磁力线与光线方向垂直，偏振光不受任何影响；但若将磁极夹在玻璃棒的两端，即磁力线与光线方向平行，偏振光就会在玻璃棒中发生旋转。偏振光在通过玻璃棒后，它的偏振面显然发生了一个角度的转动。法拉第的实验还表明：偏振光旋转的角度正比于光线通过介质的长度和磁力线的密度，且所有的透明介质都能产生磁光旋转，但各种物质的旋光力不同。偏振光的旋转方向仅仅与磁力线的方向有关，与物质的性质、状态和光线的方向均无关[31,36]。法拉第进一步想到，能使通过透明物体的偏振光发生旋转效应的是磁力线，而引起旋光效应的磁力线应该与其产生（磁体、电磁铁或是螺线管）的方式无关。为了检验自己的观点是否正确，法拉第继续用螺线管进行实验：向一个通电的螺线管中插入一根玻璃棒，然后让一束偏振光通过玻璃棒。结果，偏振光在通过玻璃棒后发生了旋转，且偏振光的偏振面旋转的方向总与电流的方向相同，与从玻璃棒的哪一端进入无关。在对所做的实验进行总结后，磁旋光效应（即法拉第效应）就可以表述为：在偏振光的传输方向上，对透明磁性材料施加磁场，可以使光的偏振面在这种磁性材料中发生旋转，偏振角旋转的大小与外加磁场强度和材料磁性有关，偏振角旋转的方向则只与外加磁场方向有关。至此，法拉第终于成功地找到了磁和光的关系，这为他进一步寻找光、电和磁的统一奠定了基础。

法拉第把磁体引起的偏振面旋转形象地比喻为“使光束磁化”，把通电磁线管引起的偏振面旋转比喻为“使光束电化”，并且生动地把偏振光的旋转想象成“照亮了磁感线”。根据法拉第效应，我们可以从偏振面旋转的方向判断螺线管中的电流方向，就好像电流被光“照明”了一样。法拉第还把产生磁光效应的力称为物质的“新磁力”或“新磁条件”。他这样说道：

> 如果磁力能够使物质变成磁体的话，那么我们就可以通过光线来研究透明的磁体，而且这对我们研究物质的力很有帮助。但它并没有使它们变成磁体。因此，在所述的这种状态下这些物质的分子条件必定特别地区别于磁化的铁或其他这类物质的分子条件。由于这种条件是一种张力状态，

所以这些物质在这种状态下所具有的力或作用方式，在我们看来一定是一种新磁力或新的物质的作用方式。[36]

在上面的这段话中，法拉第其实有意识地把具有磁光旋转能力的物质与顺磁体和铁磁体区别开来，他对抗磁体的研究也就是从这里开始的。

5.6.2 对抗磁体和顺磁体的研究及导磁性原理的提出

1845年，法拉第在研究磁致旋光效应时，发现磁极对透明的物体具有排斥现象，法拉第称这种物体为抗磁体。尽管“抗磁体”一词是法拉第首次提出的，但其实在他之前就已经有物理学家发现了抗磁体。最早发现抗磁体的是布鲁格斯曼（Anton Brugmans，1732—1789年），他在1778年就发现了铋被磁极排斥的现象，但却未能引起当时人们的注意。后来陆续又有关于观察到抗磁现象的报道，但它始终没有获得足够的重视。面对这种现象，当时的物理学家们不知道应当做些什么事情，更不知这种新现象的背后隐藏着什么。但当法拉第开始研究抗磁体时，他凭借自己多年的经验和深刻的洞察力敏锐地预见到：对抗磁体的研究将会给原有的磁学理论带来重大的改变。

通过实验，法拉第发现抗磁体的抗磁性表现为：在磁场中先转到磁极之间的横向，然后被排斥出去，这种作用与磁极的性质无关。实验的结果还证明了抗磁体在磁极附近既不感生相同的磁极，也不感生磁性，而且磁感线几乎不通过抗磁体，但是顺磁体却会使磁感线完全通过。从这些现象出发，法拉第提出了磁化率的概念。一般的物质在较强磁场作用下都会显示出一定程度的磁性，只是除了极少数像铁那样的强磁性物质外，一般物质磁化率的绝对值都很小。其中，抗磁性物质的磁化率为负，它们在磁场中获得的磁矩方向与磁场方向相反，因此在不均匀的磁场中将会被推向磁场减弱的方向，即磁场排斥；顺磁性物质的磁化率为正，它们在不均匀磁场中被推向磁场增强的方向，即被磁场吸引。铁磁性物质则是像铁那样具有强磁性的物质。法拉第据此提出抗磁体与顺磁体的本质区别在于是否能让磁感线完全通过，也就是磁通量问题。二者既对立又统一，在磁场中所表现出来的性质上的差异正好证明了它们在磁通量概念上的统一。磁导率的概念也正是在法拉第意识到这种统一性时所提出的。法拉第后来还用实验证明了抗磁体比铁磁体和顺磁体两类物质更基本，也更为普遍，绝大多数物质都属于抗磁体。

后来，法拉第在1850年曾就抗磁体的相关问题多次与威廉·汤姆逊进行交流。1850年6月19日，威廉·汤姆逊在给法拉第的信中用图示的方法阐明了抗磁体与顺磁体的区别[37]。威廉·汤姆逊在均匀磁场中画了一个顺磁体球和一个抗磁体球(图5.32和图5.33)，清楚地表明穿过抗磁体球的磁力线较为稀疏，穿过顺磁体球的磁力线则比较密集。借助威廉·汤姆逊的图示法，法拉第对物质传导磁性的能力进行了更进一步的分析，认识到物体只能改变磁力线的方向和在空间中分布的密度，而其本身是无法产生磁力线的。1850年8月，也就是在对物质的抗磁性和顺磁性进行了5年的研究之后，法拉第发表了题为《论物体的磁和抗磁的传导》(*On the Magnetic and Diamagnetic Conduction of Bodies*)的论文。在这篇论文中，他最先提出了空间具有磁性的观点：

> 根据这样的实验以及一般的观察和知识，似乎可以说明磁力线可以穿过真空，就像重力和静电力一样。因此，空间具有其自身的磁关系。我们以后很可能会发现这是一种最重要的自然现象。[36]

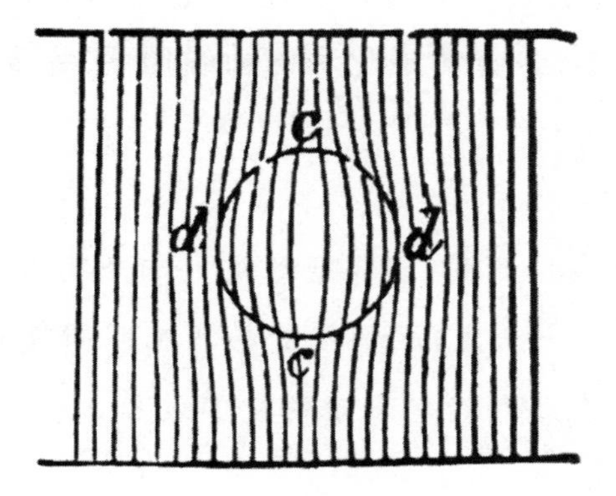

图5.32　磁力线通过抗磁体球示意图[36]

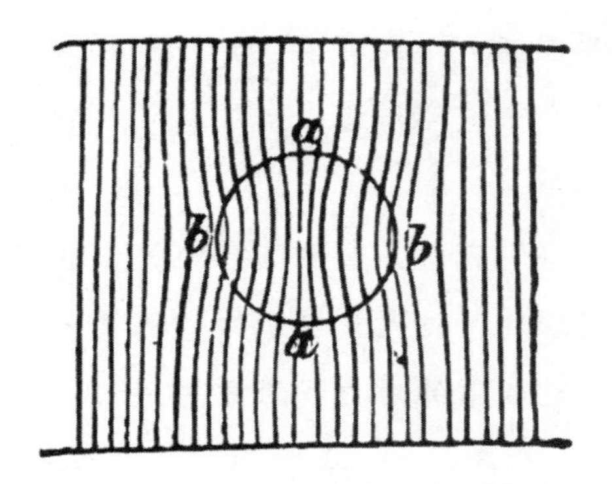

图5.33　磁力线通过顺磁体球示意图[36]

同年10月，法拉第又发表了另一篇论文——《磁的传导能力》(*Magnetic Conducting Power*)，提出了物质的磁导性原理。所谓磁导性原理，是指不同的物质有不同的磁导率，抗磁体会排斥空间的磁感线，而顺磁体能让空间中的磁感线更多地通过。根据这一原理，顺磁体会向磁力线密度较高的区域运动，而抗磁体会向磁力线密度较低的区域运动。

5.6.3 场思想的最终确立

1844年之前，法拉第主要利用力线思想来解释和说明实验现象，他的场思想即使有所显示，也处于未成形的萌芽阶段。1844年之后，他对力线的实体性认识标志着力线思想的成熟。伴随这一思想的成熟，场的思想也开始逐渐形成。可以说法拉第的力线思想是其场理论思想的基础，没有力线，场就无从谈起。场是由力线构成的，力线体现了场的存在，是场的形象表示。这个认识也符合麦克斯韦对于力线和场概念的界定，麦克斯韦说：

> 我想他①或许会说，空间中的场是充满了力线的……作用在每一物体上的机械作用力和电作用力则取决于连接在物体上的力线。[38]

磁致旋光效应和物质抗磁性现象的发现是法拉第将力线看作实体性存在的重要根据。1845年11月，法拉第发表了题为《论光的磁化和磁力线照明》一文，他在文中这样写道：

> 我打算表示这样一种思想，即磁力线被照明，就像地球被太阳照明以及蜘蛛网被天文学家的灯照明一样。使用一束光，我们就能够用肉眼辨明通过物体的磁力线的方向；并且通过改变光线和它对眼睛的光学效应，我们就

① 指法拉第。

可以看见磁力线的路径，正如我们能够看见被光照得可鉴的一束玻璃丝或其他透明物质的纹路一样。[36]

法拉第的这段话表明他其实已经认为磁力线是一种实体性存在的观点。

物质的抗磁性再次被法拉第发现后引起了科学界的广泛关注。如何解释这种现象成为当时科学界的一个重要课题。由于抗磁性物质表现出和顺磁性物质完全相反的性质，并且科学界当时都认为磁力通过铁、钴、镍等顺磁性物质传递，并且是由这些物质的粒子极化排列造成的。那么可以相应地设想，磁力通过抗磁性物质传递也就是这些物质的粒子极化排列的结果，只不过极化的方向与顺磁性物质粒子的极化方向完全相反而已。从 1849 年 10 月至 1850 年，法拉第做了一系列的实验，试图寻找抗磁性物质粒子极化排列可能产生的各种效应，但都失败了。这些实验的失败促使法拉第重新审视之前的观点，另外正如上文所说，1850 年与威廉·汤姆逊的交流也给他带来了不少启发。经过一番认真考虑之后，他最终选择放弃磁力线借助粒子极化而传递的想法。1850 年 10 月，法拉第在《磁的传导能力》一文中描述不同物质对磁力线传递的影响时写道：

当一个顺磁性导体，例如一个氧气球置于一个磁场中，这个磁场先前被认为是没有物质的，它将会使通过它的磁力线聚敛，所以它占有的空间比以前传递更多的力①。另一方面，如果一个抗磁性物质构成的球体置于相似的磁场中，将会使磁力线在赤道方向发散或展开②，穿过所占空间的磁力线比球体不在的时候少。[36]

1852 年 6 月，法拉第在《论磁力的物理线》(*On the Physical Lines of Magnetic Force*)一文中正式开始用磁力线的实体性来解释磁力的传递性质[36]。他认为：

---

① 如图 5.33 所示。
② 如图 5.32 所示。

> 如果它们①存在，与静电感应不一样，磁力的传递不是通过连续的粒子，而是通过空无一物的空间本身。

紧接着，法拉第借助于光线的性质来说明各种物理力线的实在性。他写道：

> 现在以太阳施加给地球的照明或热力为例来说明其他力。在这个情况中，光线②通过中间的空间。但是我们也可以在它们的路径中间用不同介质来影响它们。我们可以用反射或折射变更它们的方向，可以使它们的传播路径弯曲或转换一定的角度，也可以在源头处切断它们，以便在它们到达目的物之前寻找和发现它们。它们从太阳到达地球要花费8分钟的时间，所以它们可以相对于源头或终点独立存在，它们事实上是个明显的物理存在。[36]

随后，法拉第分门别类地论述了各种力线的实体性，比如在论述了静电力线的实体性后又转向动电力线。他写道：

> 至于动电，则物理力线的证据更为确凿。与伏打电池相连接的导线，具有人们所讲的环绕电路的力流，但是这种力流具有一对大小相等、方向相反的力轴，它所含的力线能根据导体的横向作用而收缩或扩张，并能随着导体的形状而改变方向；它存在于导体的各个部分，并能经由适当的途径依我们的目的而从任何地方取出。毫无疑问，它们是物理力线。[36]

在该文中，为了描述磁力的方向和大小，法拉第还提出了“力轴”和“力管”的想法。对于“力轴”，他说道：

---

① 指磁力线。
② 指力线。

> 我在别处曾把电流或者电动力线称作“数量相等、方向相反的力轴”，磁力线也可以用相同的词汇来描述；这两种被认为是直线的“力轴”互相垂直。[36]

对于“力管”，法拉第认为：条形磁体在空间中的任意一条闭合磁力线围绕磁体轴心旋转一周，就会形成一个管状表面，这个表面或表面的背面，即两个管状表面之间的表面，都可以简单地称为“力管”。虽然法拉第认为力线是一种“力轴”或“力管”，但这两个概念并没有使法拉第在磁力的定量化计算上更进一步。直到麦克斯韦在1855年发表的第一篇电磁学论文——《论法拉第的力线》(*On Faraday's Lines of Force*)，才在这两个概念的基础上建立了法拉第力线的数学模型，提出了电磁场的6条基本定律[39]。1855年2月，法拉第在《关于磁哲学的一些观点》(*On Some Points of Magnetic Philosophy*)一文中系统地论述了力线的4条性质：①物质可以改变力线的分布；②力线的存在与物质无关；③力线具有传递力的能力；④力线的传播需要时间[38]。法拉第指出，力线不仅是实体性存在的，而且具有传递力的能力，它可以通过真空传递力而无需借助于媒介物质。

1857年，法拉第《论力的守恒》(*On the Conservation of Force*)一文的发表是他的力线思想完全成熟和场的思想形成的标志[40]。他在这篇文章中首次提出了重力线的概念，认为重力线和磁力线类似，也是非极性力线，沿直线在空间中传递重力。并且法拉第还把磁力线、电力线、重力线、光线、热力线等都列入空间力场的范围，彻底消除了超距作用和“中心力”的任何假设。按照超距作用理论，一切物体的相互作用都是以“中心力”为基础的，而“中心力”又必须以两个物体同时存在为前提。如果只有一个物体，力就不会存在。这样，当另一个物体在远方某处出现时，力就会突然产生。而长期以来，法拉第一直认为自然力是守恒的，因此“中心力”不符合“力的守恒”思想。法拉第由此论证力和场是独立于物体的另一种物理形态，物体的运动除碰撞外都是力或场作用的结果。

根据以上所述，我们可以对法拉第力线思想的内涵做一个总结，归纳起来，主要有以下5个方面:①电力线和磁力线呈曲线,不是牛顿作用力式的直线。力的传递和力线的传播需要时间。电磁感应是由于导体切割磁力线或磁力线切割导体而引起的。②力线是一种力轴或力管,纵向有收缩的趋势,横向有扩张的趋势。③力线是独立于物体的一种物理实在。④力线具有传递力的能力,物体的运动是力线传递的力作用的结果。⑤物体能够改变力线的分布,力线的集合构成力场。尽管法拉第认为力是守恒的这一观点并不正确,但瑕不掩瑜,这个错误只是与能量守恒原理不相容,并不影响他的场论思想的正确性。因为法拉第在形成场的概念时,并非仅仅从力的产生和消失这类转变关系的角度进行思考,而是坚持取消以太而代之以力线,这一思想一直在起着主导作用。

1862年,法拉第从皇家研究院退休,他的科学生涯也宣告终结,但是法拉第的力线及场思想的深远影响则刚刚开始,这种影响不仅体现在麦克斯韦的电磁理论中,也体现在爱因斯坦的相对论和统一场理论中[41]。

参考文献

[1] 黄亚萍.奥斯特的预想与电磁效应的发现[J].自然辩证法通讯,1982(3):63-65.

[2] Stauffer R C. Persistent Errors Regarding Oersted's Discovery of Electromagnetism [J]. Isis, 1953, 44(4):307-310.

[3] Gillispie C C. Dictionary of Scientific Biography: Vol. 9[M]. New York: Charles Scribner's Sons, 1981.

[4] Martins R D A. Resistance to the Discovery of Electromagnetism: Ørsted and the Symmetry of the Magnetic Field [J]. Volta and the History of Electricity, 2003: 245-266.

[5] Ørsted H C. Selected Scientific Works of Hans Christian Ørsted [M]. Princeton, New Jersey: Princeton University Press, 2014.

[6] Ørsted H C. Exprimenta circa effectum Conflictus electrici in Acum magneticam [M]. Copenhagen: Typis Schultzianis, 1820.

[7] Faraday M. Faraday's Diary: Vol. 1[M]. Thomas Martin, ed. London: G.

Bell and Sons, Ltd., 1932.

[8] Faraday M. Experimental Researches in Electricity: Vol. 2[M]. London: Richard Taylor and William Francis, 1844.

[9] 王洛印,胡化凯. 法拉第对电磁旋转现象的研究[J]. 自然科学史研究, 2008(4): 418-428.

[10] Ampère A M. Mémoire sur la theorie Mathematique des Phenomenes electrodynamiques Uniquement déduite de l'Experience [A]. Académie Royale des Sciences, ed. Mémoires de l'Académie Royale des Sciences de l'Institut de France (Année 1823, Tome VI) [C]. Paris: Chez Firmin Didot Père et Fils, 1827, 175-387, P11-P12.

[11] Ampère A M. Mémoire Présenté à l'Académie Royale des Sciences, le 2 Octobre 1820, où se Touve Compris le Résumé de Ce Qui Avait Été lu à la Même Académie les 18 et 25 Septembre 1820, sur les Effets des Courans Électriques [J]. Annales de Chimie et de Physique, 1820, 15: 59-76.

[12] Société Francaise de Physique. Collection de Mémoires Relatifs a la Physique: Tome Ⅱ. Mémoires sur l'Électrodynamique, Première Partie[M]. Paris: Gauthier-Villars, 1885.

[13] Neumann F E. Allgemeine Gesetze der inducirten elektrischen Ströme [J]. Annalen der Physik und Chemie, 1846, 143(1): 31-44.

[14] Neumann F E. Ueber ein allgemeines Princip der mathematischen Theorie inducirter elektrischer Ströme [M]. Leipzig: Verlag von Wilhelm Engelmann, 1892.

[15] von Helmholtz H. Über die Erhaltung der Kraft : eine Physicalische Abhandlung [M]. Berlin: Druk und Verlag von G. Reimer, 1847.

[16] Weber W. Elektrodynamische Maassbestimmungen [A]. Königlichen Gesellschaft der Wissenschaften ed. Wilhelm Weber's Werke [C]. Heidelberg: Springer, 1893, 215-254.

[17] Weber W. Ueber einen einfachen Ausspruch des allgemeinen Grundgesetzes der elektrischen Wirkung [J]. Annalen der Physik und Chemie, 1869, 212(3): 485-

489.

[18] Koenigsberger L. Hermann von Helmholtz [M]. Braunschweig: Vieweg, 1902.

[19] Woodruff A E. The Contributions of Hermann von Helmholtz to Electrodynamics [J]. Isis, 1968, 59(3): 300-311.

[20] Babbage C, Herschel J F W. Account of the Repetition of M. Arago's Experiments on the Magnetism Manifested by Various Substances during the Act of Rotation [J]. Philosophical Transactions of the Royal Society of London, 1825, 115: 467-496.

[21] Larden W. Electricity for Public Schools and Colleges[M]. Harlow: Longmans, Green, and Company, 1887.

[22] Ross S. Nineteenth-Century Attitudes: Men of Science [M]. Berlin: Springer Science & Business Media, 1991.

[23] Faraday M. Experimental Researches in Electricity: Vol. 1[M]. London: Richard Taylor and William Francis, 1849.

[24] 王洛印,胡化凯.电磁感应定律的建立及法拉第思想的转变[J].哈尔滨工业大学学报(社会科学版), 2009, 11(3): 19-33.

[25] 解道华.约瑟夫·亨利[M].合肥:安徽大学出版社, 1997.

[26] Henry J. On the Production of Currents and Sparks of Electricity from Magnetism [J]. The American Journal of Science and Arts, 1832, 22: 403-408.

[27] Henry J. Facts in Reference to the Spark, & C, from a Long Conductor Uniting the Poles of a Galvanic Battery [J]. Journal of the Franklin Institute, 1835, 19(3): 169.

[28] Lenz E. Ueber die Bestimmung der Richtung der durch elektrodynamische Vertheilung erregten Ströme [J]. Annalen der Physik und Chemie, 1834, 107(31): 483-494.

[29] 叶邦角.电磁学[M].合肥:中国科学技术大学出版社, 2014.

[30] 王洛印,白欣.法拉第对电的同一性的研究[J].自然科学史研究, 2014, 33(1): 94-112.

[31] Williams L P. Michael Faraday: a Biography [M]. New York: Basic Books, 1965.

[32] Faraday M. The Correspondence of Michael Faraday: Vol. 2: 1832-1840 [M]. James F A J L, ed. London: The Institution of Engineering and Technology, 1999.

[33] 王洛印，白欣. 法拉第对静电感应现象的研究[J]. 广西民族大学学报(自然科学版), 2013, 19(2): 8-13,20.

[34] Olson R. The Reception of Boscovich's Ideas in Scotland [J]. Isis, 1969, 60(1): 91-103.

[35] Faraday M. A Speculation Touching Electric Conduction, and the Nature of Matter [J]. The London, Edinburgh, and Dublin Philosophical Magazine and Journal of Science, 1844, 24(157): 392-399.

[36] Faraday M. Experimental Researches in Electricity: Vol. 3[M]. London: Richard Taylor and William Francis, 1855.

[37] Doran B G. Origins and Consolidation of Field Theory in Nineteenth-Century Britain: From the Mechanical to the Electromagnetic View of Nature [J]. Historical Studies in the Physical Sciences, 1975, 6: 133-260.

[38] 麦克斯韦. 电磁通论[M]. 戈革，译. 北京：北京大学出版社, 2010.

[39] Maxwell J C. On Faraday's Lines of Force [C]//Niven W. The Scientific Papers of James Clerk Maxwell. Cambridge: Cambridge University Press, 2011, 155-229.

[40] Faraday M. Experimental Researches in Chemistry and Physics [M]. London, New York and Philadelphia: Taylor & Francis, 1991.

[41] 王洛印，胡化凯，孙洪庆. 法拉第力线思想的形成过程[J]. 自然科学史研究, 2009, 28(2): 156-171.

第6章

经典电磁学理论体系的建立

6.1 麦克斯韦电磁场理论的建立

6.1.1 麦克斯韦其人

1831年法拉第发现电磁感应现象,同年6月,麦克斯韦(图6.1)在英国苏格兰古都爱丁堡出生。这样一种历史的巧合似乎预示着麦克斯韦将从法拉第的手中接过电磁学研究的接力棒,最终完成电磁理论大厦的构建,成为电磁理论的集大成者。

麦克斯韦的父亲是一位能力很强的律师,思想开放、讲究实际,而且对制作各种机械和诸多科学问题都有极其浓厚的兴趣。在父亲这种热爱科学、探求未知精神的耳濡目染之下，麦克斯韦从小便勤学好问，对数学、物理有着浓厚的兴趣，尤其喜欢数学。他如饥似渴地阅读着各种书籍，在不知不觉中获得了许多知识。但不幸的是，幼年麦克斯韦所受的正式教育是在一个私人教师的教导下开始的，按照麦克斯韦传记作者的说法，这个教师的愚蠢甚至显得残忍的训练方式，使这孩子“有些举止犹豫，回答起问题来拐弯抹角”，“虽然麦克斯韦后来确实很好地克服了这个缺点，但这毕竟花费了他很长的时间，甚至没有完全克服它们”。麦克斯韦在 10 岁时进入爱丁堡中学，当时他的怪癖举动加上乡气的衣着和言语，引来了同学们很不友好的对待。同学们起初甚至认为麦克斯韦相当呆笨，因此给他起了一个“傻瓜”的绰号，这种情况一直持续了大概有一两年。最终，麦克斯韦以自己优异的成绩和品质得到了同学们的认可[1]。15 岁时，麦克斯韦就在《爱丁堡皇家学会学报》上发表了他的第一篇科学论文《论卵形曲线》(*On the Description of Oval Curves*)，他在这篇论文中介绍了一种画各种卵形的方法[2]。这篇论文精湛的构思，受到了当时在爱丁堡大学任教的物理学家福布斯(James David Forbes，1809—1868 年)的重视。由于麦克斯韦年龄太小，所以福布斯便替他在爱丁堡皇家学会的一次会议上报告了该论文，结果获得一致好评。其实早在 17 世纪，笛卡儿就已经讨论过相关的问题，麦克斯韦的创新之处在于他简化了前人的工作[3]。1847 年秋天，16 岁的麦克斯韦中学毕业，考入了苏格兰的最高学府爱丁堡大学，专攻数学物理。大学二年级时，麦克斯韦的数理和力学知识已相当丰富。由于他在《爱丁堡皇家学会学报》上又发表了两篇论文，所以得到了一位物理教授的赏识，这位教授后来还特许他单独在实验室做实验。在爱丁堡大学的学习使他获得了登上科学舞台所必需的基本训练。但是 3 年后，对麦克斯韦来说，这里能给他提供的教育和平台似乎有些小了。为了进一步深造，1850 年，在征得父亲的同意后，麦克斯韦离开爱丁堡，转入大师云集、人才辈出的剑桥大学。

图 6.1 麦克斯韦

剑桥大学创立于1209年，是英国首屈一指的学府，有良好的科学传统，牛顿曾在这里工作三十多年，达尔文(Charles Robert Darwin，1809—1882年)也是从这里毕业的。19岁的麦克斯韦初到剑桥，觉得一切都很新鲜，他几乎每天都和父亲通信，报告自己的见闻、感想和学习收获。翌年，他以优异的成绩获得了奖学金。当时学校里的学生大多是自费的，能获得奖学金的都是最勤奋的学生。后来，麦克斯韦在霍普金斯(William Hopkins，1793—1866年)的指导下专攻数学。他努力学习，进步很快，不出3年就掌握了当时几乎所有先进的数学方法，成为了一位出色的青年数学家。

1860年秋，麦克斯韦到伦敦皇家研究院工作，这是他一生事业的转折点。在一个晴朗的秋日，麦克斯韦拜访了法拉第，这次会晤不仅让麦克斯韦终生难忘，而且在科学史上也具有重要意义。此次交谈后，麦克斯韦便以极大的热情投入电磁理论的数学化中。在法拉第有关电磁场思想的基础上，他推导出了著名的麦克斯韦方程组，以严密的数学形式向世人揭示出电磁现象的规律。1873年出版的《电磁通论》(*A Treatise on Electricity and Magnetism*)更是集电磁学大成的划时代著作[4]，标志着电磁理论体系的建立。该书全面总结了19世纪中叶以前人们对电磁现象的研究成果，其中不仅有库仑、安培、奥斯特、法拉第的开山之功，也有他本人创造性的努力。这是一部可以同牛顿的《自然哲学的数学原理》、达尔文的《物种起源》(*On the Origin of Speciesby Means of Natural Selection, or the Preservation of Favoured Races in the Struggle for Life*)和赖尔(Charles Lyell，1797—1875年)的《地质学原理》(*Modern Changes of the Earth and Its Inhabitants*：*Considered as Illustrative of Geology*)相媲美的里程碑式的著作。

在一生最后的几年时间里，麦克斯韦筹建了卡文迪什实验室并整理了卡文迪什的大量遗著，让那些被埋藏了多年的珍贵手稿得以重新被世人所知。1879年11月5日，年仅49岁的麦克斯韦因病去世。就在这一年，爱因斯坦诞生了。爱因斯坦狭义相对论的建立是基于麦克斯韦的电磁场理论(根据光速不变性和真空中麦克斯韦方程)。

麦克斯韦为科学奉献了终生，但他对科学的杰出贡献并不仅仅局限在电磁学方面。他在天体物理学、气体分子运动论、热力学、统计物理学等领域同样做出了卓越的成绩。遗憾的是，这位科学巨匠生前所获的荣誉远不及法拉第。直到赫兹（Heinrich Rudolf Hertz，1857—1894年）证明了电磁波存在后，人们才意识到麦克斯韦对电磁科学的重大贡献，并公认他是世界上伟大的数学物理学家之一，与牛顿和爱因斯坦齐名，但此时他已逝世多年。正如量子论的创立者普朗克所指出的那样：

> 麦克斯韦的光辉名字将永远镌刻在经典物理学家的门扉上，永放光芒。从出身来说，他属于爱丁堡；从个性来说，他属于剑桥大学；从功绩来说，他属于全世界。[5]

6.1.2 威廉·汤姆逊的铺垫

19世纪70年代以前，欧洲在电磁学数学理论方面所做工作的出发点几乎都是安培的电动力公式[见第5章式(5.1)]、韦伯的电作用力公式[见第5章式(5.3)]和纽曼的势理论。法拉第在电磁学领域是以实验物理学家的身份出现的，他在该领域有着诸多伟大的发现——电磁感应、法拉第定律、磁致旋光等。用麦克斯韦的话来说，这些发现组成了“1830年以来关于电的一切事物的核心”。但由于法拉第自身的数学水平有限，建立电磁学数学理论的工作只能由他人来完成。法拉第对理论的贡献主要在于逐渐推广了关于电力线、磁力线和场的观念[6]。然而，要开拓法拉第所奠定的领域还需要等待一段时间。填补这段时间的空白，起着承上启下作用的人是本书第5章已经提到的威廉·汤姆逊。

威廉·汤姆逊（图6.2）于1824年在爱尔兰出生，他的父亲是贝尔法斯特皇家学院的数学教授。在威廉·汤姆逊8岁时，他们举家迁往苏格兰的格拉斯哥，他的父亲则在格拉斯哥大学继续任教。1834年，也就是威廉·汤姆逊10岁时，他便进入了格拉斯哥大学学习，大约在14岁开始学习大学程度的课程。后来他

图6.2 威廉·汤姆逊

又进入剑桥大学继续学习，并以全年级第二名的优异成绩毕业。从1846年起，威廉·汤姆逊回到格拉斯哥大学担任自然哲学教授，直到1899年退休。在此期间，他建立了全英国大学中的第一个物理研究实验室。威廉·汤姆逊认为物质和电动力学的数学理论结果必须用实验来证明。因此他与学生们一起通过进行各种实验来检验和发展新的物理理论。此外，他还利用实验室的精密测量结果来协助拟定大西洋海底电缆的铺设工程，使英国与美洲之间的通讯有了突破性的进展。他也因此于1866年获得英国女王授予的开尔文勋爵衔，所以后世也常称他为开尔文。除电磁学外，威廉·汤姆逊还涉足热学，是热力学的开创者之一。后来为了纪念他在热力学第一定律及热力学第二定律建立过程中所做出的重要贡献，绝对温度的单位便以开尔文（Kelvin，K)来命名。

威廉·汤姆逊对电磁学的贡献始于他在剑桥的读书时代。在法国科学家傅里叶热传导理论的启示下，威廉·汤姆逊于1842年发表了他的第一篇关于热和电学的数学论文——《论热在均匀固体中的均匀运动及其与电的数学理论的联系》(*On the Uniform Motion of Heat in Homogeneous Solid Bodies, and Its Connection with the Mathematical Theory of Electricity*)，在这篇论文中他论述了热在均匀固体中的传导和法拉第的电磁感应力在均匀介质中传递这两种现象之间的相似性[7]。威廉·汤姆逊考察了一个埋置在均匀传导介质中的点热源 P。因为球的表面积是 $4\pi r^2$，在距离 P 点 r 处穿过一小面积 $\mathrm{d}s$ 的热通量 $\boldsymbol{\Phi}$ 就与 $1/r^2$ 成正比，类似于库仑的静电学定律。因此通过适当的代换，一个电学问题就可以转换成热学问题。他指出，电的等势面对应于热的等温面，而电荷对应于热源，从而就可以在静电学方程与热流方程之间建立起形式上的类比。最初，威廉·汤姆逊只是把类比作为一种分析技巧加以利用。但到了1845年，他在继续思考已被广泛接受的法拉第的观点（即不能把介电作用同库仑定律调和起来）时，这种类比的方法帮助他写出了历史上对电力线的第一个精确的数学描述。此后，威廉·汤姆逊和麦克斯韦在介电作用和库仑定律之间确定了服从连续性与不可压缩性条件的静矢量场的普遍相似，证明同样的方程式可以描述：①无摩擦的不可压缩流体从多细孔介质通过的流线；②热的流线；③电流；④静磁学与静电学中的力线。1851 年，威廉·汤姆逊给出了磁场的定义。1856 年，他又根据磁致旋光效应提出磁场具有旋转的特性，为在电磁学中进一步借用流体力学中关于涡旋运动的理论做好了准备[6]。

尽管威廉·汤姆逊的独特天才表现在不连贯的远见卓识之中，而非形成完备的理论，但他可以说是英国电磁学数学理论研究的第一人。也正是他在将法拉第的力线思想转变为定量表述时所用的类比方法，为麦克斯韦电磁场的数学理论奠定了数学方法基础。

6.1.3 电磁场理论建立的三部曲

当麦克斯韦刚刚开始电磁学研究时，电磁学才走过 30 年的历程，还是一个崭新的、充满挑战性的研究领域。在这 30 年中，以安培、纽曼、韦伯等人为代表的超距电动力学与法拉第的电磁场论不相上下、难分伯仲。面对众说纷纭的电磁理论，如同牛顿“站在巨人的肩膀上”一样，麦克斯韦是站在法拉第和威廉·汤姆逊这两位巨人的肩膀上，同时凭借其敏锐的洞察力和深厚的数理功底做出了伟大的历史综合。然而对他来说，这丰硕的成果也不是一蹴而就的。为创建电磁场理论，麦克斯韦苦心孤诣十余载，在此期间发表了 3 篇具有划时代意义的论文——《论法拉第的力线》、《论物理力线》(*On Physical Lines of Force*)和《电磁场的动力学理论》(*Dynamical Theory of the Electromagnetic Field*)，它们分别代表了电磁理论建立过程中的 3 个不同阶段。

在研究电磁场之初，麦克斯韦将超距作用理论和法拉第的场思想进行了对比。他发现法拉第的理论更为合理、更为充实，因此决定用一种严格的数学语言来翻译法拉第的理论。正如他后来在专著《电磁通论》中所说：

> 法拉第看到了横贯整个空间的力线，而数学家们在那里只看到了在远处的引力中心；法拉第看到了介质，而他们在那里除了看见距离还是看见距离……当我开始研究法拉第时，我发觉他考虑现象的方法也是一种数学方法，尽管不是用通常的数学符号形式来表示；我也发现，这种数学方法能够表示成一般的数学形式，而且可以与职业数学家的方法相媲美。[4]

1856年，麦克斯韦完成了电磁学领域的第一篇论文——《论法拉第的力线》，这篇论文是他试图用数学工具表达法拉第学说的开端，也是他将威廉·汤姆逊所做的类比研究进行更进一步的尝试。麦克斯韦在论文开头这样写道：

> 为了不用物理理论而得到思想，我们必须熟悉物理类比的存在。所谓物理类比，我指的是一种科学的定律与另一种科学的定律之间的部分相似性，它使得这两种科学可以互相说明。于是，所有数学科学都是建立在物理学定律与数的关系上，因而，精密科学的目的就是把自然界的问题简化为通过数的运算来确定各个量。从最普遍的类比过渡到部分类比，我们发现两个不同的现象之间具有数学形式的相似性，从而产生光的物理理论。[2]

在论文中，麦克斯韦把力线和不可压缩流体的流动进行类比，将法拉第的力线考虑成不可压缩流体运动的流线，并利用当时最先进的数学工具对电磁场中的力线做了几何学解释，从而把电磁现象中的电位移矢量、电场强度矢量与磁感应强度矢量、磁场强度矢量区分开来，使得电磁现象描述中令人困惑的两类矢量各居其位，使电磁场理论的研究工作得以沿着正确的道路前进。

麦克斯韦在这篇论文的第二部分对法拉第的“电致紧张状态”进行了专门的讨论，在理论上对电磁感应现象做出了解释。他指出，纽曼的矢势 $\vec{A}$ 表示的正是法拉第所提出的“电致紧张态”的一个函数，二者本质上是一致的。不过纽曼的矢势的基础是超距作用，并无实际含义，而法拉第的“电致紧张态”则是在大量实验基础之上所做出的假设。麦克斯韦这样写道：

也许有人会认为,多种现象的定量观测还未严密到足以形成数学理论的基础,但是法拉第并不满足于简单地叙述其实验的数学结果,也不希望靠计算来发现定律。当他掌握住了一个定律之后,他会立即像对纯粹数学的定律一样,毫不含糊地讲出来;如果数学家把这个定律当作物理真理接受下来,从它推出其他可以用实验检验的定律,这位数学家只不过起了帮助物理学家整理自己思想的作用。当然,也要承认这是科学推理的必要步骤。[2]

麦克斯韦在这里提到的数学家其实也暗指他自己。接着,麦克斯韦提出了他所得出的 6 个定律[2]。

[定律 1] 沿面积元边界,电应力强度的总和等于穿过该面积的磁感应或等于穿过该面积的磁力线总数。

[定律 2] 任意一点的磁场强度由一组叫作传导方程的线性方程与磁感应相联系。

[定律 3] 沿任一面积边界的磁场强度等于穿过该面积的电流。

[定律 4] 电流的量与强度由一系列传导方程联系。

[定律 5] 闭合电流的总电磁势等于电流之量与沿同一方向围绕电路的电应力强度的乘积。

[定律 6] 任一导体元中的电动势等于该导体元上的电应力强度的瞬时变化率。

针对所提出的 6 个定律,麦克斯韦在论文中这样写道:

在这 6 个定律中,我所要表达的思想,我相信就是《电学实验研究》(法拉第著)中所提出的思想模式的数学基础。[2]

1860 年,即 4 年后,麦克斯韦应邀到伦敦皇家研究院任教。来到伦敦后不久，麦克斯韦特意拜访了已是伦敦皇家研究院院长的法拉第。这位青年物理学家递上了名片和他24岁时写的论文——《论法拉第的力线》。此时的法拉第早已两鬓斑白，年近七旬，而麦克斯韦还未到而立之年，而且他们的研究方法截然不同：一个专于实验，另一个擅长理论。但二人一见如故，他们在对物质世界的看法方面产生了共鸣，这使他们颇有相见恨晚之感。在对电磁理论本质规律的探索中，两人在许多方面是互补的。法拉第说自己早在4年前就注意到《论法拉第的力线》一文，只是没想到论文的作者竟然这么年轻。当麦克斯韦向法拉第征求他对论文的意见时，法拉第谦虚地说：

> 我不认为自己的学说一定是真理，但你是真正理解它的人。这是一篇出色的文章，但你不应该停留在只用数学来解释我的观点的层面上，而应该突破它！

法拉第的话，极大地鼓舞了麦克斯韦，坚定了他继续深入研究电磁学的信心。

经过两年的苦心研究，麦克斯韦于1862年发表了他的第二篇电学研究论文——《论物理力线》。在这篇论文中，麦克斯韦试图将第一篇论文所做的类比研究进一步推广到建立电磁作用的力学模型。他的"目的是研究介质中的应力和运动的某些状态的力学效果，并将它们与观察到的电磁现象加以比较，从而为了解力线的实质做准备"[2]。在这篇论文中，麦克斯韦并未如第一篇论文那样，简单地将电磁现象与流体力学进行类比。因为他发现，在伯努利的流体力学中，流线越密的地方压力越小，流速越快。而根据法拉第的力线思想，力线有纵向收缩、横向扩张的趋势，力线越密，应力越大。此外，他还发现电的运动和磁的运动也不尽相同，无法简单地进行类比。由此可见，电磁现象与流体力学现象有着很大的差别，电现象与磁现象亦有所区别，单靠几何上的类比无法说清事物的本质。于是，麦克斯韦借用兰金(William John Macquorn Rankine，1820—1872年)的"分子涡旋"假说给出了如下假设：当介质存在于磁场中时会产生许多排列规则的分子涡旋，这些分子涡旋绕磁力线旋转，其旋转角速度正比于磁场强度，涡旋物质的密度正比于介质的磁导率(图 6.3)。如此便可以很容易地解释电荷或磁场间的相互作用,并充分体现了近距作用的思想。为了能进一步解释变化电场或变化磁场之间的关系,麦克斯韦将传递电相互作用的电以太,想象为存在于分子涡旋之间且可与之啮合的可动的细微粒子。然后,他再借助这种啮合运动对电流产生磁场、电磁感应以及静电相互作用进行说明。在这个模型的基础上,麦克斯韦对变化的磁场能产生感应电动势的现象进行了深入分析,认为即使不存在导体回路,变化的磁场通过媒介也会激发一种场,他称这种场为感应电场或涡旋电场。同时他还发现,在连接交变电源的电容器中,电介质内并不存在自由电荷,也就是没有传导电流,但磁场却同样存在。经过反复思考和分析,麦克斯韦毅然指出,这里的磁场是由另一种类型的电流形成的。这种电流存在于任何电场变化的电介质中,麦克斯韦把这种电流称为"位移电流"。

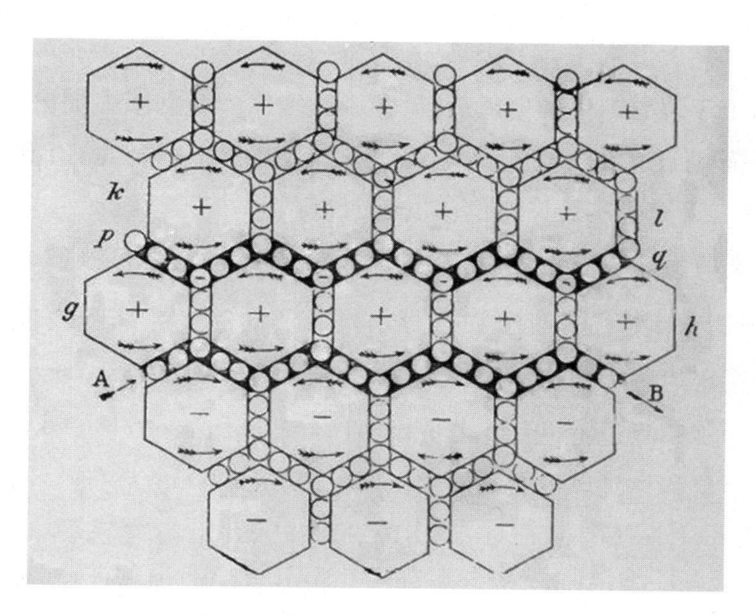

图 6.3　麦克斯韦的分子涡旋模型[2]

关于位移电流,麦克斯韦在论文中这样写道:

只要导体上有电动势作用,就会产生电流,电流遇到电阻,就会将电能

> 转化为热。这一过程的逆过程却不可能将热重新储存为电能。电动势作用于电介质,会使电介质的一部分产生一种极化状态,有如铁的颗粒在磁体的影响下极化一样分布,并且和磁极化一样,可以看成每个粒子以对立状态产生电极。在一个受到感应的电介质中,我们可以想象每个分子中的电都发生这样的位移,一端为正电,另一端为负电,而这些电仍然完全同分子联系在一起,不会从一个分子转移到另一个分子。这种作用对于整个电介质而言是沿某一方向产生了总的位移。这一位移并不形成电流,因为它达到一定值时就保持不变了。当电流开始时,以及当位移时增时减而形成不断变化时,就会根据位移的增加或减少,形成沿正方向或负方向的电流。[2]

麦克斯韦得出:

$$r = \frac{\mathrm{d}h}{\mathrm{d}t} \tag{6.1}$$

式中,r表示由于位移产生的电流值;h表示位移值。麦克斯韦提出的"位移电流假设"是电磁学理论上的一个重大突破。但令人颇感遗憾的是,直到麦克斯韦去世,始终都没有人通过实验证明位移电流的存在。

这篇论文的另一杰出之处在于,麦克斯韦预见到光是起源于电磁现象的一种横波,并根据介质横波速度公式推导出电磁波的速度为:$v=E\sqrt{\mu}$,其中,E是由介质性质决定的一个特殊系数;μ是磁导率,对于空气或真空,$\mu=1$。麦克斯韦在文中提到柯尔劳胥(Rudolf Hermann Arndt Kohlrausch,1809—1858年)和韦伯根据静电单位和绝对单位的比值求出$E=310740000$ m/s。他认为该值与费索(Armand Hippolyte Louis Fizeau,1819—1896年)用齿轮法测得的光速$c=315000000$ m/s符合得很好。基于上述事实以及自己的理论推导,麦克斯韦在论文中这样写道:

> 我们难以排除如下的推论:光是由引起电现象和磁现象的统一介质中的横波组成的。[2]

这篇论文一经刊出便立刻引起了科学界的轰动。与1856年的论文《论法拉第力线》相比，这篇论文有了质的飞跃。

1864年，麦克斯韦向皇家学会提交了他的第三篇电学论文——《电磁场的动力学理论》，这是关于电磁场理论最重要的一篇总结性论文。通过前两篇论文关于力线与恒定流速场的类比研究以及"分子涡旋"模型的阐述，麦克斯韦把握住了电场和磁场中最本质的特征，即涡旋电场、位移电流和电磁波的概念。他感到是时候在实验事实和普遍的动力学原理的基础上提出一个全新的理论框架，即电磁场的动力学理论了。为此，他在这篇论文的引言中首先评论了韦伯和纽曼的超距作用电磁理论的成就，指出了这一理论所面临的困境，并假设电磁作用是由周围介质引起的。紧接着，麦克斯韦指出：

> 电磁场是包含和围绕着处于电或磁状态的物体的那部分空间，它可能充有任何一种物质……介质可以接收和贮存两类能量，即由于各部分运动的"实际能"和介质因弹性从位移恢复时要做功的"势能"。[2]

随后，麦克斯韦以其非凡的气魄，高屋建瓴地直接提出了电磁场的动力理论命题。他在这篇论文中系统地总结了从库仑、安培到法拉第和他自己的研究成果，提出了一共包含20个变量的20个方程式，即著名的麦克斯韦方程组。这20个变量分别为：电磁动量 F,G,H；磁力（即磁场强度）α,β,γ；电动势 P,Q,R；传导电流 p,q,r；电位移 f,g,h；全电流（包括位移的变化）p',q',r'；自由电荷量 e；电势 ψ。20个方程如下：

电位移方程

$$\begin{cases} p' = p + \dfrac{\mathrm{d}f}{\mathrm{d}t} \\ q' = q + \dfrac{\mathrm{d}g}{\mathrm{d}t} \\ r' = r + \dfrac{\mathrm{d}r}{\mathrm{d}t} \end{cases} \tag{6.2}$$

磁场力方程

$$\begin{cases}\mu\alpha = \dfrac{\mathrm{d}H}{\mathrm{d}y} - \dfrac{\mathrm{d}G}{\mathrm{d}z} \\ \mu\beta = \dfrac{\mathrm{d}F}{\mathrm{d}z} - \dfrac{\mathrm{d}H}{\mathrm{d}x} \\ \mu\gamma = \dfrac{\mathrm{d}G}{\mathrm{d}x} - \dfrac{\mathrm{d}F}{\mathrm{d}y}\end{cases} \tag{6.3}$$

电流方程

$$\begin{cases}\dfrac{\mathrm{d}\gamma}{\mathrm{d}y} - \dfrac{\mathrm{d}\beta}{\mathrm{d}z} = 4\pi p' \\ \dfrac{\mathrm{d}\alpha}{\mathrm{d}z} - \dfrac{\mathrm{d}\gamma}{\mathrm{d}x} = 4\pi q' \\ \dfrac{\mathrm{d}\beta}{\mathrm{d}x} - \dfrac{\mathrm{d}\alpha}{\mathrm{d}y} = 4\pi r'\end{cases} \tag{6.4}$$

电动势方程

$$\begin{cases}P = \mu\left(\gamma\dfrac{\mathrm{d}y}{\mathrm{d}t} - \beta\dfrac{\mathrm{d}z}{\mathrm{d}t}\right) - \dfrac{\mathrm{d}F}{\mathrm{d}t} - \dfrac{\mathrm{d}\psi}{\mathrm{d}x} \\ Q = \mu\left(\alpha\dfrac{\mathrm{d}z}{\mathrm{d}t} - \gamma\dfrac{\mathrm{d}x}{\mathrm{d}t}\right) - \dfrac{\mathrm{d}G}{\mathrm{d}t} - \dfrac{\mathrm{d}\psi}{\mathrm{d}y} \\ R = \mu\left(\beta\dfrac{\mathrm{d}x}{\mathrm{d}t} - \alpha\dfrac{\mathrm{d}y}{\mathrm{d}t}\right) - \dfrac{\mathrm{d}H}{\mathrm{d}t} - \dfrac{\mathrm{d}\psi}{\mathrm{d}z}\end{cases} \tag{6.5}$$

电弹性方程

$$\begin{cases}P = kf \\ Q = kg \\ R = kh\end{cases} \tag{6.6}$$

电阻方程

$$\begin{cases}P = -\rho p \\ Q = -\rho q \\ R = -\rho r\end{cases} \tag{6.7}$$

自由电荷方程

$$e+\frac{\mathrm{d}f}{\mathrm{d}x}+\frac{\mathrm{d}g}{\mathrm{d}y}+\frac{\mathrm{d}h}{\mathrm{d}z}=0 \tag{6.8}$$

连续性方程

$$\frac{\mathrm{d}e}{\mathrm{d}t}+\frac{\mathrm{d}p}{\mathrm{d}x}+\frac{\mathrm{d}q}{\mathrm{d}y}+\frac{\mathrm{d}r}{\mathrm{d}z}=0 \tag{6.9}$$

这20个方程用现在的符号表示,可以写为

$$\begin{cases}\nabla\cdot\vec{D}=\rho_0\\ \nabla\times\vec{E}=-\dfrac{\partial\vec{B}}{\partial t}\\ \nabla\cdot\vec{B}=0\\ \nabla\times\vec{H}=\vec{j}_0+\dfrac{\partial\vec{D}}{\partial t}\end{cases} \tag{6.10}$$

其中,$\vec{D}$为电位移矢量,$\vec{E}$为电场强度,$\vec{B}$为磁感应强度,$\vec{H}$为磁场强度,ρ_0为自由电荷体密度,$\vec{j}_0$为传导电流密度。

在论文接下来的几个部分,麦克斯韦广泛讨论了各种电磁现象,如场对运动的载流导体、磁体以及带电体的机械作用,静电效应的测量、电容和电吸收、电磁波的性质、电磁扰动在晶体媒质中的传播以及电磁感应系数的计算等。他在论文中这样写道:

> 我提出的这个学说可以称为电磁场理论,因为它关系到带电体或磁体周围的空间。也可以称它为动力学理论,因为它假定在那个空间存在着运动的物质,在这些物质中理应产生可观测到的电磁现象。[2]

就这样,麦克斯韦直接预言了电磁波的存在。尽管麦克斯韦在第二篇电学论文中就已经预见到光是起源于电磁现象的一种横波,并根据介质横波速度公式推导出了电磁波的速度。但这一次,麦克斯韦直接从基本方程组出发得到了电磁波的波动方程,从而证明了电磁波是一种横波,并求出空气中电磁波的传播速度等于电量的电磁单位与静电单位之比，即等于空气或真空中的光速。他由此得出结论：

> 这一速度与光速如此接近，看来，我们有强烈的理由断定，光本身乃是以波的形式在电磁场中按电磁规律传播的一种电磁扰动。[2]

就这样，麦克斯韦将法拉第之前关于光的电磁理论的朦胧猜想变成了严谨的科学推论。

麦克斯韦可谓生逢其时，没有辜负时代的要求。他在前人的基础上及时总结了已有的成就，最终成为了电磁学理论的集大成者。然而，在麦克斯韦生前，他的电磁场理论并未得到充分重视，在英国的声誉也远不及法拉第。在当时的英国，相比于他的电磁场动力学理论，“论物理的力线”的机械论更受学界的追捧。在欧洲大陆，对电荷不完美的表述和对电磁媒质无理由的假定被看作他的理论不能成立的证据，但其实即便是超距作用的理论也解释不了这个问题。一直到19世纪70年代中期，亥姆霍兹仍然很难接受麦克斯韦的理论，并把此时的电磁学领域称为“无路的荒原”。

在1879年麦克斯韦去世后，亥姆霍兹专门为柏林科学院设立了一个奖项，以鼓励科学家们用实验去验证麦克斯韦理论是否正确。19世纪80年代，瑞利[①](John William Strutt，1842—1919年)和吉布斯(Josiah Willard Gibbs，1839—1903年)证明了麦克斯韦的光方程体系与反射、折射、散射的实验完全一致。19世纪80年代后期，赫兹通过他的电磁波实验使麦克斯韦理论在实验上得到充分证实。到了19世纪90年代，玻尔兹曼(Ludwig Eduard Boltzmann，1844—1906年)也表明，折射率和麦克斯韦理论预言的一种气体在实验上被确证。洛伦兹对光的研究也为麦克斯韦提出的光的电磁理论提供了越来越多的证据，他坚信：麦克斯韦电磁理论必定能击败欧洲大陆上流行的超距理论。其实，麦克斯韦理论

---

① 他是第三代瑞利男爵(3rd Baron Rayleigh)，故人们一般以“瑞利”称之，其成果也冠以“瑞利”之名，例如瑞利散射。

的真正力量并不在于导出了电磁的性质，而在于在这个基础上成功地建立了他的理论体系。其实即使麦克斯韦在电磁场理论方面所做的贡献只是为电磁学和光学奠定了当代经典理论的基础，也是极为了不起的成就。但事实上，麦克斯韦在这个领域里的成就远远超出了经典理论的范围，而把物理学向前大大推进了一步。现在看来，麦克斯韦不仅是当代场论的先驱，而且也是相对论的先驱，相对论和量子论的形成正是电磁理论方法的某些方面所结出的果实。可以毫不夸张地说，麦克斯韦的电磁场理论是继牛顿力学之后又一次划时代的伟大成就，它的建立标志着电磁学的研究发展到了一个新的阶段，并开拓了广泛的物理学研究领域。

电磁波和电磁辐射的研究促进了通信、广播和信息传输技术的发展；物质电磁性质的研究推动了材料科学的发展，促使了优质物性材料的不断涌现；建立在电磁场理论基础上的光学研究拓宽了光学研究领域；对于以太的深入研究则导致了狭义相对论的诞生。这些发展推动了20世纪以来科学技术的繁荣[8]。

著名的美国理论物理学家费曼（Richard Phillips Feynman，1918—1988年）在他的《物理学讲义》（*The Feynman Lectures on Physics*）中对麦克斯韦的贡献有这样的评价：

> 从人类历史的长远观点来看，例如从今过后一万年来看，几乎无疑的是，19世纪最重要的事件将是麦克斯韦发现电动力学定律。与这一重要科学事件相比，同一个十年中的美国内战①就黯然失色地降为了地区性的琐事。[9]

对于麦克斯韦的贡献，爱因斯坦在纪念他100周年诞辰的文集中这样写道：

> 自从牛顿奠定理论物理学的基础以来，物理学的公理基础——换句话

① 指美国的南北战争。

说，就是我们关于实在的结构的概念——的最伟大的变革，是由法拉第和麦克斯韦在电磁现象方面的工作所引起的……这样一次伟大的变革是同法拉第、麦克斯韦和赫兹的名字永远联系在一起的。这次革命的最大部分出自于麦克斯韦……我们可以说：在麦克斯韦以前，人们以为，物理实在——就它应当代表自然界中的事件而论——是质点，质点的变化完全是由那些服从全微分方程的运动组成的。在麦克斯韦以后，他们则认为，物理实在是由连续的场来代表的，它服从偏微分方程，不能对它做机械论的解释。实在概念的这一变革，是物理学自牛顿以来的一次最深刻的和最富有成效的变革[10]。

6.1.4 麦克斯韦电磁场理论的发展

在麦克斯韦电磁场理论提出之后，当时的许多物理学家都曾尝试直接深入了解麦克斯韦的电磁场理论，但其深奥的数学方法和令人难以理解的位移电流概念，让绝大多数人望而却步。英国著名的物理学家威廉·汤姆逊对位移电流始终持保留态度，洛伦兹后来的学生艾伦费斯特(Paul Enrenfest，1880—1933年)甚至将麦克斯韦的理论称为“无法深入其无限宝藏的智力原始森林”。

1870年，亥姆霍兹在麦克斯韦理论的基础上，引入了介质极化的概念，运用能量守恒原理讨论电磁场，并且尝试调和超距电动力学和近距电磁场理论。所以当时欧洲大陆的物理学家一般都是从亥姆霍兹的理论入手，间接地了解麦克斯韦的理论和思想的，后来用实验证明电磁波存在的赫兹就是其中的一位。赫兹对当时的情形有这样的描述：

曾热衷于麦克斯韦理论的许多人，即便不曾为罕见的数学困难所难倒，但终究被迫放弃了使自己的思想与麦克斯韦的思想一致的希望。虽然我对麦克斯韦的数学思想最为崇拜，但是我并不总是觉得我非常确切地把握了他的理论的物理意义。因此对我来说，用麦克斯韦的书来直接指导我的实验是不可能的，我是从亥姆霍兹的著作那里得到指导的。[11]

在亥姆霍兹的努力下，麦克斯韦的电磁场理论开始受到学界的重视。也正是在亥姆霍兹的倡导下，他的学生赫兹进行了一系列电磁波实验，证明了电磁波的存在及其与光的同一性。1884 年，赫兹对麦克斯韦理论进行了系统研究，后来又在 1888 年和 1890 年发表多篇论文，对麦克斯韦的电磁场理论的改造问题进行讨论。如今我们在教科书中所见到的麦克斯韦方程组其实是经过赫兹等人整理和简化的：

$$\begin{cases} \operatorname{div} \vec{E} = 4\pi\rho \\ \operatorname{div} \vec{B} = 0 \\ \operatorname{curl} \vec{B} = \dfrac{1}{c}\dfrac{\partial \vec{E}}{\partial t} + \dfrac{4\pi}{c}\vec{j} \\ \operatorname{curl} \vec{E} = -\dfrac{1}{c}\dfrac{\partial \vec{B}}{\partial t} \end{cases} \tag{6.11}$$

尽管麦克斯韦提出的电磁场理论将电磁学的发展推进到一个新的阶段，在科学史上具有划时代的意义，但应该承认的是，这一理论在建立之初并不完善，它直接面临的两大局限性表现为：①它回避了电磁作用的“源头”，只限于讨论空间里的电磁作用，而这恰恰是超距电动力学的核心。此外，对“源”作用的忽视也导致麦克斯韦没能考虑到波动电流也可以产生电磁辐射。②它缺乏具体的电荷实体和电量的概念。麦克斯韦认为电是一种物质的运动形式，并非一种未知的粒子。因此，在麦克斯韦的电磁场理论提出之初，该理论就遭到了诸多质疑。正如他的学生弗莱明(John Ambrose Fleming，1864—1945 年)所说：

总使我和其他人感到惊奇的是，麦克斯韦好像从来没有打算获得关于电磁波存在的实验证明……

麦克斯韦身边的一位实验员在1931年也说过：

> 我相信麦克斯韦从未考虑在实验室里用实验产生电磁波，他也从未与他的同事讨论过产生电磁波的途径和方法。

亥姆霍兹在1881年也曾说：

> 如果不借助数学公式，就很难解释他所指的电量是什么。

麦克斯韦本人也承认，在用他的理论解释光密物质的光学性质时，“我们就不仅陷入了分子理论通常所面临的困难，而且也深深地陷入了分子与电磁介质关系的困境之中”。而最终解决麦克斯韦电磁场理论所面临的问题的是来自荷兰的物理学家洛伦兹。洛伦兹深谙当时的两大电磁学体系：一是由德国物理学家纽曼和韦伯等人创立的超距论电动力学理论；二是当时被喻为“无法深入其无限宝藏的智力原始森林”的麦克斯韦电磁场理论。他在对这两大理论的优缺点进行认真分析与比较后，发现它们其实并非像其他物理学家普遍认为的那样完全不相容。其实只要在场论的基础上适当地综合这两种理论，就可使电磁学理论跳出所面临的困境。

图6.4　洛伦兹

1875年12月11日，洛伦兹凭借《论光的反射与折射》(*Over de theorie der terugkaatsing en breking van het Licht*)一文获得了理学博士；更重要的是，这篇学位论文是他迈出对麦克斯韦电磁学理论进行修正的第一步[12]。在麦克斯韦的理论中，以太不仅是电磁场的载体，而且也是产生极化的实体。为了满足这个要求，麦克斯韦认为，电磁场的强度和极化的程度在不同介质的交界面上都应该是连续的。正是出于这种原因,麦克斯韦无法解释光的反射和折射。而洛伦兹则在他的博士论文中明确区分了以太和介质的作用,规定以太只能是场的载体,极化只能在物质中产生,从而发现电磁场的强度在不同介质的交界面上只有切向分量连续,而极化量只有法向分量连续,进而推导出由菲涅尔提出的光的反射与折射公式。洛伦兹的这一推导过程一直被教科书沿用至今。他的这种做法,在科学史上被称为"分离以太和物质",而"分离以太和物质"的过程实则已经孕育着洛伦兹的"电子论"[13]。

1877 年,24 岁的洛伦兹成为荷兰唯一的理论物理学教授。在担任莱顿大学理论物理学教授后,他所进行的第一项研究就是要解决麦克斯韦理论无法解决的光的色散问题。翌年,洛伦兹便发表了题为《关于光的传播速度和介质的密度及其成分之间的关系》(*Concerning the Relation Between the Velocity of Propagation of Light and the Density and Composition of Media*)的论文[14]。他从介质极化和入射光频率的关系中找到了光的色散本质,完美地解释了光的色散现象。特别值得一提的是,在这篇论文中,洛伦兹不仅将以太和物质区分开来,而且还用电粒子①的振荡将二者从物理上联系起来,在麦克斯韦的无源场论中引入了"源"——电粒子,从而彻底驱散了弥漫在麦克斯韦电磁理论这个"智力原始森林"中的迷雾。1892 年,《麦克斯韦电磁学理论及其对运动物体的应用》(*La Theorie Electromagnetique De Maxwell Et Son Application Aux Corps Mouv Ants*)一文的发表标志着洛伦兹的"电子论"的诞生[14]。在这篇论文中,他不仅提出了物质中电荷的负荷体——电粒子,亦即一个基本的电量,而且还假设电粒子可以在导体中自由移动从而产生电流,在非导体中的运动则明显受到电阻力。洛伦兹把电磁波(包括可见光)经过物质时呈现出的各种宏观电现象都归结为电磁波与物质中的电子在准弹性作用力下相互作用的结果。此外,他还推导出电粒子在电磁场中受力(即洛伦兹力)的公式。洛伦兹的"电子论"的成功之处在于将"源"引入了麦克斯韦的无源电磁场中,用电粒子将物质和场联系了起来,将场论和超距

① 洛伦兹在论文中用的名词是电粒子,在 1895 年改用离子,在 1899 年后又改为电子。

论两大体系中合理的部分综合了起来。

到1896年,洛伦兹利用他的"电子论"不仅为塞曼效应提供了理论依据和合理解释,还证明了在磁场影响下分裂的那些谱线实际上是由偏振光组成的。也正是由于这项杰出的工作,洛伦兹与塞曼(Pieter Zeeman,1865—1943年)分享了1902年的诺贝尔物理学奖。不仅如此,洛伦兹的"电子论"在当时还能够同时解释以太漂移的零结果、菲涅尔的曳引系数、质量随速度的变化、不同惯性系中光速的各向同性等现象。特别是在庞加莱(Jules Henri Poincaré,1854—1912年)以高超的数学技巧对其进行了加工整理之后,洛伦兹的"电子论"具有了更简洁的表述形式。当时的许多物理学家把洛伦兹的"电子论"看作最有希望打开通向物质统一的场论描述的突破口、将力学纳入电磁学的新途径、电磁世界图景的基石。而从另一个方面来看,洛伦兹的"电子论"的提出,同时也标志着以太论已经发展到最后的阶段[13]。

6.2 赫兹的实验

6.2.1 前人的实验

早在1857年,法拉第就曾试图测出电磁感应作用的传播速度。① 他在一间

① 在法拉第发现电磁感应之后不久,他就从场的观念出发,对电和声进行对比,并预见到电和磁的感应需要一个传播过程。但受当时的条件所限,他无法用实验来验证自己的猜想,于是写了一篇备忘录,密封好以后交给时任皇家学会的秘书契尔德仑(John George Children,1777—1852年)。该备忘录被锁在皇家学会的保险箱中,以供日后查证[16]。该备忘录详见本书附录Ⅰ。

大屋子里平行地放置了3个线圈,中间是施感线圈,两侧的受感线圈通过电流计连在一起,并让两个线圈的感应电流沿相反的方向通过电流计。法拉第设想,如果观察到感应电流一前一后流过电流计,那么就可借此求出电磁感应作用与距离的关系。但不管法拉第如何移动线圈,电流计的示数始终为零。近十年后,尽管麦克斯韦提出了电磁波的概念,但是他始终没有观察到电磁波现象。科学界公认发现电磁波的是赫兹,他的一系列电磁波实验是对麦克斯韦电磁场理论的直接实验证明。但其实早在赫兹之前,一些从事电技术的人就已经对电磁波进行过很多的观察和实验,只不过他们没有意识到自己看到的其实就是电磁波。

1871年,伊莱休·汤姆逊(Elihu Thomson,1853—1937年)发现:如果在具有初、次级的吕姆科夫线圈的初级接上电源,便可以从该线圈附近的铁桌桌角、房屋水管甚至30英尺以外的蒸汽机上引发电火花。后来,他做了进一步的实验:把这种振荡线圈放在一个房间内,用一对炭极做成“接收器”,无论“接收器”是在隔壁房间、地下室里,抑或是在六层楼的楼顶上,都有电火花产生[15]。可惜的是,他并未意识到这其实就是电磁波存在的迹象。1875年,爱迪生(Thomas Alva Edison,1847—1931年)也发现了类似的现象:他注意到继电器在工作时,衔铁间会放出电火花。为了将电火花引出,爱迪生将导线的一端接在衔铁上,另一端对着附近任何金属体的尖棱顶角,电火花就会在金属与导线之间释放出来。这实际上是发现了电磁波沿导线周围空间传播的事实[15],然而爱迪生没有进一步深入研究。当1888年赫兹在他的电磁波实验中取得决定性成功时,爱迪生只能惋惜地说:

> 使我感到迷离的是,为什么我没有想到利用这些结果。

1879年,英国科学家休斯(David Edward Hughes,1831—1900年)在做无线电实验时,实际上也观察到了电磁波的相关现象。他将电池、一个自动开关和一个振荡线圈连接成一个回路,自动开关可以有节奏地打开和关闭,使线圈产生间歇的振荡,这种振荡可以引起麦克风“咔嚓”作响。实验时,休斯手持麦克风,边走边听，一直走到距离发射源500码①处的地方还能听到这种声音。他还发现，如果把麦克风对着墙壁，这种声音会变得更大。当时他还不知道其实是因为电磁波的反射而导致声音变大。当时著名的科学家斯托克斯（George Gabriel Stokes，1819—1903年）在看了他的表演后指出，这些现象完全可以用已有的理论加以解释。休斯听了这番话后，感到闷闷不乐，并决意不发表他的实验报告[15]。

可以看出，其实在赫兹之前，不乏科学家观察到电磁波现象，但他们基本上都是从技术的角度来考虑当时所看到的现象，缺乏相关的理论知识。因此，电磁波的发现及其和光波的同一性的证明任务，就历史性地落到了既懂理论又具备实验能力的赫兹身上。

6.2.2 赫兹的电磁波实验

赫兹1857年出生于德国汉堡一个有着犹太血统的富裕家庭。6岁时，赫兹进入当地一所要求特别严格的私立小学学习。此时的赫兹已逐渐表现出极强的动手能力，他利用自己的工作台和车床自制了许多木制工具以及灵敏电流计等物理仪器，这种极强的动手能力在他的整个科学生涯中发挥了非常重要的作用。15岁时，赫兹进入当地一所高级中学学习。在此期间，赫兹同时学习了希腊语和阿拉伯语。1875年，中学毕业的赫兹来到法兰克福准备以工程为业，因此他在当地建工局工作的同时，还积极为工程考试做准备。一年之后，赫兹进入慕尼黑工学院学习，1877年转入慕尼黑大学学习自然科学。一方面，在赫兹看来，工程意味着商业、数据和公式，而这种职业并不是自己的兴趣所在；另一方面，尽管慕尼黑工学

图6.5 赫兹

① 1码≈0.9144米。

院有很好的实验室和导向实际工作的课程，但慕尼黑大学则提供了一个可以无止境地进行研究的条件，这更符合赫兹理想中的学者风格。在慕尼黑大学的第一学期，赫兹认真学习了数学，深入研读了拉格朗日、拉普拉斯以及泊松的著作，从而使自己的数学水平大为提高。尽管赫兹认为自然界这部大书是用数学语言写成的，但他还是认为数学过于抽象，他所感兴趣的是物理学问题，而非纯数学问题。到了第二学期，赫兹便开始进行实验工作，这对自幼动手能力就极强的赫兹来说并不困难。

1878 年，赫兹来到柏林大学，师从当时著名的物理学家亥姆霍兹和基尔霍夫，开始从事电磁学方面的研究。促使他研究电磁学实验的直接动因是亥姆霍兹为柏林大学和柏林科学院提出的悬赏课题，这对他的终生事业产生了决定性影响。当时，电磁学领域中存在着以超距作用为基础的电动力学和麦克斯韦的电磁场理论并存的混乱局面。亥姆霍兹把电磁学的这种状况称作“无路的荒原”，他要以最大的努力尝试为它寻找到一条统一的光明大道，从而结束当时的混乱局面。因此，除了自己做深入研究，亥姆霍兹还针对一些关键问题设立奖项，以激起更多学生对这一领域的兴趣。为论证运动电荷是否有惯性质量，亥姆霍兹于 1878 年 8 月 3 日在柏林大学设立专门的悬赏课题。赫兹刚到柏林大学便被这一问题吸引，并决心为之而努力。为了支持赫兹的研究，亥姆霍兹特地为他提供了专门的实验室和专题文献指导，并时刻关注研究工作的进展。从 1878 年 10 月到次年 1 月，赫兹仅用了 3 个月的时间就成功地完成了这一课题，并获得了该项奖励。这项研究的成果——《关于电流之动能上限的实验研究》(*Versuche zur Feststellung einer oberen Grenze für die kinetische Energie der electrischen Strömung*)一文于 1880 年在《物理学年鉴》(*Annalen der Physik*)上发表[16]。随后，亥姆霍兹鼓励赫兹去争取另一项更有价值的大奖——用实验建立电磁力和绝缘体介质的极化间的关系，这是亥姆霍兹在 1879 年通过柏林科学院设立的一个悬赏课题。该课题基于以下 3 个基本假设：①如果位移电流存在，必定会产生磁效应；②极化电流与自由电流具有同样的电磁效应；③在空气和真空中发生的行为与在电介质中发生的行为相同。稍后，亥姆霍兹感到其中的第 3 个问题太难,于是把它从悬赏课题中取消了。赫兹本来准备以该课题作为自己的博士论文课题,但他发现该项研究至少要费时3年,并且结果尚难预料,于是暂时放下这一问题,直到8年后的1887年他才回过头来对其进行研究。1880年初,赫兹就出色地完成了自己的博士论文——《论旋转球体的感生效应》(*On Induction in Rotating Spheres*)。出于对赫兹才能的爱惜,并为了更进一步对他进行培养,亥姆霍兹随即把赫兹留在自己身边当了3年的助手。在这3年中,赫兹在电磁学、极化放电和阴极射线等前沿领域进行了一系列开创性的研究。在1878年至1884年的研究过程中,赫兹的主要指导思想是亥姆霍兹的电动力学。即便是在1884年发表的论文中,他已经表现出对麦克斯韦理论一定程度上的认同,但他也仅是部分地实现了向麦克斯韦理论体系的转变。

当了3年助手之后,在基尔霍夫的推荐下,赫兹来到了基尔大学。尽管赫兹在那里的讲课颇受欢迎,但让他感到失望的是,当时的基尔大学没有物理研究实验室,这给他的研究工作带来了诸多不便。因此他在基尔大学仅仅待了两年,在此期间也只发表了3篇纯理论性的论文。其中一篇是关于气象学的,一篇是关于电磁单位的,最重要的一篇是关于电动力学的。1885年,基尔大学准备晋升赫兹为副教授,与此同时,卡尔斯鲁厄工业大学也准备给予赫兹物理学教授职位。考虑到后者有较好的物理研究所,于是赫兹选择了卡尔斯鲁厄工业大学。初到卡尔斯鲁厄工业大学,赫兹对未来的研究之路并不十分清晰。但在之后的时间里,赫兹完成了他人生中的两件大事:在经过3个月的求婚之后,赫兹于1886年7月迎娶了一位同事的女儿多尔(Elisabeth Doll,1864—1941年)为妻;之后便着手并最终完成了一系列给他带来世界性声誉的电磁波实验。

赫兹首先用实验证明了介质中位移电流的存在。在《电波》(*Electric Waves*)的导言中,赫兹说明了这项实验研究是由1879年柏林科学院的悬赏课题引发而来的,而实验研究的指导思想是亥姆霍兹的电动力学[11]。1887年11月10日,赫兹在《柏林科学院会议报告》(*Sitzungsberichte der Königlich Preussischen Akademie der Wissenschaften zu Berlin*)上发表了题为《论介质中的电扰动所产生的电磁效应》(*On Electromagnetic Effects Produced by Electrical Distur-*

bances in Insulators)一文,他对这项实验研究的方法和结果做了详细论述[11]。在这一实验过程中,赫兹利用他精心设计的感应天平得出了明确结果。如图 6.6 所示,AA'为振荡器,B 为带有火花隙的共振器,C 和 D 分别表示金属块和介质块。在实验过程中,赫兹利用高压感应圈给振荡器 AA'输入脉冲电流,并使其间隙中产生火花(即发生振荡)。然后适当调节共振器 B,在其间隙中产生感应火花(即产生共振)。之后,使 B 绕其圆周中心轴旋转至不产生火花为止,赫兹称这时的感应天平处于"平衡位置"。此时如果使金属块 C 靠近振荡器 AA',B 的间隙中将会产生火花,即感应天平的"平衡位置"被破坏。若使介质块 D 靠近振荡器 AA',感应天平的"平衡位置"也会被破坏。通过反复实验,赫兹得出如下结论:介质中的位移电流(由极化产生)与导体中的感应电流在使感应天平的"平衡位置"受到扰动时所起的作用是没有区别的。在上述实验中,振荡器 AA'与共振器 B

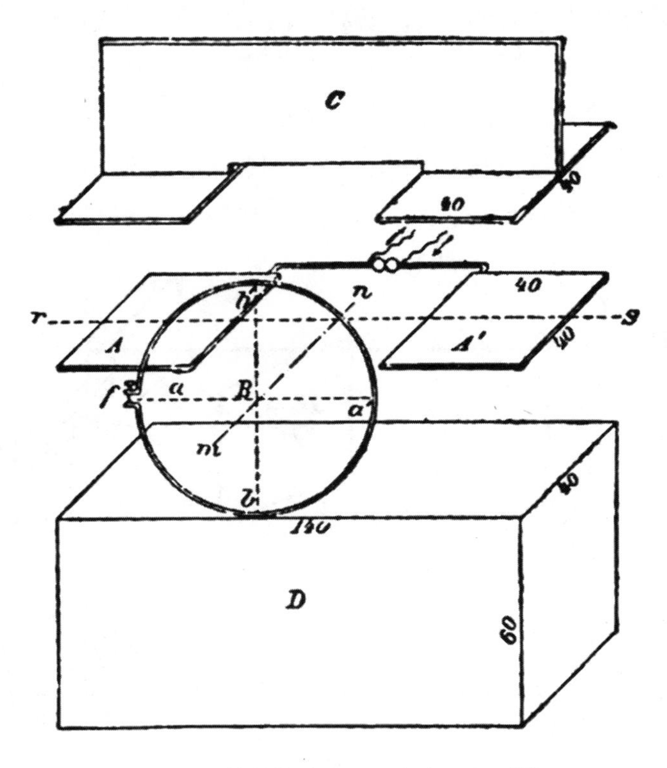

图 6.6　赫兹的感应天平实验示意图[11]

之间的火花感应过程,实际上就是电磁波的传播和接收过程。从赫兹的论文来看,他当时似乎并未认识到这一点。但是赫兹在这项实验研究中所使用的振荡器和共振器却为他此后一系列的实验研究奠定了重要基础。

在完成上述实验之后,赫兹便开始对电磁作用的传播速度进行实验研究。很快他的《论电磁作用传播的有限速度》(*On the Finite Velocity of Propagation of Electromagnetic Actions*)一文便于 1888 年 2 月 2 日在《柏林科学院会议报告》上发表。其实,在 1887 年 11 月 7 日至 9 日,赫兹首先利用驻波测量波长的方法成功地测出"导线波"的波长。尽管赫兹在此次实验的笔记中没有详细介绍这一实验,但不可否认的是,成功地测量出"导线波"的波长的确为他的后续实验奠定了重要基础[17]。在《论电磁作用传播的有限速度》一文中,赫兹详细地介绍了自己测定电磁作用传播速度的方法和结果。如图 6.7 所示,在实验过程中,振荡器 AA' 与高压感应圈 J 相连产生的电磁信号,通过感应金属板 P 和连接导线 mn 在长直导线中产生"导线波"。与此同时,振荡器 AA' 的电磁信号也在空中直接传播。然后,赫兹分别利用方形共振器 B 和圆形共振器 C 沿导线观测不同位置处电磁信号强度。在测量空气中电磁信号的传播速度时,赫兹采用了间接测量的方法。他的实验主要分两步进行。第一步:利用驻波测量波长的方法测出"导

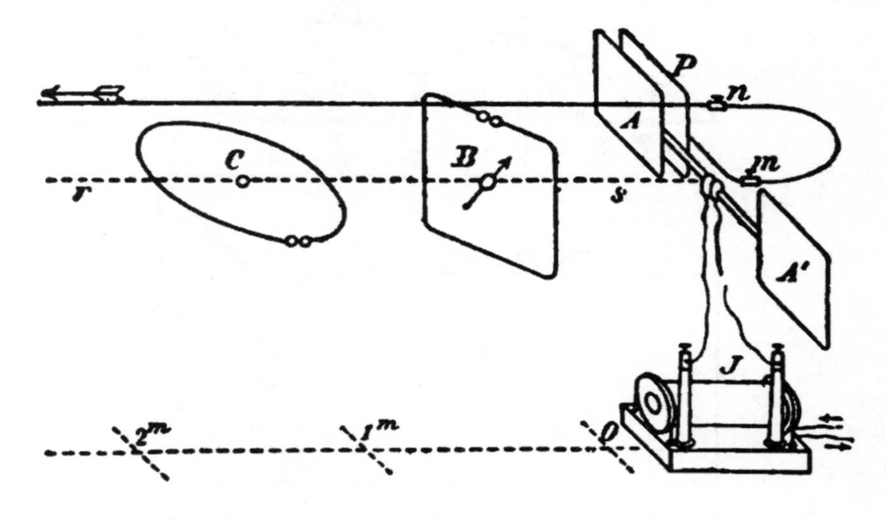

图 6.7 赫兹测定电磁作用传播速度的实验示意图[11]

线波”的波长，由于振荡器的周期已知，赫兹便可立即计算出“导线波”的传播速度是 2×10^5 km/s。第二步：赫兹通过改变连接导线 mn 的长度来改变“导线波”与空气中传播的电磁信号之间的相位差，然后反复观测它们之间的干涉效应，测出它们在一个周期内的平均行程差，从而确定“空气波”的波长，进而计算出“空气波”的传播速度。在重复进行多次测量之后，赫兹最终得到“空气波”的传播速度是 3.2×10^5 km/s。这一实验结果表明，电磁作用以有限的速度传播，“导线波”和“空气波”的传播速度在数量级上与光速相同。人们通常将赫兹这一实验的发现看作对麦克斯韦电磁场理论的直接证明。但是赫兹却并不认为这些实验能够证实麦克斯韦理论。正如他在这篇论文的最后所说：

> 直至电磁学中仅缺少某些常数时，假如各种相互对立的理论至少有一种是正确的话，那么，这些实验才有可能足以证实这些理论中的某一种是正确的。[11]

也就是说，赫兹认为还必须做进一步的实验研究，以获得更多的实验结果，才能对当时各种已有电磁学理论的正确性做出判断。在接下来的实验中，赫兹摒弃了间接测量的方法，利用驻波测量波长的方法直接测量“空气波”的传播速度。

1888 年 5 月 20 日，赫兹的《论电磁波在空气中的传播及其反射》(*On Electromagnetic Waves in Air and Their Reflection*)一文在《维德曼年鉴》(*Wiedemann's Annalen*)上发表[11]。在这篇论文中，赫兹详细地阐述了他直接测量电磁信号在空气中传播速度的实验方法和测量结果。他利用平面镜反射振荡器发出的波，使之与入射波相互叠加，二者皆通过空气传播，从而在空气中得到与导线中同样的驻波。通过沿着波的传播路径旋转圆形共振器，赫兹确定出驻波的波节和波峰，如图 6.8 所示。但是，由于赫兹所用的振荡器发出的是一种阻尼波，因此它的最小值(除了在导体表面上)一般很难准确地确定。同时，在他的实验室中由于天花板、墙壁和立柱对波的反射，会导致存在 1 个或多个反射波。所有这些反射波的相互叠加，使得合成波最小值的位置发生了改变，“空气波”驻波的波节和波峰的准确位置也就更加难以确定。因为这些因素的影响，使得赫兹并没有得到他想要的理想的实验结果。正如他在论文中所说的那样：

> 假设[电磁波的]波长平均值和传播速度与光的波长和传播速度是相等的，那么，我们振荡器的周期应该是 1.55×10^{-8} s，而不是利用实验结果计算出的 1.4×10^{-8} s。[11]

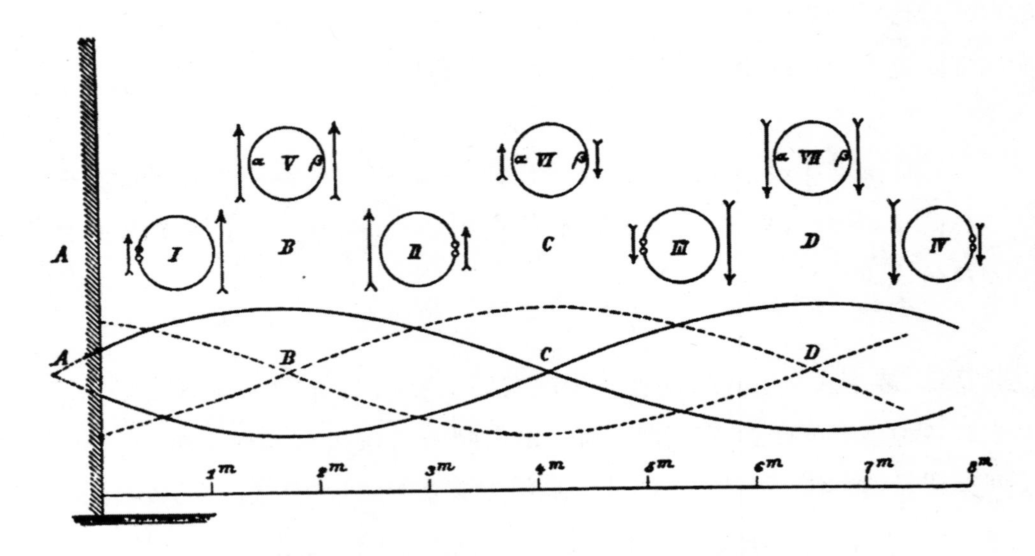

图6.8 赫兹论文中在空气中传播的电磁信号驻波实验示意图[11]

因此，在这篇论文的最后，赫兹这样写道：

> 麦克斯韦理论，尽管其自身具有内在的严密性，但它必须得到实验的验证。可是上述一系列实验结果都说明电磁作用通过导线的传播速度与光的传播速度不能近似地相等，而包括麦克斯韦理论在内的所有理论都暗示这两种速度应该是同样的数值。我希望马上考察并报告理论与实验相抵触的原因。[11]

赫兹此时已经意识到“必须考虑另外的实验方法”,才有可能证实电磁波具有光属性。

在接下来的近半年时间内,赫兹通过进一步的实验和理论研究对电磁波的各种属性做了更为全面的考察。在 1888 年 12 月 13 日发表于《柏林科学院会议报告》上的《论电磁辐射》(*On Electric Radiation*)一文中,他论述了对电磁波偏振、反射和折射现象的实验研究及其结果。赫兹利用一些特制的仪器(如图 6.9 和图 6.10 所示),对电磁波的偏振、反射和折射分别进行了仔细的研究。他在论

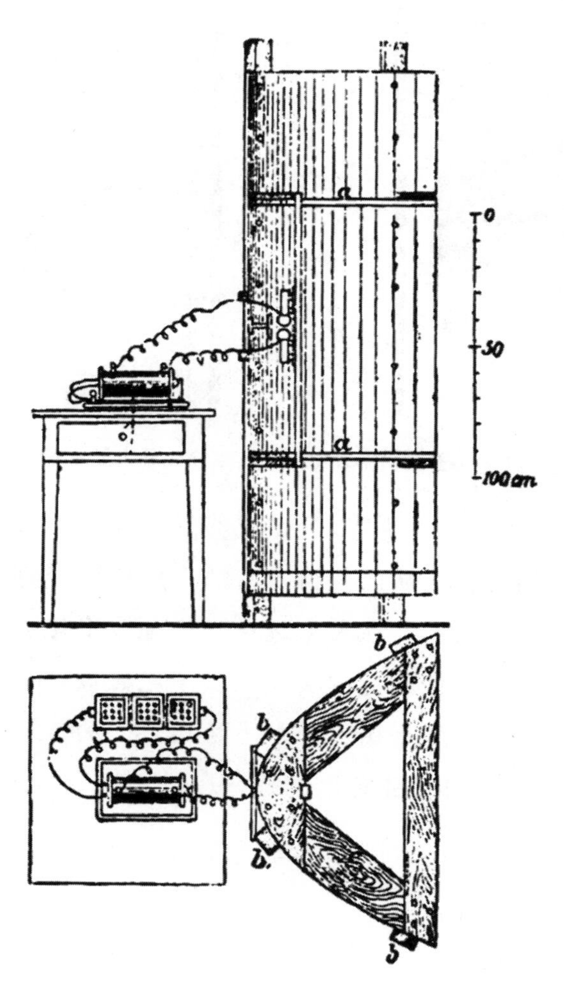

图 6.9 赫兹实验中的电磁波发射器的侧视图(上)和俯视图(下)[11]

文最后这样总结道：

> 我相信，从现在起，我们应该更有信心去利用电磁波具有的这些与光相同的属性，而这些属性既能从光学的角度推演出来，也能够从电磁学的角度推演出来。[11]

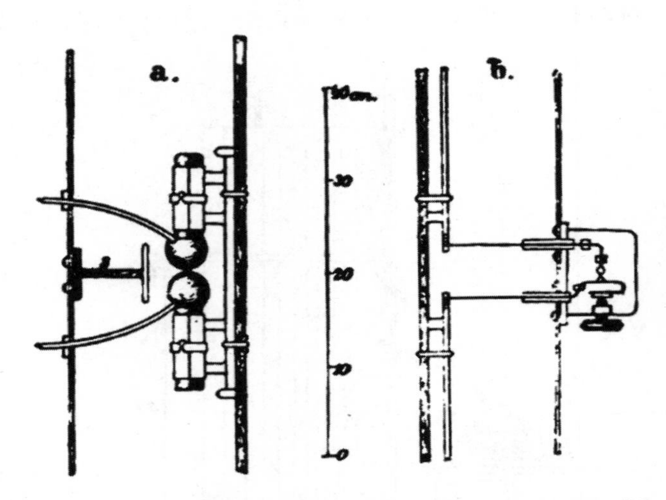

图 6.10　赫兹实验中发射和接收电磁波的方法示意图[11]

通过赫兹这一系列的实验研究，电磁波的存在以及电磁波与光的同一性学说才获得了充分的实验依据，从而使得麦克斯韦的电磁学理论得到广泛承认和接受。从一定意义上来说，麦克斯韦从理论上论证了电磁波的存在以及光的电磁属性，赫兹则利用一系列创造性的实验证实了电磁波的确存在并具有光的所有特性。他们从不同的角度，采用不同的方法，最终完成了 19 世纪物理学发展中的重要组成部分——光和电磁理论的统一。

参考文献

[1] 霍尔.詹姆斯·克拉克·麦克斯韦:1831～1879[J].蔡宾牟,译.世界科学译刊,1979(11):7-10,15.

[2] Maxwell J C. The Scientific Papers of James Clerk Maxwell [M]. Niven W D, ed. New York: Dover Publications, Inc., 1965.

[3] Lee S. Oxford Dictionary of National Biography: Vol. 37[M]. New York: Macmillan and Co., 1894.

[4] Maxwell J C. A Treatise on Electricity and Magnetism [M]. London: Clarendon press, 1873.

[5] 崔英敏,关荣华,吕刚.电磁理论大厦的缔造者:麦克斯韦[J].现代物理知识,2005(5):64-65.

[6] 埃弗里特.麦克斯韦[M].瞿国凯,译.上海:上海翻译出版公司,1987.

[7] William Thomson. On the Uniform Motion of Heat in Homogeneous Solid Bodies, and Its Connection with the Mathematical Theory of Electricity [J]. The London, Edinburgh, and Dublin Philosophical Magazine and Journal of Science, 1854, 7(48): 502-515.

[8] 周艳玲,吉春燕,杨庆余.19世纪电磁学史上的一座丰碑:麦克斯韦与电磁场理论的创立[J].物理与工程,2011,21(1):59-63.

[9] Feynman R P, Leighton R B, Sands M. The Feynman Lectures on Physics [M]. Boston: Addison-Wesley Publishing Co., 1964.

[10] 爱因斯坦.爱因斯坦文集:第一卷[M].许良英,范岱年,编译.北京:商务印书馆,1976.

[11] Hertz H. Electric Waves: Being Researches on the Propagation of Electric Action with Finite Velocity through Space [M]. New York: Dover Publications, Inc., 1893.

[12] Lorentz H A. Over de theorie der terugkaatsing en breking van het licht [M].

Arnhem：Van der Zande，1875.

[13] 程民治，陈海波. H·A·洛伦兹：经典电子论先河的开拓者[J]. 物理通报，2007(1)：48-51.

[14] Lorentz H A. Collected Papers [M]. Dordrecht：Springer Netherlands，1936.

[15] Susskind C. Observations of Electromagnetic-Wave Radiation before Hertz [J]. Isis，1964，55(1)：32-42.

[16] Hertz H. Miscellaneous Papers [M]. New York：Macmillan & Co.，1896.

[17] Hertz H G，Doncel M G. Heinrich Hertz's Laboratory Notes of 1887 [J]. Archive for History of Exact Sciences，1995，49(3)：197-270.

第7章
从电磁理论到狭义相对论

7.1
狭义相对论产生的历史背景

19世纪末，经典物理学已经建立了相对完整的理论体系，包括以牛顿运动定律和万有引力定律为基础的经典力学和以麦克斯韦方程组为基础的电磁场理论，热学方面则有以热力学三大定律为基础的宏观理论和以分子运动论及统计物理学所描述的微观理论。经典物理学所取得的一系列辉煌成就，使当时的许多物理学家认为，物理学理论的发展已经触及天花板，以后所能做的无非一些修正和填补细节的工作。然而，此时出现了一系列无法用经典理论解释的新实验事实。新实验事实同经典物理学理论之间的矛盾，不仅动摇了经典物理学理论体系的基础，也让物理学家们感到危机四伏。危机的迹象首先表现在1887年迈克尔逊(Albert Abraham Michelson,1852—1931年)和莫雷(Edward Morley,1838—1923年)的以太漂移实验,该实验的结果并不符合电磁理论的要求。随后,物理学家又发现有不少物质的比热不能用能量均分定理来解释。1895年,X射线的发现表明物理学还有广阔的未知领域尚待探索。1896年和1897年,放射性和电子的接连发现更是对元素不变和原子不可分的传统观念造成了严重冲击。

1900年4月27日,威廉·汤姆逊在英国皇家学会上进行了一次题为《在热和光动力理论上空的19世纪的乌云》(*Nineteenth-Century Clouds over the Dynamical Theory of Heat and Light*)的演讲。这次演讲的内容后经修改补充公开发表在1901年7月出版的《哲学杂志》和《科学杂志》合刊上,后又收入开尔文(即威廉·汤姆逊)的一本讲演集中。演讲一开始,他就开宗明义:

> 动力学理论断言热和光都是运动的方式,现在这种理论的优美性和明晰性被两朵乌云遮蔽得黯然失色了。第一朵乌云是随着光的波动论而开始出现的。菲涅尔和托马斯·杨研究过这个理论,它包括这样一个问题:地球如何能够通过本质上是光以太这样的弹性固体运动呢?第二朵乌云是麦克斯韦-玻尔兹曼关于能量均分的学说。[1]

尽管威廉·汤姆逊这位物理学界的元老素以保守著称,但是在20世纪元年的这次演讲中,他已经敏锐地洞察到19世纪物理学面临的两大难题。而20世纪物理学的两大理论支柱——相对论和量子论正是从这两朵乌云中诞生的。

作为现代物理学支柱之一的相对论是电磁理论的继续和发展。20世纪初,大量的实验和理论研究为狭义相对论的建立准备好了条件。正如爱因斯坦自己所说:

> 毫无疑问,要是我们从回顾中去看狭义相对论的发展的话,那么它在1905年已经到了发现的成熟阶段。洛伦兹已经注意到,为了分析麦克斯韦

方程，那些以他的名字而闻名的变换是重要的；彭加勒[①]在有关方面甚至更深入钻研了一步。[2]

尽管狭义相对论是对牛顿绝对时空观的颠覆，但这一理论的建立却始于对运动媒质中电磁现象的研究。1865年，麦克斯韦利用自己的电磁场理论求得了电磁波的传播速度，与此同时，他还证明了电磁波的传播速度仅由传播介质的性质决定。传播介质在当时被称为“以太”，它有多种模型。为了证明以太的存在，物理学家做了大量的实验，其中最为著名的是迈克尔逊-莫雷实验。1887年，美国青年科学家迈克尔逊在化学家莫雷的帮助下，设计了一台干涉仪，用来证明以太的存在。然而迈克尔逊却获得了与预期相反的实验结果：在长期的观察中，他始终没有观测到预期的条纹移动，实验结果为“零”。这一结果震惊了当时的整个物理学界。因为它不仅否定了绝对静止坐标的存在，而且对以太的存在性也提出了质疑，这强烈地冲击了牛顿力学的绝对时空观，动摇了整个经典物理学大厦的根基。

1890年，赫兹简化了麦克斯韦的电磁场方程，并明确指出电磁波的波速c（即光速）与波源的运动速度无关，但这却与力学中的伽利略变换发生了矛盾。为了解决这一矛盾，洛伦兹在1892年提出了长度收缩假说，用来解释迈克尔逊-莫雷实验的“零”结果。1895年和1904年，他又先后提出了一阶和二阶变换理论，并建立了洛伦兹变换。尽管洛伦兹借此能够对一些现象做出解释，但由于他保留了以太，并且引入大量假设，所以他的理论缺乏逻辑的完备性和体系的严密性，且概念极为烦琐。令人稍感惋惜的是，他其实已经非常接近狭义相对论了，正如我们所知的那样，爱因斯坦的狭义相对论中所用的变换方程其实就是他所提出的洛伦兹变换。但由于他深受传统时空观的束缚，始终没能摆脱以太，因而最终与狭义相对论的发现失之交臂。

除洛伦兹以外，还有一位物理学家比他更加接近狭义相对论，但最终也是功

---

① 即本书所称的庞加莱。

败垂成，棋差一招，他就是法国著名科学家庞加莱。1895年，庞加莱对用长度收缩假说解释以太漂移的“零”实验结果提出了不同看法。1902年，庞加莱出版了《科学与假设》(*Science and Hypothesis*)一书，对牛顿的绝对时空观提出质疑：

> 一、绝对的空间是没有的，我们所理解的只是相对的运动而已；但是人们陈述力学的事实时，总当空间是绝对的，而把它们归入其中。
>
> 二、绝对的时间是没有的；所谓两个历时相等，只是一种本身毫无意义的断语，而要获得一种意义也必须用公约。
>
> 三、不但我们没有两个相等的时间的感觉，并且我们对于两地所发生的两件事情同时并现的直觉也是没有；这事我在时间之测量一文中已详论过了。
>
> 四、最后，我们的欧几里得几何亦不过是一种公约的言语；我们可以把力学的事实归入非欧几里得的空间，这虽然是个比较不便利的标志，但和我们平常的空间是同样地合法。陈述将比较繁得多，但它还是可能的。
>
> 这样绝对的空间，绝对的时间，甚至几何学，并非支配着力学的条件；这些东西之不先力学而存在，正如法文不比那些用法文表现的真理逻辑地先存在。[3]

1904年，庞加莱第一次提出“相对性原理”，此时的他已经非常接近狭义相对论了。1905年，就是在被称为“爱因斯坦的奇迹年”的这一年里，庞加莱先后写了两篇均题为《电子的电动力学》(*Sur la Dynamique de l'Électron*)的论文，从光行差及其相关现象和迈克尔逊的工作出发，得出如下结论：

> 看来，表明绝对运动的不可能性是自然界的普遍规律。[4-5]

但可惜的是，爱因斯坦已先行一步，在他之前发表了那篇标志着狭义相对论诞生的论文——《论运动物体的电动力学》(*Zur Elektrodynamik bewegter Körper*)。

7.2
狭义相对论的建立

7.2.1 爱因斯坦其人

爱因斯坦(图 7.1)1879 年出生于德国乌尔姆一个犹太小工厂主家庭。在慕尼黑,他度过了中小学阶段的大部分时光。幼年时说话较晚、性格内向,且总是独自默默玩耍或思考,有着强烈的求知欲和好奇心。爱因斯坦在《自述》中曾回忆到:

图 7.1 爱因斯坦

> 当我还是一个四、五岁的小孩,在父亲给我看了一个罗盘的时候,就经历过这种惊奇。这只指南针以如此确定的方式行动,根本不符合那些在无意识的概念世界中能找到位置的事物的本性的(同直接"接触"有关的作用)。我现在还记得,至少相信我还记得,这种经验给我一个深刻而持久的印象。我想一定有什么东西深深地隐藏在事情后面。[6]

当时的德国中产阶级家庭有一个传统,每周请一两个贫困大学生到家中吃晚餐,爱因斯坦家也是如此。作为回报,这些大学生免费指导爱因斯坦的学习。根据爱因斯坦的回忆:

> 在12岁时，我经历了另一种性质完全不同的惊奇：这是在一个学年开始时，当我得到一本关于欧几里得平面几何的小书时所经历的。这本书里有许多断言，比如，三角形的三个高交于一点，它们本身虽然并不是显而易见的，但是可以很可靠地加以证明，以致任何怀疑似乎都不可能。这种明晰性和可靠性给我造成了一种难以形容的印象……在这本神圣的几何学小书到我手中以前，有位叔叔①曾经把毕达哥拉斯定理告诉了我。经过艰巨的努力以后，我根据三角形的相似性成功地"证明了"这条定理。[6]

然而爱因斯坦家在德国的生意并不成功，工厂倒闭后不得不举家迁往意大利投亲靠友。他的父母在临行前把爱因斯坦安排在德国慕尼黑的一所优秀中学读书。但是爱因斯坦并不喜欢当年德国的教育制度，无法忍受学校的严格校规和呆板教学，因此没有毕业就中途退学了。1894年，15岁的爱因斯坦放弃德国国籍随家迁居意大利。年轻的爱因斯坦热爱数学和物理，但由于不会意大利语，于是决心到瑞士德语区求学。第一次他没有考上苏黎世工业大学，于是进入瑞士阿劳州立中学补习。这所学校给学生以充分的自由。爱因斯坦在晚年的《自述片段》中回忆到：

> 这所学校以它的自由精神和那些毫不仰赖外界权威的教师们的纯朴热情给我留下了难忘的印象；同我在一个处处使人感到受权威指导的德国中学的六年学习相对比，使我深切地感到，自由行动和自我负责的教育，比起那种依赖训练、外界权威和追求名利的教育来，是多么的优越呀！真正的民主决不是虚幻的空想。[6]

在阿劳州立中学学习期间，由于空闲时间较多，爱因斯坦思考了不少与课堂学习无关的东西。特别是他曾反复考虑过这样一个问题：

---

① 指爱因斯坦的叔叔雅各布·爱因斯坦(Jakob Einstein，1850—1912年)。指导爱因斯坦自学这本几何学小书的是当时慕尼黑大学的医科学生麦克斯·塔尔玫(Max Talmey，1869—1941年)。

> 倘使一个人以光速跟着光波跑，那么他就处在一个不随时间而改变的波场之中。[6]

如他所言：

> 这是同狭义相对论有关的第一个朴素的理想实验。[6]

关于这个问题的思考对他后来建立相对论大有帮助。

经过一年的补习，爱因斯坦终于如愿以偿地进入苏黎世工业大学学习数学和物理。相比于听课，他更愿意自己阅读当时一些大科学家的名著。爱因斯坦喜欢一个人到实验室里摆弄实验，验证一下白天自学的物理知识；或者与一两个知心同学到咖啡馆里讨论学术问题。其中有几个同学很照顾爱因斯坦，一个是他的女友米列娃①(Mileva Marič，1875—1948)，她是一个善良、严肃、沉静而具有自由思想的塞尔维亚姑娘，常常帮助不去听课的爱因斯坦记笔记。另一个是好友格罗斯曼(Marcell Grossmann，1878—1936 年)，格罗斯曼的性格与爱因斯坦相去甚远，是公认的好学生，总是衣冠整洁、遵守校规、认真听课、成绩优秀。性格和作风上的差距并没有妨碍他们成为终生好友。格罗斯曼经常在考试前夕将自己工整而漂亮的笔记借给爱因斯坦，帮助他勉强通过考试。在此二人的帮助下，爱因斯坦才没有补考留级，并有空阅读了不少书籍，思考了许多物理学的基本问题。但是由于他成绩一般，而且不常去听课，因此当格罗斯曼等几个同学一毕业就令人羡慕地留校工作时，爱因斯坦却不得不拿着文凭黯然离开。

1900 年，离开校门的爱因斯坦在求职过程中四处碰壁，没有一所大学接受他的求职申请。犹太血统和无神论信仰，更是增加了他寻找工作的困难。当时的爱因斯坦诸事不顺，不仅工作没有着落，很长一段时间没有固定收入，连与米列娃的婚事也遭到父母的坚决反对。直到 1902 年，爱因斯坦的经济情况才有所好转。他的挚友格罗斯曼通过自己的父亲设法把爱因斯坦推荐给瑞士专利局的局

---

① 中文文献中一般用其名“米列娃”而非其姓氏称呼她，这里与惯例保持一致。

长。爱因斯坦终于得到了一个固定工作，尽管只是一个普通的专利局小职员，但毕竟有了一份稳定收入。与此同时，由于爱因斯坦的坚持，他的父亲终于在临终前同意了他的婚事。同米列娃结婚后，两个儿子的相继出生给他们带来了喜悦，但也加重了家庭的负担，使他们的经济重新拮据起来。即使如此，爱因斯坦依然继续思考着最重要的科学问题。

尽管薪水不高，但在专利局这份清闲的工作使爱因斯坦有充分的闲暇时间研究自己喜爱的东西。由于工作的要求，他需要经常审理发明“永动机”的申请，这虽然花费了他的一些时间，但荒唐而活跃的思想可能或多或少也给他输入了一些新灵感。在专利局工作期间，爱因斯坦与几位志同道合的好友成立了一个“奥林匹亚科学院”小组。几个年轻人利用休息日或下班时间一边阅读一边讨论，内容海阔天空，以哲学为主，也包括物理和数学。他们充满热情地阅读与讨论了许多书籍，其中就包括马赫(Ernst Waldfried Josef Wenzel Mach，1838—1916年)的《力学史评》(*The Science of Mechanics: A Critical and Historical Account of Its Development*)和庞加莱的《科学与假设》。爱因斯坦曾高度评价这个读书俱乐部，认为这个俱乐部培养了他的创造性思维，促成了他的学术成就。

图7.2 “奥林匹亚科学院”小组部分成员合照①

① 照片中从左至右依次为索洛文(Maurice Solovine，1875—1958年)、哈比希特(Conrad Habicht，1876—1958年)、爱因斯坦。索洛文是一位罗马尼亚籍的哲学家和数学家，哈比希特是一位瑞士籍的数学家。

在此期间，爱因斯坦也开始了自己的学术生涯。他最初是研究毛细现象，然后研究布朗运动、光电效应和时空理论，发表了一系列重要论文。1905 年是爱因斯坦的奇迹年，他除博士论文外又连续完成了 4 篇重要论文，可以毫不夸张地说，其中任何一篇都能拿诺贝尔奖：6 月发表了解释光电效应的论文，提出了光量子说；7 月发表了关于布朗运动的论文，间接证明了分子的存在；9 月发表了题为《论运动物体的电动力学》的论文，提出了相对论（即后来所称的狭义相对论）；11 月发表了有关质能关系式的论文，提出了著名的质能方程 $E=mc^2$。而那篇提出狭义相对论的划时代论文——《论运动物体的电动力学》虽然充满了晦涩难懂的新思想，采用的却是当时大学本科生就能看懂的数学工具。这篇论文没有引用任何参考文献，如果放在今天，这样的文章恐怕很难通过审稿。然而，爱因斯坦很幸运，他的这篇文章被送给水平高、思想活跃而又不压制年轻人的普朗克审稿，因此得以发表在德国的《物理学年鉴》上。此后，他又连续发表几篇论文，建立了狭义相对论的全部框架。

随后，经过多年的艰苦努力，爱因斯坦又在 1915 年建立了广义相对论，指出时空不可能离开物质而独立存在，空间的结果和性质取决于物质的分布，它并不是平坦的欧几里得空间，而是弯曲的黎曼空间。根据广义相对论的引力论，他推断光在引力场中不是沿着直线而是沿着曲线传播的。这一预见在 1919 年英国天文学家进行的日食观察中得到证实。1938 年，爱因斯坦在广义相对论的运动问题上取得重大进展，即从场方程推出了物体的运动方程，并由此揭示了时空、物质、运动和引力之间的统一性。另外，他在宇宙学、引力和电磁的统一场论以及量子论的研究中也做出了重要贡献。

除了是一位科学巨匠外，爱因斯坦还是一位具有高度社会责任感的人。在刚刚过去的两次世界大战中，他亲眼目睹了科学技术被用于战争时所造成的巨大破坏。1914 年，他第一次就政治问题公开表态，并签署了反对第一次世界大战的声明。自此以后，爱因斯坦便从未停止对战争的反对和谴责，一直到 1955 年 4 月，他在去世前夕还签署了“罗素-爱因斯坦宣言”，呼吁人们团结起来，防止再次爆发新的世界大战。

爱因斯坦，作为20世纪最伟大的物理学家，在科学领域鲜有比肩者；作为一个社会公民，更是令人高山仰止，景行行止。

7.2.2 爱因斯坦的思想历程

根据爱因斯坦的著作和相关史料可知，对电磁学问题的研究应是其创建狭义相对论的基本线索。爱因斯坦曾言，在他的学生时代最让他着迷的课题是麦克斯韦理论。在回忆大学求学生涯时，他这样写道：

> 我的大部分时间在物理实验室里工作，迷恋于同实验直接接触。其余时间，则主要用于在家里阅读基尔霍夫、亥姆霍兹、赫兹等人的著作。[6]

爱因斯坦在这里所提到的物理学家均是在电磁学领域有着极深造诣的大家。尽管爱因斯坦在回忆中没有明确地提及弗普尔(August Otto Föppl，1854—1924年)的名字，但他的《麦克斯韦的电学理论》(*Einführung in die Maxwellsche Theorie der Elektrizität*)却对爱因斯坦建立相对论有着重大的启发作用。

根据爱因斯坦的回忆，狭义相对论萌芽于1895年(也就是他16岁那年)在阿劳州立中学补习时对一个悖论的思考。他在1946年的《自述》中这样回忆到：

> ……经过十年沉思以后，我从一个悖论中得到了这样一个原理，这个悖论我在16岁时就已经无意中想到了：如果我以速度c(真空中的光速)追随一条光线运动，那么我就应该看到，这样一条光线就好像一个在空间里振荡着而停滞不前的电磁场。可是，无论是依据经验，还是按照麦克斯韦方程，看来都不会有这样的事情。从一开始，在我直觉地看来就很清楚，从这样一个观察者的观点来判断，一切都应当像一个相对于地球是静止的观察者所看到的那样按照同样的一些定律进行。因为，第一个观察者怎么会知道或

者能够判明他是处在均匀的快速运动状态中呢？

人们看得出，这个悖论已经包含着狭义相对论的萌芽。[6]

近十年后，爱因斯坦在1955年3月（即他逝世前一个月）的《自述片段》中又提及了16岁时的那次“思想实验”：

在阿劳这一年中，我想到这样一个问题：倘使一个人以光速跟着光波跑，那么他就处在一个不随时间而改变的波场之中。但看来不会有这种事情！这是同狭义相对论有关的第一个朴素的思想实验。狭义相对论这一发现决不是逻辑思维的成就，尽管最终的结果同逻辑形式有关。[6]

爱因斯坦的这些自述表明，尽管他此时已经开始了对狭义相对论的有关思考，但尚处于初始阶段。和当时大多数的物理学家一样，他还未对以太的存在性提出质疑。关于这一点，他在1922年京都大学的演讲“我是怎样创立相对论的”（*How I Created the Theory of Relativity*）（参见本书附录Ⅲ）中曾回忆到：

最初我有这个想法时，我并不怀疑以太的存在，不怀疑地球相对以太的运动。[7]

然而，当爱因斯坦读到洛伦兹于1895年发表的论文时，他得知洛伦兹方程同时适用于真空中和运动物体的参考系。通过进一步推算，他发现，保持这些方程对运动参考系有效的必然结果是光速不变，而光速的不变性明显与伽利略变换相矛盾，这引起了爱因斯坦极大的兴趣。为了解决这样的矛盾，爱因斯坦终日思索，但始终不得其解。

写于1919年但从未发表的一篇手稿表明，随着时间的推移，爱因斯坦的思考也在不断深入。他在手稿中这样写道：

> 在构思狭义相对论的过程中，关于法拉第电磁感应的思考对我起了主导作用。按照法拉第的说法，当磁体相对于导体回路运动时，导体回路中就会感应出电流。无论是磁体运动还是导体回路运动，所产生的结果都相同。按照麦克斯韦-洛伦兹理论，这只需要涉及相对运动便可。然而，对于这两种情况，理论上的解释却不同……想到面对着的竟是两种根本不同的情况，我实在无法忍受。这两种情况不会有根本的差别，其差别应该只是参考点的选择不同，我对此深信不疑。从磁体来看，肯定没有电场；可是从导体回路来看，则一定有电场。于是电场的有无就成为相对的了，这取决于所用坐标系的运动状况，并且只能假设电场与磁场的总和是客观现实。电磁感应现象使我不得不假设相对性原理，必须克服的困难在于真空中光速的不变性，我最初还想要放弃它。只是在经过若干年的探索之后，我才注意到这个困难其实就是于运动学上一些基本概念的任意性上。[8]

此时的爱因斯坦已经开始重新审视物理学中的基本概念。上面所提到的“基本概念的任意性”可能指的就是“同时性”等概念。从爱因斯坦的《自述》中可以看出他的思想已经开始发生变化：

> 早在1900年以后不久，即在普朗克的首创工作以后不久，这类思考已使我清楚地看到：不论是力学还是热学（除非在极限情况下）都不能要求严格有效。渐渐地我对那种根据已知事实用构造性的努力去发现真实定律的可能性感到绝望了。我努力得愈久，就愈加绝望，也就愈加确信，只有发现一个普遍的形式原理，才能使我们得到可靠的结果。我认为热力学就是放在我面前的一个范例。在那里，普遍原理是用这样一条定理来说明的：自然规律是这样的，它们使（第一类和第二类）永动机的制造成为不可能。[6]

到了1905年，也就是在经过近十年的思索之后，爱因斯坦终于找到了解决问题的关键，而此时的他还仅仅只是瑞士专利局的一个小小职员。他在1922年的演讲中这样形容当时的情景：

> 为什么这两个观念相互矛盾呢？我感到这一难题相当棘手。我花了整整一年的时间试图修改洛伦兹的思想来解决这个问题，但徒劳无功。是我在伯尔尼的朋友贝索偶然间帮我摆脱了困境。那是一个晴朗的日子，我带着这个问题去拜访他，我们讨论了这个问题的每一个细节。忽然之间，我领悟到这个问题的症结所在。这个问题的答案来自对时间概念的分析，不可能绝对地确定时间，在时间和信号速度之间有着不可分割的联系。利用这一新概念，我第一次彻底地解决了这个难题。[7]

与贝索(Michele Angelo Besso，1873—1955年)的讨论使爱因斯坦认识到两个地点的钟的“同时”，并不像人们通常想象的那样，是一个“绝对”概念。物理学中的概念都必须在实验中可测量，“同时”这个概念也不例外。而要使“同时”的定义可测量，就必须对信号传播速度事先有个约定。由于真空中的光速在电磁学中处于核心地位，爱因斯坦猜测应该约定真空中的光速各向同性且是一个常数，然后在此基础上定义异地时间的“同时”。这样一来，“同时”将会是一个相对概念。我们看到，定义两个地点的钟“同时”，必须首先假定光速各向同性且是一个常数，即必须假定光速是绝对的。想明白这些问题之后，爱因斯坦很快(此次讨论不久的5周之后)就完成了那篇开创狭义相对论的论文并寄给了杂志社，同年9月该论文就发表在德国著名的杂志《物理学年鉴》上。

除此之外，从爱因斯坦后来的《自述》来看，哲学层面的思考也是他最终取得成功的一个重要因素。在专利局工作期间的1902年前后，爱因斯坦和几个志同道合者组成了“奥林匹亚科学院”小组，他们一起研读马赫、庞加莱、斯宾诺莎(Baruch de Spinoza，1632—1677年)、休谟(David Hume，1711—1776年)等人的科学和哲学著作。马赫在其《力学史评》一书中对牛顿绝对时空观的批判，对爱因斯坦建立狭义和广义相对论都产生了极大影响。庞加莱的《科学与假设》一书内容丰富、思维活跃，其中关于“同时性”的定义、时间测量和黎曼几何的描述对爱因斯坦建立相对论也起到了重要的作用。斯宾诺莎关于自然界统一的思想与休谟的时空观同样也引起了爱因斯坦的兴趣。爱因斯坦在1946年的《自述》中这样写道：

> 今天，当然谁都知道，只要时间的绝对性或同时性的绝对性这条公理不知不觉地留在潜意识里，那么任何想要令人满意地澄清这个悖论的尝试，都是注定要失败的。清楚地认识到这条公理以及它的任意性，实际上就意味着问题的解决。对于发现这个中心点所需要的批判思想，就我的情况来说，特别是由于阅读了戴维·休谟、恩斯特·马赫的哲学著作而得到决定性的进展。[6]

7.2.3 创立狭义相对论

1905年，在这个被称为爱因斯坦的奇迹年里，爱因斯坦一共完成了5篇论文，其中第四篇——《论运动物体的电动力学》(图7.3)标志着狭义相对论的创立。他在论文的开头这样写道：

> 大家知道，麦克斯韦电动力学——像现在通常为人们所理解的那样——应用到运动的物体上时，就要引起一些不对称，而这种不对称性似乎不是现象所固有的。比如设想一个磁体同一个导体之间的电动力的相互作用。在这里，可观察到的现象只同导体和磁体的相对运动有关，可按照通常的看法，这两个物体之中，究竟是这个在运动，还是那个在运动，却是截然不同的两回事……
>
> 诸如此类的例子，以及企图证实地球相对于"光媒质"运动的实验的失败，引起了这样一种猜想：绝对静止这概念，不仅在力学中，而且在电动力学中也不符合现象的特性。[9]

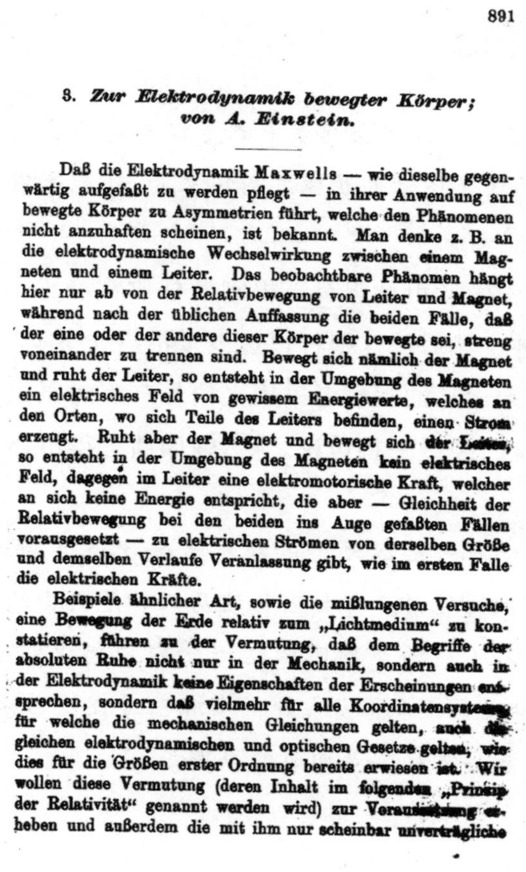

891

**3. *Zur Elektrodynamik bewegter Körper;*
*von A. Einstein.***

Daß die Elektrodynamik Maxwells — wie dieselbe gegenwärtig aufgefaßt zu werden pflegt — in ihrer Anwendung auf bewegte Körper zu Asymmetrien führt, welche den Phänomenen nicht anzuhaften scheinen, ist bekannt. Man denke z. B. an die elektrodynamische Wechselwirkung zwischen einem Magneten und einem Leiter. Das beobachtbare Phänomen hängt hier nur ab von der Relativbewegung von Leiter und Magnet, während nach der üblichen Auffassung die beiden Fälle, daß der eine oder der andere dieser Körper der bewegte sei, streng voneinander zu trennen sind. Bewegt sich nämlich der Magnet und ruht der Leiter, so entsteht in der Umgebung des Magneten ein elektrisches Feld von gewissem Energiewerte, welches an den Orten, wo sich Teile des Leiters befinden, einen Strom erzeugt. Ruht aber der Magnet und bewegt sich der Leiter, so entsteht in der Umgebung des Magneten kein elektrisches Feld, dagegen im Leiter eine elektromotorische Kraft, welcher an sich keine Energie entspricht, die aber — Gleichheit der Relativbewegung bei den beiden ins Auge gefaßten Fällen vorausgesetzt — zu elektrischen Strömen von derselben Größe und demselben Verlaufe Veranlassung gibt, wie im ersten Falle die elektrischen Kräfte.

Beispiele ähnlicher Art, sowie die mißlungenen Versuche, eine Bewegung der Erde relativ zum „Lichtmedium“ zu konstatieren, führen zu der Vermutung, daß dem Begriffe der absoluten Ruhe nicht nur in der Mechanik, sondern auch in der Elektrodynamik keine Eigenschaften der Erscheinungen entsprechen, sondern daß vielmehr für alle Koordinatensysteme, für welche die mechanischen Gleichungen gelten, auch die gleichen elektrodynamischen und optischen Gesetze gelten, wie dies für die Größen erster Ordnung bereits erwiesen ist. Wir wollen diese Vermutung (deren Inhalt im folgenden „Prinzip der Relativität“ genannt werden wird) zur Voraussetzung erheben und außerdem die mit ihm nur scheinbar unverträgliche

图 7.3 《论运动物体的电动力学》的首页

与洛伦兹不同的是，爱因斯坦抛弃了以太概念，因为在他的理论中，不需要特设的绝对静止参考系，而且他不像洛伦兹那样人为地拼凑出种种假设，对旧有的理论修修补补，企图以此解释迈克尔逊-莫雷实验的"零"结果。相反，爱因斯坦认识到，这一实验的结果其实恰恰证明了相对性原理在力学领域和电磁学领域的普遍成立。

在论文第一部分，即运动学部分，爱因斯坦首先论述了同时性或者说时间的相对性概念。然后，他从两条公设开始：

1. 物理体系的状态据以变化的定律，同描述这些状态变化时所参照的坐标系究竟是用两个在互相匀速移动着的坐标系中的哪一个并无关系。［相对性原理］

2. 任何光线在“静止的”坐标系中都是以确定的速度 V 运动着，不管这道光线是由静止的还是运动的物体发射出来的。［光速不变原理］[9]

在提出这两条公设后，爱因斯坦设想有一根刚性杆放在静止坐标系的 x 轴上，在静杆的两端各放一只钟。然后使这根杆以速度 v 沿着 x 轴向 x 增加的方向做匀速平移运动，和动杆一同运动的观察者采用光信号来校对原先置于静止坐标系 x 轴上的两只钟是否同步。经过一番讨论之后，爱因斯坦得出如下结论：

……因此，同动杆一起运动着的观察者会发现这两只钟不是同步运行的，可是处在静系中的观察者却会宣称这两只钟是同步的。

由此可见，我们不能给予同时性这概念以任何**绝对的**意义；两个事件，从一个坐标系看来是同时的，而从另一个相对于这个坐标系运动着的坐标系看来，它们就不能再被认为是同时的事件了。[9]

在明确“同时性”的具体含义之后，爱因斯坦进一步得到了不同惯性系的时空坐标之间的变换关系，即洛伦兹变换，如式(7.1)和式(7.2)所示。

$$\begin{cases} \tau = \beta\left(t - \dfrac{v}{V^2}t\right) \\ \xi = \beta(x - vt) \\ \eta = y \\ \zeta = z \end{cases} \tag{7.1}$$

$$\beta = \frac{1}{\sqrt{1 - \left(\dfrac{v}{V}\right)^2}} \tag{7.2}$$

上述变换是一个时空坐标系(ξ,η,ζ,τ)沿 x 方向相对于另一个时空坐标系$(x,y,$

z,t)以不变速度 v 运动,V 为光速。

随后,爱因斯坦在论文的第四节分别讨论了长度收缩效应和时间延缓效应,进一步说明了空间中两点之间的距离并非绝对,以及时间的相对性。在第五节中,爱因斯坦利用洛伦兹变换推导出了速度的合成法则:

$$U = \frac{v + w}{1 + \frac{vw}{V^2}} \tag{7.3}$$

式中,速度为 U 的参照系 S' 相对于速度为 w 的参照系 S 以速度 v 匀速运动。根据上式,爱因斯坦论述道:

> 从这个方程得知,由两个小于 V 的速度合成而得的速度总是小于 V……光速 V 不会因为同一个"小于光速的速度"合成起来而有所改变。[9]

如此,爱因斯坦便成功地解决了之前困扰他已久的问题,修正了经典的速度合成法则,论证了真空中的光速是一个物体运动速度的上限。

在论文的第二部分,即电动力学部分,爱因斯坦首先对文章开头所提出的问题做出了解释:

> ……我们看到,在所阐述的这个理论中,电动力只起着一个辅助概念的作用,它的引用是由于这样的情况:电力和磁力都不是独立于坐标系的运动状态而存在的。
>
> 同时也很明显,开头所讲的,那种在考查由磁体同导体的相对运动而产生电流时所出现的不对称性,现在是不存在了。[9]

随后,爱因斯坦根据相对论的速度合成法则直接推出了光行差和多普勒效应的精确解,而洛伦兹理论却只能给出精确到 v/c 的一级近似公式。对洛伦兹变换在各种电动力学现象中的应用进行了讨论之后,爱因斯坦证明了无源和有源的麦克斯韦方程组在洛伦兹变换下均保持形式不变,即麦克斯韦方程组是相对论协变的。最后，他利用所创建的理论证明了电荷的守恒性，并给出了电子的动能公式。

在第一篇关于狭义相对论的文章发表之后的几个月内，爱因斯坦就一直思考着惯性质量和能量的关系。在他写给好友哈比希特的信中有这样一段文字：

> 我又发现电动力学论文的一个推论。相对性原理同麦克斯韦方程一道，要求质量成为一个物体中包含的能量的一种直接量度，要求光传递物质。在镭这个例子中应当出现质量的明显减少。论据是有趣和吸引人的；但我不能说上帝是否正在嘲笑它并在和我变把戏。[10]

在随后的第二篇有关狭义相对论的论文——《物体的惯性同它所含的能量有关吗？》(*Ist die Trägheit Eines Körpers von Seinem Energieinhalt Abhängig?*)(图 7.4)中，爱因斯坦专门讨论了惯性和能量关系。但这篇论文仅涉及一个过程的初、末态能量的差值与质量变化的关系。1907 年，爱因斯坦在《关于相对论原理和由此得出的结论》(*Über das Relativitätsprinzip und die aus demselben Gezogenen Folgerungen*)一文中，进一步证明了处在外部电磁场中的物理系统在一个以速度 q 相对于它运动的参考系中的能量为

$$E=\left(\mu+\frac{E_0}{c^2}\right)\frac{c^2}{\sqrt{1-\frac{q^2}{c^2}}} \tag{7.4}$$

式中，μ 为系统原来的惯性质量；E_0 是系统在静止系中的能量，这里略去积分常数。考虑到能量对平移速度的依赖关系，所考察的物理系统的情况就像是一个质量为 M 的质点，其中 M 为

$$M=\mu+\frac{E_0}{c^2} \tag{7.5}$$

爱因斯坦这样写道：

> ……这个结果具有特殊的理论重要性，因为在这个结果中，物理体系的

惯性质量和能量以同一种东西的姿态出现。同惯性有关的质量 μ 相当于其量为 μc^2 的内能。既然我们可以任意规定 E_0 的零点，所以我们无论如何也不可能明确地区分体系的"真实"质量和"表观"质量。把任何惯性质量理解为能量的一种储藏，看来要自然得多。

按照我们的结果来看，对于孤立的物理体系，质量守恒定律只有在其能量保持不变的情况下才是正确的，这时这个质量守恒定律同能量原理具有同样的意义。[9]

639

13. *Ist die Trägheit eines Körpers von seinem Energieinhalt abhängig?*
von A. Einstein.

Die Resultate einer jüngst in diesen Annalen von mir publizierten elektrodynamischen Untersuchung 1) führen zu einer sehr interessanten Folgerung, die hier abgeleitet werden soll.

Ich legte dort die Maxwell-Hertzschen Gleichungen für den leeren Raum nebst dem Maxwellschen Ausdruck für die elektromagnetische Energie des Raumes zugrunde und außerdem das Prinzip:

Die Gesetze, nach denen sich die Zustände der physikalischen Systeme ändern, sind unabhängig davon, auf welches von zwei relativ zueinander in gleichförmiger Parallel-Translationsbewegung befindlichen Koordinatensystemen diese Zustandsänderungen bezogen werden (Relativitätsprinzip).

Gestützt auf diese Grundlagen 2) leitete ich unter anderem das nachfolgende Resultat ab (l. c. § 8):

Ein System von ebenen Lichtwellen besitze, auf das Koordinatensystem (x, y, z) bezogen, die Energie l; die Strahlrichtung (Wellennormale) bilde den Winkel φ mit der x-Achse des Systems. Führt man ein neues, gegen das System (x, y, z) in gleichförmiger Paralleltranslation begriffenes Koordinatensystem (ξ, η, ζ) ein, dessen Ursprung sich mit der Geschwindigkeit v längs der x-Achse bewegt, so besitzt die genannte Lichtmenge — im System (ξ, η, ζ) gemessen — die Energie:

$$l^* = l \frac{1 - \frac{v}{V} \cos\varphi}{\sqrt{1 - \left(\frac{v}{V}\right)^2}},$$

wobei V die Lichtgeschwindigkeit bedeutet. Von diesem Resultat machen wir im folgenden Gebrauch.

1) A. Einstein, Ann. d. Phys. 17. p. 891. 1905.

2) Das dort benutzte Prinzip der Konstanz der Lichtgeschwindigkeit ist natürlich in den Maxwellschen Gleichungen enthalten.

42*

图 7.4 《物体的惯性同它所含的能量有关吗?》的首页

如此，爱因斯坦就将原来看似彼此相互独立的能量守恒和质量守恒这两个基本定律统一了起来。而质能关系的实验证明则要等到二十多年后才由英国剑桥大学的两位物理学家考克饶夫(John Douglas Cockcroft，1897—1967年)和沃尔顿(Ernest Thomas Sinton Walton，1903—1995年)利用高压倍加器完成。

爱因斯坦的老师闵可夫斯基(Hermann Minkowski，1864—1909年)是德国著名的数学家和物理学家。他在苏黎世工业大学执教期间，爱因斯坦曾上过他的数学课。按照爱因斯坦的话来说：

> 我有几位卓越的老师(比如胡尔维兹、明可夫斯基①)，所以照理说，我应该在数学方面得到深造。可是我大部分时间却是在物理实验室里工作……我在一定程度上忽视了数学。[6]

可见，爱因斯坦对自己的这位老师评价很高。也正如他所说，他的数学能力有所欠缺，所以最后用几何方法使狭义相对论在数学形式上更加优美，且更能清楚地揭示该理论所含普遍意义的工作便要靠数学功底深厚的人来完成，而这个人就是闵可夫斯基。1908年，闵可夫斯基提出在三维空间中加上时间合成一个四维空间，即闵可夫斯基空间(闵可夫斯基称之为“四维世界”，以下简称闵氏空间)。闵氏空间坐标中的每一点对应于空间中某一事件发生的位置和时刻，即每一点都有其具体的物理意义，且不依赖于参考系。在1908年发表的《动体的电磁过程的基本理论》(*Die Grundgleichungen für die Elektromagnetischen Vorgänge in Bewegten Körpern*)一文中，闵可夫斯基推导了任意物质中的电磁场方程，并且发展了相对论物理学的全部概念。闵可夫斯基对狭义相对论的四维时空描述是相对论理论框架的一大发展。爱因斯坦后来在《自述》中这样评价闵可夫斯基的工作：

---

① 即本书所称的闵可夫斯基。

> 在明可夫斯基的研究之前，为了检验一条定律在洛伦兹变换下的不变性，人们就必须对它实行一次这样的变换；可是明可夫斯基却成功地引进了这样一种形式体系，使定律的数学形式本身就保证了它在洛伦兹变换下的不变性。由于创造了四维张量演算，他对四维空间也就得到了同通常的矢量演算对三维空间所得到的结果一样。他还指出，洛伦兹变换（且不管由于时间的特殊性造成的正负号的不同）不是别的，只不过是坐标系在四维空间中的转动。[6]

爱因斯坦在 1948 年为《美国人民百科全书》（*The American People's Encyclopedia*）撰写关于相对论的词条时，对狭义相对论做了如下总结：

> 狭义相对论导致了对空间和时间的物理概念的清楚理解，并且由此认识到运动着的量杆和时钟的行为。它在原则上取消了绝对同时性概念，从而也取消了牛顿所理解的那个即时超距作用概念。它指出，在处理同光速相比不是小到可忽略的运动时，运动定律必须加以怎样的修改。它导致了麦克斯韦电磁场方程的形式上的澄清；特别是导致了对电场和磁场本质上的同一性的理解。它把动量守恒和能量守恒这两条定律统一成一条定律，并且指出了质量同能量的等效性。从形式的观点来看，狭义相对论的成就可以表征如下：它一般地指出了普适常数 c（光速）在自然规律中所起的作用，并且表明以时间作为一方，空间坐标作为另一方，两者进入自然规律的形式之间存在着密切的联系。[6]

7.2.4 从质疑到接受

由于人们的思想长期受到传统观念的束缚，一时难以接受崭新的时空观，因此爱因斯坦的论文发表后，在相当长的时间内几乎无人问津。在法国，直到 1910

年前，几乎没有人提到爱因斯坦的相对论。在实用主义盛行的美国，爱因斯坦的相对论在最初的十几年里也遭到了冷遇。迈克尔逊直到去世(1931年)时还难以割舍“可爱的以太”，认为相对论就是一个怪物。在英国，人们头脑中的“以太”观念根深蒂固，相对论要彻底否定“以太”实在让人难以接受。这种质疑和否定从检验电磁质量的实验中便可窥见一斑，要改变人们长期以来所固有的观念绝非易事。

狭义相对论的一个重要结论是电子质量会随着运动速度的增加而增大，对这一结论的证实有助于消除人们对狭义相对论的质疑。而其实在1905年爱因斯坦提出相对论之前，考夫曼(Walter Kaufmann，1871—1947年)在1901年就已经利用β射线进行实验，证实了电子质量确实随其运动速度的增加而增大。物理学家阿伯拉罕(Max Abraham，1875—1922年)也于1902年从经典的电磁理论出发，在理论上得到过类似的结论，并且还给出了自己的电子质量公式。1904年，洛伦兹也根据收缩假说提出了他的电子质量公式，而且该公式与爱因斯坦后来的狭义相对论的结论相同。然而在1906年考夫曼却突然宣布，他当时的实验结果与阿伯拉罕的公式相符，而与洛伦兹-爱因斯坦的基本假定不相容，这一度加剧了人们对狭义相对论的否定情绪。次年，爱因斯坦在他的《关于相对论原理和由此得出的结论》(*On the Relativity Principle and the Conclusions Drawn from It*)一文中对此做出了回应：

> ……然而出现的偏离是系统的而且显然超过考夫曼的实验误差的界限。而且考夫曼先生的**计算**是没有错误的……
>
> 至于这种系统的偏离，究竟是由于还没有考察到的误差，还是由于相对论的基础不符合事实，这个问题只有在有了多方面的观测资料以后，才能足够可靠地解决。
>
> ……阿伯拉罕姆[1](Abraham)和布雪勒[2](Bucherer)的电子运动理论所

---

① 即本书所称的阿伯拉罕。

② 即本书所称的布赫雷尔。

> 给出的曲线显然比相对论得出的曲线更符合于观测结果。但是，在我看来，那些理论在颇大程度上是由于偶然碰巧与实验结果相符，因为它们关于运动电子质量的基本假设不是从总结了大量现象的理论体系得出来的。[9]

一年后，布赫雷尔(Alfred Heinrich Bucherer，1863—1927年)用改进后的方法重新测量了电子质量，其测量结果与洛伦兹-爱因斯坦的公式基本相符，只是当电子的速度大于0.7c时与公式有所偏离。后来，加速器的不断发展为电子质量的测量提供了更为有利的条件：在测量精度为0.04%的情况下，科学家发现仍有0.987c～0.990c的电子服从质量的相对论公式，这为质量随速度变化的相对论提供了严格的证据。

尽管狭义相对论遭到多方质疑，但仍有人支持这一理论，普朗克和闵可夫斯基是其中的典型代表。作为当时《物理学年鉴》的主编，当普朗克看到爱因斯坦所投的论文时，感到眼前一亮。尽管论文没有参考文献，但瑕不掩瑜，普朗克立刻意识到了它的价值，毫不犹豫地将其发表在自己所主编的杂志上，此后也一直为爱因斯坦论文的发表提供便利，他本人自此也成了这一理论的拥趸。闵可夫斯基则是更进一步，他不但在1908年提出了四维空间的概念，而且还在利用几何方法简化狭义相对论表述形式的同时，使这一理论的物理意义变得更加明确。

1921年，爱因斯坦因发现光电效应定律而非相对论获得诺贝尔物理学奖。为此，时任诺贝尔物理学奖委员会主席的奥利维拉斯(Christopher Aurivillius，1843—1928年)专门写信给爱因斯坦，说明他获奖的原因不是基于相对论，并在颁奖典礼上解释，是因为相对论的有些结论目前还正在经受严格的验证。时至今日，随着越来越多的实验结果证明了相对论的正确性，人们已经认可了相对论，这一理论也已成为现代物理学的重要支柱。

参考文献

[1] Kelvin W T B. Baltimore Lectures on Molecular Dynamics and the Wave Theory

of Light [M]. London: C. J. Clay and Sons, 1904.

[2] 玻恩.我这一代的物理学[M].侯德彭,蒋贻安,译.北京:商务印书馆, 2015.

[3] 庞加莱.科学与假设[M].叶蕴理,译.北京:商务印书馆, 1989.

[4] Poincaré M H. Sur la dynamique de l'Électron [J]. Comptes Rendus de l'Académie des Sciences, 1905, 140: 1504-1508.

[5] Poincaré M H. Sur la Dynamique de l'Électron [J]. Rendiconti del Circolo Matematico di Palermo, 1906, 21: 129-176.

[6] 爱因斯坦.爱因斯坦文集:第一卷[M].许良英,范岱年,编译.北京:商务印书馆, 1976.

[7] Einstein A. The Collected Papers of Albert Einstein: Vol. 13 The Berlin Years: Writings & Correspondence: January 1922-March 1923 (English Translation Supplement)-Documentary Edition [M]. Princeton, New Jersey: Princeton University Press, 2012.

[8] Holton G. Thematic Origins of Scientific Thought: Kepler to Einstein [M]. Cambridge, Massachusetts: Harvard University Press, 1973.

[9] 爱因斯坦.爱因斯坦文集:第二卷[M].范岱年,赵中立,许良英,编译.北京:商务印书馆, 1977.

[10] 爱因斯坦.爱因斯坦全集:第二卷 瑞士时期:1900—1909[M].斯塔尔主编,范岱年,许良英,刘兵,等译.长沙:湖南科学技术出版社, 2002.

附　　录

I
法拉第 1832 年的备忘录

Sealed Note[1]:

Certain of the results of the investigations which are embodied in the two papers entitled Experimental researches in Electricity, lately read to the Royal Society, and the views arising therefrom, in connexion with other views and experiments, lead me to believe that magnetic action is progressive, and requires time; i. e., that when a magnet acts upon a distant magnet or piece of iron, the influencing cause, (which I may for the moment call magnetism,) proceeds gradually from the magnetic bodies, and requires time for its transmission, which will probably be found to be very sensible.

I think also, that I see reason for supposing that electric induction (of tension) is also performed in a similar progressive way.

I am inclined to compare the diffusion of magnetic forces from a magnetic pole, to the vibrations upon the surface of disturbed water, or those of air in the phenomena of sound, i. e., I am inclined to think the vibratory theory will apply to these phenomena, as it does to sound, and most probably to light.

By analogy I think it may possibly apply to the phenomena of induction of electricity of tension also.

These views I wish to work out experimentally: but as much of my time is engaged in the duties of my office, and as the experiments will therefore be prolonged, and may in their course be subject to the observation of others; I wish, by depositing this paper in the care of the Royal Society, to take possession as it were of a certain date, and so have right, if they are confirmed by experiments, to claim credit for the views at that date: at which time as far as I know no one is conscious of or can claim them but myself.

M. Faraday

Royal Institution I March 12, 1832

Ⅱ
爱因斯坦自述节选

一、1946年自述片段

德文原文[2]：

略

中文翻译[3]：

我已经67岁了，坐在这里，为的是要写点类似自己的讣告那样的东西。我做这件事，不仅因为希尔普博士已经说服了我，而且我自己也确实相信，向共同奋斗着的人们讲一讲一个人自己努力和探索过的事情在回顾中看起来是怎样的，那该是一件好事。稍作考虑以后，我就觉得，这种尝试的结果肯定不会是完美无缺的。因为，工作的一生不论怎样短暂和有限，其间经历的歧途不论怎样占优势，要把那些值得讲的东西讲清楚，毕竟是不容易的——现在67岁的人已完全不同于他50岁、30岁或者20岁的时候了。任何回忆都染上了当前的色彩，因而也带有不可靠的观点。这种考虑可能使人畏难而退。然而，一个人还是可以从自己的经验里提取许多别人所意识不到的东西。

当我还是一个相当早熟的少年的时候，我就已经深切地意识到，大多数人终生无休止地追逐的那些希望和努力是毫无价值的。而且，我不久就发现了这种追逐的残酷，这在当年较之今天是更加精心地用伪善和漂亮的字句掩饰着的。每个人只是因为有个胃，就注定要参与这种追逐。而且，由于参与这种追逐，他的胃是有可能得到满足的；但是，一个有思想、有感情的人却不能由此而得到满足。这样，第一条出路就是宗教，它通过传统的教育机关灌输给每个儿童。因此，尽管我是完全没有宗教信仰的（犹太人）双亲的儿子，我还是深深地信仰宗教，但是，这种信仰在我12岁那年就突然中止了。由于读了通俗的科学书籍，我很快就相信，《圣经》里的故事有许多不可能是真实的。其结果就是一种真正狂热的自由思想，并且交织着这样一种印象：国家是故意用谎言来欺骗年青人的；这是一种令人目瞪口呆的印象。这种经验引起我对所有权威的怀疑，对任何社会环境里都会存在的信念完全抱一种怀疑态度，这种态度再也没有离开过我，即使在后来，由于更好地搞清楚了因果关系，它已失去了原有的尖锐性时也是如此。

我很清楚，少年时代的宗教天堂就这样失去了，这是使我自己从"仅仅作为个人"的桎梏中，从那种被愿望、希望和原始感情所支配的生活中解放出来的第一个尝试。在我们之外有一个巨大的世界，它离开我们人类而独立存在，它在我们面前就像一个伟大而永恒的谜，然而至少部分地是我们的观察和思维所能及的。对这个世界的凝视深思，就像得到解放一样吸引着我们，而且我不久就注意到，许多我所尊敬和钦佩的人，在专心从事这项事业中，找到了内心的自由和安宁。在向我们提供的一切可能范围里，从思想上掌握这个在个人以外的世界，总是作为一个最高目标而有意无意地浮现在我的心目中。有类似想法的古今人物，以及他们已经达到的真知灼见，都是我的不可失去的朋友。通向这个天堂的道路，并不像通向宗教天堂的道路那样舒坦和诱人；但是，它已证明是可以信赖的，而且我从来也没有为选择了这条道路而后悔过。

我在这里所说的，仅仅在一定意义上是正确的，正像一张不多几笔的画，只能在很有限的意义上反映出一个细节混乱的复杂对象一样。如果一个人爱好很有条理的思想，那末他的本性的这一方面很可能以牺牲其他方面为代价而显得更为突出，并且愈来愈明显地决定着他的精神面貌。在这种情况下，这样的人在回顾中所看到的，很可能只是一种千篇一律的有系统的发展，然而，他的实际经验却是在千变万化的单个情况中发生的。外界情况是多种多样的，意识的瞬息内容是狭隘的，这就引起了每一个人生活的一种原子化。像我这种类型的人,其发展的转折点在于,自己的主要兴趣逐渐远远地摆脱了短暂的和仅仅作为个人的方面,而转向力求从思想上去掌握事物。从这个观点来看,可以像上面这样简要地说出来的纲要式的评述里,已包含着尽可能多的真理了。

准确地说,"思维"是什么呢?当接受感觉印象时出现记忆形象,这还不是"思维"。而且,当这样一些形象形成一个系列时,其中每一个形象引起另一个形象,这也还不是"思维"。可是,当某一形象在许多这样的系列中反复出现时,那末,正是由于这种再现,它就成为这种系列的一个起支配作用的元素,因为它把那些本身没有联系的系列联结了起来。这种元素便成为一种工具,一种概念。我认为,从自由联想或者"做梦"到思维的过渡,是由"概念"在其中所起的或多或少的支配作用来表征的。概念决不是一定要同通过感觉可以知觉的和可以再现的符号(词)联系起来的;但是如果有了这样的联系,那末思维因此就成为可以交流的了。

读者会问,这个人有什么权利,在这样一个有问题的领域里,如此轻率而原始地运用观念,而不作丝毫努力去作点证明呢?我的辩护是:我们的一切思维都是概念的一种自由游戏;至于这种游戏的合理性,那就要看我们借助于它来概括感觉经验所能达到的程度。"真理"这个概念还不能用于这样的结构;按照我的意见,只有在这种游戏的元素和规则已经取得了广泛的一致意见(约定)的时候,才谈得上这个"真理"概念。

对我来说,毫无疑问,我们的思维不用符号(词)绝大部分也都能进行,而且在很大程度上是无意识地进行的。否则,为什么我们有时会完全自发地对某一经验感到"惊奇"呢?这种"惊奇"似乎只是当经验同我们的充分固定的概念世界有冲突时才会发生。每当我们尖锐而强烈地经历到这种冲突时,它就会以一种决定性的方式反过来作用于我们的思维世界。这个思维世界的发展,在某种意义上说就是对"惊奇"的不断摆脱。

当我还是一个四、五岁的小孩,在父亲给我看一个罗盘的时候,就经历过这种惊奇。这只指南针以如此确定的方式行动,根本不符合那些在无意识的概念世界中能找到位置的事物的本性的(同直接"接触"有关的作用)。我现在还记得,至少相信我还记得,这种经验给我一个深刻而持久的印象。我想一定有什么东西深深地隐藏在事情后面。凡是人从小就看到的事情,不会引起这种反应;他对于物体下落,对于风和雨,对于月亮或者对于月亮不会掉下来,对于生物和非生物之间的区别等都不感到惊奇。

在12岁时,我经历了另一种性质完全不同的惊奇:这是在一个学年开始时,当我得到一本关于欧几里得平面几何的小书时所经历的。这本书里有许多断言,比如,三角形的三个高交于一点,它们本身虽然并不是显而易见的,但是可以很可靠地加以证明,以致任何怀疑似乎都不可能。这种明晰性和可靠性给我造成了一种难以形容的印象。至于不用证明就得承认公理,这件事并没有使我不安。如果我能依据一些其有效性在我看来是毋庸置疑的命题来加以证明,那末我就完全心满意足了。比如,我记得,在这本神圣的几何学小书到我手中以前,有位叔叔[①]曾经把毕达哥拉斯定理告诉了我。经过艰巨的努力以后,我根据三角形的相似性成功地"证明了"这条定理;在这样做的时候,我觉得,直角三角形各个边的关系"显然"完全决定于它的一个锐角。在我看来,只有在类似方式中不是表现得很"显然"的东西,才需要证明。而且,几何学研究的对象,同那些"能被看到和摸到的"感官知觉的对象似乎是同一种类型的东西。这种原始观念的根源,自然是由于不知不觉地存在着几何概念同直接经验对象(刚性杆、截段等等)的关系,这种原始观念大概也就是康德(I. Kant)提出那个著名的关于"先验综合判断"可能性问题的根据。

如果因此好像用纯粹思维就可能得到关于经验对象的可靠知识,那末这种"惊奇"就是以错误为依据的。但是,对于第一次经验到它的人来说,在纯粹思维中竟能达到如此可靠而又纯粹的程度,就像希腊人在几何学中第一次告诉我们的那样,是足够令人惊讶的了。

既然我已经打断了刚开始的讣告而且扯远了,因此,我将毫不踌躇地在这里用几句话来说明我的认识论信条,虽然有些话在前面已经顺便谈过了。这个信条实际上是在很久以后才慢慢地发展起来的,而且同我年轻时候所持的观点并不一致。

我一方面看到感觉经验的总和,另一方面又看到书中记载的概念和命题的总

---

① 指雅各布·爱因斯坦(Jakob Einstein)。而指导他自学"几何学小书"的则是麦克斯·塔耳玫(Max Talmey),当时是慕尼黑大学的医科学生。—编译者(原书)

和。概念和命题之间的相互关系具有逻辑的性质，而逻辑思维的任务则严格限于按照一些既定的规则（这是逻辑学研究的问题）来建立概念和命题之间的相互关系。概念和命题只有通过它们同感觉经验的联系才获得其“意义”和“内容”。后者同前者的联系纯粹是直觉的联系，并不具有逻辑的本性。科学“真理”同空洞幻想的区别就在于这种联系，即这种直觉的结合能够被保证的可靠程度，而不是别的什么。概念体系连同那些构成概念体系结构的句法规则都是人的创造物。虽然概念体系本身在逻辑上完全是任意的，可是它们受到这样一个目标的限制，就是要尽可能做到同感觉经验的总和有可靠的（直觉的）和完备的对应（*Zuordnung*）关系；其次，它们应当使逻辑上独立的元素（基本概念和公理），即不下定义的概念和推导不出的命题，要尽可能的少。

命题如果是在某一逻辑体系里按照公认的逻辑规则推导出来的，它就是正确的。体系所具有的真理内容取决于它同经验总和的对应可能性的可靠性和完备性。正确的命题是从它所属的体系的真理内容中取得其“真理性”的。

对历史发展的一点意见。休谟（David Hume）清楚地了解到，有些概念，比如因果性概念，是不能用逻辑方法从经验材料中推导出来的。康德完全确信某些概念是不可缺少的，他认为这些概念——它们正是这样挑选出来的——是任何思维的必要前提，并且把它们同那些来自经验的概念区别开来。但是，我相信，这种区分是错误的，那就是说，它不是按自然的方式来正确对待问题的。一切概念，甚至那些最接近经验的概念，从逻辑观点看来，完全像因果性概念一样，都是一些自由选择的约定，而这个问题首先是从因果性概念提出来的。

现在再回到讣告上来。在12—16岁的时候，我熟悉了基础数学，包括微积分原理。这时，我幸运地接触到一些书，它们在逻辑严密性方面并不太严格，但是能够简单明了地突出基本思想。总的说来，这个学习确实是令人神往的；它给我的印象之深并不亚于初等几何，好几次达到了顶点——解析几何的基本思想，无穷级数，微分和积分概念。我还幸运地从一部卓越的通俗读物中知道了整个自然科学领域里的主要成果和方法，这部著作（伯恩斯坦（A. Brenstein）的《自然科学通俗读本》是一部有五、六卷的著作）几乎完全局限于定性的叙述，这是一部我聚精会神地阅读了的著作。当我17岁那年作为学数学和物理学的学生进入苏黎世工业大学时，我已经学过一些理论物理学了。

在那里，我有几位卓越的老师(比如，胡尔维兹(A. Hurwitz)、明可夫斯基(H. Minkowski))，所以照理说，我应该在数学方面得到深造。可是我大部分时间却是在物理实验室里工作，迷恋于同经验直接接触。其余时间，则主要用于在家里阅读基尔霍夫(G. R. Kirchhoff)、亥姆霍兹(H. L. F. von Helmholtz)、赫兹(H. R. Hertz)等人的著作[①]。我在一定程度上忽视了数学，其原因不仅在于我对自然科学的兴趣超过对数学的兴趣，而且还在于下述奇特的经验。我看到数学分成许多专门领域，每一个领域都能费去我们所能有的短暂的一生。因此，我觉得自己的处境像布里丹的驴子[②]一样，它不能决定究竟该吃哪一捆干草。这显然是由于我在数学领域里的直觉能力不够强，以致不能把真正带有根本性的最重要的东西同其余那些多少是可有可无的广博知识可靠地区分开来。此外，我对自然知识的兴趣，无疑地也比较强；而且作为一个学生，我还不清楚，在物理学中，通向更深入的基本知识的道路是同最精密的数学方法联系着的。只是在几年独立的科学研究工作以后，我才逐渐地明白了这一点。诚然，物理学也分成了各个领域，其中每一个领域都能吞噬短暂的一生，而且还没有满足对更深邃的知识的渴望。在这里，已有的而且尚未充分地被联系起来的实验数据的数量也是非常大的。可是，在这个领域里，我不久就学会了识别出那种能导致深邃知识的东西，而把其他许多东西撇开不管，把许多充塞脑袋、并使它偏离主要目标的东西撇开不管。当然，这里的问题在于，人们为了考试，不论愿意与否，都得把所有这些废物统统塞进自己的脑袋。这种强制的结果使我如此畏缩不前，以致在我通过最后的考试以后有整整一年对科学问题的任何思考都感到扫兴。但是得说句公道话，我们在瑞士所受到的这种窒息真正科学动力的强制，比其他许

---

① 这包括奥古斯特・弗普耳(August Föppl，1854—1924)的著作《空间结构》(*Das Fachwerk in Raume*，1892)和《麦克斯韦的电学理论》(*Maxwells Theorie der Elektrizität*，1894)。这二本著作对爱因斯坦建立相对论有重大启发作用。—编译者(原书)

② 布里丹(John Buridan，1300？—1360)，十四世纪法国唯名论哲学家，是奥卡姆(William of Occam)的信徒，倾向于决定论，认为意志是环境决定的。反对他的人提出这样一个例证来反驳他：假定有一只驴子站在两堆同样大、同样远的干草之间，如果它没有自由选择的意志，它就不能决定究竟该先吃哪堆干草，结果它就会饿死在这两堆干草之间。后人就把这个论证叫做“布里丹的驴子”。—编译者(原书)

多地方要少得多。这里一共只有两次考试,除此以外,人们差不多可以做他们愿意做的任何事情。如果能像我这样,有个朋友经常去听课,并且认真地整理讲课内容,那情况就更是如此了。这种情况给予人们以选择从事什么研究的自由,直到考试前几个月为止。我大大地享受了这种自由,并把与此伴随而来的内疚看作是乐意忍受的微不足道的弊病。现代的教学方法,竟然还没有把研究问题的神圣好奇心完全扼杀掉,真可以说是一个奇迹;因为这株脆弱的幼苗,除了需要鼓励以外,主要需要自由;要是没有自由,它不可避免地会夭折。认为用强制和责任感就能增进观察和探索的乐趣,那是一种严重的错误。我想,即使是一头健康的猛兽,当它不饿的时候,如果有可能用鞭子强迫它不断地吞食,特别是,当人们强迫喂给它吃的食物是经过适当选择的时候,也会使它丧失其贪吃的习性的。———

现在来谈当时物理学的情况。当时物理学在各个细节上虽然取得了丰硕的成果,但在原则问题上居统治地位的是教条式的顽固:开始时(假如有这样的开始)上帝创造了牛顿(L. Newton)运动定律以及必需的质量和力。这就是一切;此外一切都可以演绎法从适当的数学方法发展出来。在这个基础上,特别是由于偏微分方程的应用,十九世纪所取得的成就必然会引起所有有敏锐的理解能力的人的赞叹。牛顿也许是第一个在他的声传播理论中揭示出了偏微分方程的功效的人。欧勒(L. Euler)已经创立了流体动力学的基础。但是,作为整个物理学基础的质点力学的更加精确的发展,则是十九世纪的成就。然而,对于一个大学生来说,印象最深刻的并不是力学的专门结构或者它所解决的复杂问题,而是力学在那些表面上同力学无关的领域中的成就:光的力学理论,它把光设想为准刚性的弹性以太的波动,但是首先是气体分子运动论——单原子气体比热同原子量无关,气体状态方程的导出及其同比热的关系,气体离解的分子运动论,特别是气体的黏滞性、热传导和扩散之间的定量关系,而且气体扩散还提供了原子的绝对大小。这些结果同时支持了力学作为物理学和原子假说的基础,而后者在化学中已经牢固地确立了它的地位。但是在化学中起作用的仅仅是原子的质量之比,而不是它们的绝对大小,因此原子论与其看作是关于物质的实在结构的一种认识,不如将其看作是一种形象化的比喻。此外,古典力学的统计理论能够导出热力学的基本定律,也是令人深感兴趣的,这在本质上已经由玻尔兹曼(L. Boltzmann)完成了。

因此我们不必惊奇，可以说上一世纪所有的物理学家，都把古典力学[①]看作是全部物理学的，甚至是全部自然科学的牢固的和最终的基础，而且，他们还孜孜不倦地企图把这一时期逐渐取得全面胜利的麦克斯韦(J. C. Maxwell)电磁理论也建立在力学的基础之上。甚至连麦克斯韦和 H. 赫兹，在他们自觉的思考中，也都始终坚信力学是物理学的可靠基础，而我们在回顾中可以公道地把他们看成是动摇了以力学作为一切物理学思想的最终基础这一信念的人。是恩斯特·马赫(Ernst Mach)，在他的《力学史》中冲击了这种教条式的信念；当我还是一个学生的时候[②]，这本书正是在这方面给了我深刻的影响。我认为，马赫的真正伟大，就在于他的坚不可摧的怀疑态度和独立性；在我年轻的时候，马赫的认识论观点对我也有过很大的影响，但是，这种观点今天在我看来是根本站不住脚的。因为他没有正确阐明思想中，特别是科学思想中本质上是构造的和思辨的性质；因此，正是在理论的构造的-思辨的特征赤裸裸地表现出来的那些地方，他却指责了理论，比如在原子运动论中就是这样。

在我开始批判那个作为物理学基础的力学以前，首先必须谈谈某些一般观点，根据这些观点，才有可能去批判各种物理理论。第一个观点是很明显的：理论不应当同经验事实相矛盾。这个要求初看起来似乎很明显，但应用起来却非常伤脑筋。因为人们常常，甚至总是可以用人为的补充假设来使理论同事实相适应，从而坚持一种普遍的理论基础。但是，无论如何，这第一个观点所涉及的是用现成的经验事实来证实理论基础。

第二个观点涉及的不是关于[理论]同观察材料的关系问题，而是关于理论本身的前提，关于人们可以简单地，但比较含糊地称之为前提(基本概念以及这些概念之间作为基础的关系)的“自然性”或者“逻辑的简单性”。这个观念从来都在选择和评价各种理论时起着重大的作用，但是确切地把它表达出来却有很大困难。这里的问题不单是一种列举逻辑上独立的前提问题(如果这种列举竟是毫不含糊地可能的话)，而是一种在不能比较的性质间作相互权衡的问题。其次，在几种基础同样“简单”的理论中，那种对理论体系的可能性质限制最严格的理论(即含有最确定的论点的理

① 所引文献中译为古典力学，但现在一般译作“经典力学”。

② 据爱因斯坦晚年时的回忆，大约在 1897 年，是贝索(M. Besso)使他注意到这本书。—编译者(原书)

论)被认为是比较优越的。这里我不需要讲到理论的“范围”,因为我们只限于这样一些理论,它们的对象是一切物理现象的**总和**。第二个观点可以简要地称为同理论本身有关的“内在的完备”,而第一个观点则涉及“外部的证实”。我认为下面这一点也属于理论的“内在的完备”:从逻辑观点来看,如果一种理论并不是从那些等价的和以类似方式构造起来的理论中任意选出的,那末我们就给予这种理论以较高的评价。

我不想用篇幅不够来为上面两段话中包含的论点不够明确求得原谅,而要在这里承认,我不能立刻,也许根本就没有能力用明确的定义来代替这些提示。但是,我相信,要作比较明确的阐述还是可能的。无论如何,可以看到,“预言家”们在判断理论的“内在的完备”时,他们之间的意见往往是一致的,至于对“外部的证实”程度的判断,情况就更是如此了。

现在来批判作为物理学基础的力学。

从第一个观点(实验证实)来看,把波动光学纳入机械的世界图像,必将引起严重的疑虑。如果把光解释为一种弹性体(以太)中的波动,那末这种物体就应当是一种能透过一切东西的媒质;由于光波的横向性,这种媒质大体上像一种固体,并且又是不可压缩的,从而纵波并不存在。这种以太必须像幽灵似地同其他物质并存着,因为它对“有重”物体的运动似乎不产生任何阻力。为了解释透明物体的折射率以及辐射的发射和吸收过程,人们必须假定在这两种物质之间有着复杂的相互作用,这件事从来也没有认真地尝试过,更谈不上有什么成就。

此外,电磁力还迫使我们引进一种带电物质,它们虽然没有显著的惯性,但是却能相互作用,并且这种相互作用完全不同于引力,而是属于一种具有极性的类型。

法拉第(M. Faraday)-麦克斯韦的电动力学,使物理学家们在长期犹豫不决之后,终于逐渐地放弃了有可能把全部物理学建立在牛顿力学之上的信念。因为这一理论以及赫兹实验对它的证实表明:存在着这样一种电磁现象,它们按其本性完全不同于任何有重物质——它们是在空虚空间里由电磁“场”组成的波。人们如果要保持力学作为物理学的基础,那就必须对麦克斯韦方程作力学的解释。这件事曾极其努力地尝试过,但毫无结果,而这方程本身则越来越被证明是富有成效的。人们习惯于把这些场当作独立的实体来处理,而并不觉得有必要去证明它们的力学本性;这样,人们几乎不知不觉地放弃了把力学作为物理学的基础,因为要使力学适合于各种事实，看来终于是没有希望了。从那时候起，就存在着两种概念元素：一方面是质点以及它们之间的超距作用力，另一方面是连续的场。这表现为物理学的一种过渡状态，它没有一个适合于全体的统一的基础，这种状态虽然不能令人满意，但是，要代替它还差得很远。———

现在，从第二个观点，即从内在的观点来对作为物理学基础的力学提出一些批判。在今天的科学状况下，也就是在抛弃了力学基础以后，这种批判只有方法论上的意义了。但是，这种批判很适合于说明一种论证方法，今后，当基本概念和公理距离直接可观察的东西愈来愈远，以致用事实来验证理论的含意也就变得愈来愈困难和更费时日的时候，这种论证方法对于理论的选择就一定会起更大的作用。这里首先要提到的是马赫的论证，其实，这早已被牛顿清楚地认识到了（水桶实验）。从纯粹几何描述的观点来看，一切“刚性的”坐标系在逻辑上都是等价的。力学方程（比如，惯性定律就是这样）只有对某一类特殊的坐标系，即“惯性系”才是有效的。至于坐标系究竟是不是有形客体，在这里倒并不重要。因此，为了说明这种特殊选择的必要性，就必须在理论所涉及的对象（物体、距离）之外去寻找某些东西。为此，牛顿十分明白地像因果上规定的那样，引进了“绝对空间”，它是一切力学过程的一个无所不在的积极参与者；所谓“绝对”，他指的显然是不受物体及其运动的影响。使这种事态特别显得令人讨厌的是这样的事实：应当有无限个相互作匀速平移运动的惯性系存在，它们比一切别的刚性坐标系都要优越。

马赫推测，在一个真正合理的理论中，惯性正像牛顿的其他各种力一样，也必须取决于物体的相互作用，我有很长一个时期认为这种想法原则上是正确的。但是，它暗中预先假定，基本理论应当具有牛顿力学的一般类型：以物体和它们的相互作用作为原始概念。人们立刻就会看出，这种解决问题的企图同贯彻一致的场论是不相适合的。

然而，人们可以从下述类比中特别清楚地看到，马赫的批判本质上是多么正确。试设想，有人要创立一种力学，但他们只知道地面上很小的一部分，而且也看不到任何星体。于是他们会倾向于把一些特殊的物理属性给予空间的竖直方向（落体的加速度方向），而且根据这种概念基础，就有理由认为大地大体上是水平的。他们可能不会受下述论点的影响，这种论点认为，空间就几何性质来说是各向同性的，因而在建立物理学的基本定律时又认为按照这些定律应该有一个优先的方向，那是不能令人满意的；他们可能（像牛顿一样）倾向于断言竖直方向是绝对的，因为，这是经验证明了的，人们必须对此感到心安理得。竖直方向比所有其他空间方向更优越，同惯性系比其他刚性坐标系更优越，是完全类似的。

现在来谈其他论证，这些论证也同力学的内在的简单性或自然性有关。如果人们未经批判的怀疑就接受了空间（包括几何）和时间概念，那就没有理由反对超距作用力的观念，即使这个概念同人们在日常生活的未经加工的经验基础上形成的观念并不符合。但是，还有另一个因素使得那种把力学当作物理学基础的看法显得很幼稚。[力学]主要有两条定律：

1）运动定律；

2）关于力或势能的表示式。

运动定律是精确的，不过在力的表示式还没有定出以前，它是空洞的。但是，在规定力的表示式时，还有很大的任意[选择]的余地，尤其是当人们抛弃了力仅仅同坐标有关（比如同坐标对时间的微商无关）这个本身很不自然的要求时，情况就更是这样。从一个点发出的引力作用（和电力作用）受势函数（$1/r$）支配，这在理论的框架里，本身完全是任意的。补充一点意见：很久以前人们就已经知道，这函数是最简单的（转动不变的）微分方程 $\Delta\varphi=0$ 的中心对称解；因此，如果认为这是一种迹象，表示这函数应当被看作是由空间定律决定的，那倒是一种容易了解的想法，按照这种做法，就可以消除选择力定律的任意性。这实际上是使我们避开超距力理论的第一个认识，这种认识——由法拉第、麦克斯韦和赫兹开路的——只是在以后才在实验事实的外来压力下开始发展。

我还要提到这个理论的一种内在的不对称性，即在运动定律中出现的惯性质量也在引力定律里出现，但不在其他各种力的表示式里出现。最后我还想指出，把能量划分为本质上不同的两部分，即动能和势能，必须被认为是不自然的；H. 赫兹对此深感不安，以致在他最后的著作中，曾企图把力学从势能概念（即从力的概念）中解放出来。———

这已经够了。牛顿啊，请原谅我；你所发现的道路，在你那个时代，是一位具有最高思维能力和创造力的人所能发现的唯一道路。你所创造的概念，甚至今天仍然指导着我们的物理学思想，虽然我们现在知道，如果要更加深入地理解各种联系，那就必须用另一些离直接经验领域较远的概念来代替这些概念。

惊奇的读者可能会问："难道这算是讣告吗？"我要回答说：本质上是的。因为，像我这种类型的人，一生中主要的东西，正是在于他所想的是**什么**和他是**怎样**想的，而不在于他所做的或者所经受的是什么。所以，这讣告可以主要限于报道那些在我的努力中起重要作用的思想。一种理论的前提的简单性越大，它所涉及的事物的种类越多，它的应用范围越广，它给人们的印象也就越深。因此，古典热力学对我造成了深刻的印象。我确信，这是在它的基本概念可应用的范围内决不会被推翻的唯一具有普遍内容的物理理论（这一点请那些原则上是怀疑论者的人特别注意）。

二、 1955 年自述片段

德文原文[4]：

略

中文翻译[3]：

1895 年，我在既未入学也无教师的情况下，跟我父母在米兰度过一年之后，我这个 16 岁的青年人从意大利来到苏黎世。我的目的是要上联邦工业大学，可是一点也不知道怎样才能达到这个目的。我是一个执意的而又有自知之明的年轻人，我的那一点零散的有关知识主要是靠自学得来的。热衷于深入理解，但很少去背诵，加以记忆力又不强，所以我觉得上大学学习决不是一件轻松的事。怀着一种根本没有把握的心情，我报名参加工程系的入学考试。这次考试可悲地显示了我过去所受的教育的残缺不全，尽管主持考试的人既有耐心又富有同情心。我认为我的失败是完全应该的。然而可以自慰的是，物理学家 H. F. 韦伯让人告诉我，如果我留在苏黎世，可以去听他的课。但是校长阿耳宾·赫尔措格教授却推荐我到阿劳州立中学上学，我可以在那里学习一年来补齐功课。这个学校以它的自由精神和那些毫不仰赖外界权威的教师们的纯朴热情给我留下了难忘的印象；同我在一个处处使人感到受权威指导的德国中学的六年学习相对比，使我深切地感到，自由行动和自我负责的教育，比起那种依赖训练、外界权威和追求名利的教育来，是多么的优越呀。真正的民主决不是虚幻的空想。

在阿劳这一年中，我想到这样一个问题：倘使一个人以光速跟着光波跑，那么他就处在一个不随时间而改变的波场之中。但看来不会有这种事情，这是同狭义相对论有关的第一个朴素的理想实验。狭义相对论这一发现决不是逻辑思维的成就，尽管最终的结果同逻辑形式有关。

1896—1900 年，我在[苏黎世]工业大学的师范系学习。我很快发现，我能成为一个有中等成绩的学生也就该心满意足了。要做一个好学生，必须有能力去很轻快地理解所学习的东西；要心甘情愿地把精力完全集中于人们所教给你的那些东西上；要遵守秩序，把课堂上讲解的东西笔记下来，然后自觉地做好作业。遗憾的是，我发现这一切特性正是我最为欠缺的。于是我逐渐学会抱着某种负疚的心情自由自在地生活，安排自己去学习那些适合于我的求知欲和兴趣的东西。我以极大的兴趣去听某些课。但是我“刷掉了”很多课程，而以极大的热忱在家里向理论物理学的大师们学习。这样做是好的，并且显著地减轻了我的负疚心情，从而使我心境的平衡终于没有受到剧烈的扰乱。这种广泛的自学不过是原有习惯的继续；有一位塞尔维亚的女同学参加了这件事，她就是米列娃・玛里奇(Milera Maric)，后来我同她结了婚。可是我热情而又努力地在 H. F. 韦伯教授的物理实验室里工作。盖塞(Geiser)教授关于微分几何的讲授也吸引了我，这是数学艺术的真正杰作，在我后来为建立广义相对论的努力中帮了我很大的忙。不过在这些学习的年代，高等数学并未引起我很大的兴趣。我错误地认为，这是一个有那么多分支的领域，一个人在它的任何一个部门中都很容易消耗掉他的全部精力。而且由于我的无知，我还以为对于一个物理家来说，只要明晰地掌握了数学基本概念以备应用，也就很够了；而其余的东西，对于物理学家来说，不过是不会有什么结果的枝节问题。这是一个我后来才很难过地发现到的错误。我的数学才能显然还不足以使我能够把中心的和基本的内容同那些没有原则重要性的表面部分区分开来。

在这些学习年代里，我同一个同学马尔塞耳・格罗斯曼(Marcel Grossmann)建立了真正的友谊。每个星期我总同他去一次里马特河口的“都会”咖啡店，在那里，我同他不仅谈论学习，也谈论着睁着大眼的年轻人所感兴趣的一切。他不是像我这样一种流浪汉和离经叛道的怪人，而是一个浸透了瑞士风格同时又一点也没有丧失掉内心自主性的人。此外，他正好具有许多我所欠缺的才能：敏捷的理解能力，处理任何事情都井井有条。他不仅学习同我们有关的课程，而且学习得如此出色，以致人们看到他的笔记本都自叹不及。在准备考试时他把这些笔记本借给我，这对我来说，就像救命的锚；我怎么也不能设想，要是没有这些笔记本，我将会怎样。

虽然有了这种不可估量的帮助，尽管摆在我们面前的课程本身都是有意义的，可是我仍要花费很大的力气才能基本上才能学会这些东西。对于像我这样爱好沉思的人来说，大学教育并不总是有益的。无论多好的食物强迫吃下去，总有一天会把胃口和肚子搞坏的。纯真的好奇心的火花会渐渐地熄灭。幸运的是，对我来说，这种智力的低落在我学习年代的幸福结束之后只持续了一年。

马尔塞耳·格罗斯曼作为我的朋友给我最大的帮助是这样一件事：在我毕业后大约一年左右，他通过他的父亲把我介绍给瑞士专利局（当时还叫作“精神财产局”）局长弗里德里希·哈勒(Friederich Haller)。经过一次详尽的口试之后，哈勒先生把我安置在那儿了。这样，在我的最富于创造性活动的1902—1909这几年当中，我就不用为生活而操心了。即使完全不提这一点，明确规定技术专利权的工作，对我来说也是一种真正的幸福。它迫使你从事多方面的思考，它对物理的思索也有重大的激励作用。总之，对于我这样的人，一种实际工作的职业就是一种绝大的幸福。因为学院生活会把一个年轻人置于这样一种被动的地位：不得不去写大量科学论文——结果是趋于浅薄，这只有那些具有坚强意志的人才能顶得住。然而大多数实际工作却完全不是这样，一个具有普通才能的人就能够完成人们所期待于他的工作。作为一个平民，他的日常的生活并不靠着特殊的智慧。如果他对科学深感兴趣，他就可以在他的本职工作之外埋头研究他所爱好的问题。他不必担心他的努力会毫无成果。我感谢马尔塞耳·格罗斯曼给我找到这么幸运的职位。

关于在伯尔尼的那些愉快的年代里的科学生涯，在这里我只谈一件事，它显示出我这一生中最富有成果的思想。狭义相对论问世已有好几年。相对性原理是不是只局限于惯性系（即彼此相对做匀速运动的坐标系）呢？形式的直觉回答说：“大概不！”然而，直到那时为止的全部力学的基础——惯性原理——看来却不允许把相对性原理作任何推广。如果一个人实际上处于一个(相对于惯性系)加速运动的坐标系中,那么一个"孤立"质点的运动相对于这个人就不是沿着直线而匀速的。从窒息人的思维习惯中解放出来的人立即会问:这种行为能不能给我提供一个办法去分辨一个惯性系和一个非惯性系呢? 他一定(至少是在直线等加速运动的情况下)会断定说:事情并非如此。因为人们也可以把相对于一个这样加速运动的坐标系的那种物体的力学行为解释为引力场作用的结果;这件事之所以可能,是由于这样的经验事实:在引力场中,各个物体的加速度同这些物体的性质无关,总都是相同的。这种知识(等效原理)不仅有可能使得自然规律对于一个普遍的变换群,正如对于洛伦兹变换群那样,必须是不变的(相对性原理的推广),而且也有可能使得这种推广导致一个深入的引力理论。这种思想在原则上是正确的,对此我没有丝毫怀疑。但是,要把它贯彻到底,看来有几乎无法克服的困难。首先,产生了一个初步考虑:向一个更广义的变换群过渡,同那个开辟了狭义相对论道路的时空坐标系的直接物理解释不相容。其次,暂时还不能预见到怎样去选择推广的变换群。实际上,我在等效原理这个问题上走过弯路,这里就不必提它了。

1909—1912 年,当我在苏黎世以及布拉格大学讲授理论物理学的时候,我不断地思考这个问题。1912 年,当我被聘请到苏黎世工业大学任教时,我已很接近于解决这个问题了。在这里,海尔曼·明可夫斯基(Hermann Minkowski)关于狭义相对论形式基础的分析显得很重要。这种分析归结为这样一条定理:四维空间有一个(不变的)准欧几里得度规;它决定着实验上可证实的空间度规特性和惯性原理,从而又决定着洛伦兹不变的方程组的形式。在这个空间中有一种特选的坐标系,即准笛卡儿坐标系,它在这里是唯一"自然的"坐标系(惯性系)。

等效原理使我们在这样的空间中引进非线性坐标变换,也就是非笛卡儿("曲线")坐标。这种准欧几里得度规因而具有普遍的形式:

$$ds^2 = \sum g_{ik} dx_i dx_k$$

关于下标 i 和 k 从 1 到 4 累加起来。这些 g_{ik} 是四个坐标的函数,根据等效原理,它们除了度规之外也描述引力场。后者在这里是同任何特性无关的。因为它可以通过变换取

$$-dx_1^2 - dx_2^2 - dx_3^2 + dx_4^2$$

这样的特殊形式，这是要求一种 g_{ik} 同坐标无关的形式。在这种情况下，用 g_{ik} 来描述的引力场就可以被“变换掉”。一个孤立物体的惯性行为在上述特殊形式中就表现为一条（类时）直线。在普遍的形式中，同这种行为相对应的则是“短程线”。

这种陈述方式固然还是只涉及准欧几里得空间的情况，但它也指明了如何达到一般的引力场的道路。在这里，引力场还是用一种度规，即用一个对称张量场 g_{ik} 来描述的。因此，进一步的推广就仅仅在于如何满足这样的要求：这个场通过一种单纯的坐标变换而能成为准欧几里得的。

这样，引力问题就归结为一个纯数学的问题了。对于 g_{ik} 来说是否存在着一个对非线性坐标变换能保持不变的微分方程呢？这样的微分方程而且**只有**这样的微分方程才能是引力场的场方程。后来，质点的运动定律就是由短程线的方程来规定的。

我头脑中带着这个问题，于 1912 年去找我的老同学马尔塞耳·格罗斯曼[①]，那时他是[苏黎世]工业大学的数学教授。这立即引起他的兴趣，虽然作为一个纯数学家他对于物理学抱有一些怀疑的态度。当我们都还是大学生时，当我们在咖啡店里以习惯的方式相互交流思想时，他有一次曾经说过这样一句非常俏皮而又具有特色的话（我不能不在这里引用这句话）：“我承认，我从学习物理当中也得到了某些实际的好处。当我从前坐在椅子上感觉到在我以前坐过这椅子的人所发出的热时，我总有点不舒服。但现在已经没有这种事了，因为物理学告诉我，热是某种非个人的东西。”

就这样，他很乐意共同从事解决这个问题，但是附有一个条件：他对于任何物理学的论断和解释都不承担责任。他查阅了文献并且很快发现，上面所提到的数学问题早已专门由黎曼（Riemann）、里奇（Ricci）和勒维-契维塔（Levi-Civita）解决了。全部发展是同高斯（Gauss）的曲面理论有关的，在这理论中第一次系统地使用了广义坐标系。黎曼的贡献最大。他指出如何从张量 g_{ik} 的场推导出二阶微分。由此可以看出，引力的场方程应该是怎么回事——假如要求对于一切广义的连续坐标变换群都是不变的。但是，要看出这个要求是正确的，可并不那么容易，尽管我相信已经找到了根据。这个思想虽然是错误的，却产生了结果，即这个理论在 1916 年终于以它

---

① M.格罗斯曼 1878 年 4 月 9 日生于布达佩斯，1936 年 9 月 7 日病逝于苏黎世。—编译者（原书）

的最后的形式出现了。

当我和我的老朋友热情地共同工作的时候,我们谁也没有想到,一场小小的疾病竟会那么快地夺去这个优秀的人物。我需要在自己在世时至少再有一次机会来表达我对马尔塞耳·格罗斯曼的感激之情,这种必要性给了我写出这篇杂乱无章的自述的勇气。

自从引力理论这项工作结束以来,到现在四十年过去了。这些岁月我几乎全部用来为了从引力场理论推广到一个可以构成整个物理学基础的场论而绞尽脑汁。有许多人向着同一个目标而工作着。许多充满希望的推广我后来一个个放弃了。但是最近十年终于找到一个在我看来是自然而又富有希望的理论。不过,我还是不能确信,我自己是否应当认为这个理论在物理学上是极有价值的,这是由于这个理论是以目前还不能克服的数学困难为基础的,而这种困难凡是应用任何非线性场论都会出现。此外,看来完全值得怀疑的是,一种场论是否能够解释物质的原子结构和辐射以及量子现象。大多数物理学家都是不假思索地用一个有把握的“否”字来回答,因为他们相信,量子问题在原则上要用另一类方法来解决。问题究竟怎样,我们想起莱辛(Lessing)①的鼓舞人心的言词:为寻求真理的努力所付出的代价,总是比不担风险地占有它要高昂得多。

---

① 莱辛(G. E. Lessing,1729—1781年),德国的启蒙运动者、诗人和思想家。—编译者(原书)

Ⅲ 爱因斯坦关于创建相对论的演讲①

日文原文[5]**：**

——如何にして私は相對性理論を創つたか——　(2)

私が相對性理論にどうして達したかをお話することは決してさう容易なことではありません。そこには人間の思惟を動ますいろいろな隱れた複雜さがありますから。そしてまたそれらがいろいろな強さをもつて之にはたらいてゐるのでありますから。私は併しそれらの一々をこゝに述べることはしますまい。また私の書いた論文を數へることもしますまい。たゞ簡單に最も直接な思想發展の要點をつまんで申し述べてみませう。

最初私が相對性原理を立てやうと云ふ思想を得たのは凡そ十七年以前でした。それがどこから來たかと云ふことは斷より明確には言ひあらはすことは出來ません。併しそれが勿論運動體の光學に關する問題のなかに含まれてゐたのは確かです。エーテルの海のなかをとほして光は傳はつてゆきます。そしてそのエーテルのなかを地球はやはり動いてゐます。若し地球から見たならエーテルは之に對して流れてゐるのです。けれどもこのエーテルの流れを明らかに私たちに實證するところの事實は、物理學の文獻のなかに少しも見出すことが私に出來ませんでした。私はそこでどうにかしてこのエーテルの地球に對する流れ、即ち地球の運動を實證して見たいと考へました。私は當時この問題を自分の心に起したとき、エーテルの存在と、そして地球の運動とを決して疑ひはしなかつたのでした。そこで一つの光源からの光を適當に鏡で反射せしめ、地球運動の方向と之に反する方向とに從ひて、そのエネルギーに差のあるべきことを豫想し、二つの熱電堆を用ひて、之に生ずる熱量の差によりて試めさうとしました。この考は丁度マイケルソンの實驗に於けるものと同樣でありますが、私はまだこの實驗を充分に明らかにしなかつたのでした。併し私がまだ學生として之等の思考を自分にもつてゐたときにこのマイケルソンの實驗の不思議な結果を知り、そして之を事實であると承認すれば、恐らくはエーテルに對する地球の運動と云ふことを考へるのは私たちの誤りであらうと直覺するに至りました。つまり之が私を今日特殊相對性原理と名づけてゐるものに導いた最初の路であつたので、このとき以來私は、地球が太陽のまは

---

① 该文本为石原纯(Jun Ishihara,1881—1947 年,日本物理学家和诗人)参加 1922 年爱因斯坦在京都大学演讲时所做的笔记,原文为日文,1923 年发表在 *Kaizo* 第 5 卷第 2 期上。英文翻译选自《爱因斯坦文集》第 13 卷(*The Collected Papers of Albert Einstein*, *Vol*. 13)。

りを廻つてゐるけれども、その運動は光の實驗によりては認知し得ないものであることを思ふやうになつたのでした。

私はこゝで丁度ローレンツの一八九五年の論文を讀む機會を得ました。ローレンツは即ち第一近似の程度に於て、云ひ換へれば運動量の速度と光速度との比の二乘以上の量を省略する範圍に於て、電氣力學を論じ、之を完全に解くことが出來たのでありました。私は更にフイゾーの實驗を問題となし、ローレンツの立てたやうな電子に關する式が、私たちの座標を眞空におく代りに運動物體の上においても同樣に成り立つことを假定して之を論じやうとしました。ともかくもこの時私はマツクスウエル・ローレンツの電氣力學の方程式が確かなものであり、正しい事實を示すことを信じました。しかもこの式が運動座標系に於ても成り立つと云ふことは、所はゆる光速不變の關係を私たちに敎へるものですけれどもこの光速不變は既に私たちの力學で知つてゐる速度合成の法則と相容れません。何故にこの二つの事がらはお互に矛盾するのであらうか。私はこゝに非常な困難に衝き當るのを感じました。私はローレンツの考をどうにか變更しなければならないことを期待しながら、殆ど一年ばかりを無効な考察に費さねばなりませんでした。そして私には容易にこの謎が解けないものであることを思はずにはゐられませんでした。

ところがベルン(瑞西)にゐた一人の私の友人が偶然に私を助けてくれました。或る美はしい日でした。私は彼を尋ねて斯う話しかけたのです。

「私は近ごろどうしても自分に判らない問題を一つ持つてゐる。けふはお前のところにその戰爭をもち込んで來たのだ」

と。私はそしていろ〱な議論を彼との間に試みました。私はそれによりて翻然として悟ることが出來るやうになりました。次の日に私はすぐもう一度彼のもとに行つてそしていきなり言ひました。

「ありがたう。私はもう自分の問題をすつかり解釋してしまつたよ。」と私の解釋と云ふのは、それは實に時間の概念に對するものであつたのでした。つまり時間は絕對に定義せられるものではなく、時間と信號速度との間に離すことの出來ない關係のあると云ふことがらです。以前の異常な困難は之で始めてすつかりと解くことが出來たのでした。

この思ひ付きの後、五週間で今の特殊相對性原理が成り立つたのです。私はそれが亦哲學的に見ても甚だ云當のものであることを疑ひませんでした。そしてそれはマッハの論とも一致すべきことを見ました。固よりこゝでは、後に一般相對性理論によりて解かれたことのやうに直接にはマッハの言と關聯してはゐませんけれども、併し彼が多くの科學上の概念を明かに解析したなかに、間接にはさう云ふ關係をもつてゐると謂うてもよいのでありませう。

かやうにして特殊相對性理論は生れたのでした。

一般相對性理論への最初の思想はその二年後、即ち一九〇七年に起りました。しかもそれは或る目立つた有樣で起りました。

私はもと運動の相對性がお互に一樣なる速さの運動に限られてゐて、之を任意な運動に及ぼすことの出來ないのを不滿足に思つてゐました。そしてどうかしてこの制限を取り除けることが出來ないであらうかと云ふことを常にひそかに心に懐いてゐました。丁度一九〇七年にシユタルク氏の依囑を受けて彼の主宰せる「放射學及び電子學年報」に特殊相對性理論の諸結論を纏めて書かうとしたときに、すべての自然法則が特殊相對性理論によりて論じ得られる間に、只獨り萬有引力の法則に之を應用することの出來ないのを認めて、どうにかして之が論據をも見出したいと云ふことを深く感じました。併し私は容易にこの目的を達することが出來なかつたのです。そのなかで私の最も不滿足に思つたのは、惰性とエネルギーとの關係が特殊相對性理論によりて美ごとに與へられるにも拘らず、之と重さとの關係、即ち重力の場のエネルギーとの關係が全く不明に殘されなければならないことでありました。恐らくはこの說明は特殊相對性理論によりては到底達し得られないものであることを私は想うてゐました。

私はベルンの特許局に於ける一つの椅子に座つてゐました。そのとき突然一つの思想が私に湧いたのです。

「或る一人の人間が自由に落ちたとしたなら、その人は自分の重さを感じないに違ひない、」

私ははつと思ひました。この簡單な思考は私は實に深い印象を與へたのです。私はこの感激によりて重力の理論へ自分を進ませ得たのです。私は考へ續けました。

「人が落ちるときには加速度をもつてゐる、この人間が判斷する事がらは即ち加速度のある體系に於けるものに外ならない」

と。そこで私は單に一様な速さで動く體系ばかりでなく、加速度をもつ體系へまで一般に相對性原理を擴張しやうと決心したのでした。そしてそこには同時に重力の問題を解くことが出來るであらうことを豫想しました。何故ならば落ちてゆく人間が重さを感じないのはそこに地球重力の外に新に之を打ち消す重力の場をもつからであると解されるからです。即ち加速度をもつ體系では新に重力の場を要求するものであるからです。

併し私はこれからすぐに問題を完全に解決することは出來ませんでした。實際の關係を見出し得るまでには私は尙ほ八年を要したのです。只それを含むやうな稍々一般的の基礎は既に幾分かその以前に私に知られました。

マツハはやはりお互に加速度をもつ體系をすべて等值であると主張した人であります。けれどもこのことは明らかに私たちの幾何學と相容れません。何故ならば若しかやうなすべての體系を可能としてゆるすならば、その各にはもはや「ユークリツド幾何學は成り立ち得ないからです。幾何學を捨てゝ法則を記すのは、言葉なしに思想を云ひあらはさうとするのに等しいのです。私たちは先づ自分の思想を盛るに言葉を求めなければなりません。私たちはこゝに何を探し求めたらよいのでせうか。

この問題は私には一九一二年まで解けずに殘されましたこの年になつて私はふとガウスの表面理論がこの神秘をひらく鍵として深い理由をもち得ることに思ひ當りました。ガウスの表面座標を私はそのときほんとうに意味深いものの如くに自分に思ひ浮べました。けれども私はそれ迄、リーマンが幾何學の基礎より深く論じたことを知らなかつたのです私はひよつと學生時代に數學教師がガイサーに幾何學を教はつたなかに、ガウスの理論のあつたことを思ひ出し、そこにこの思想を導き出したのです。そして幾何學の基礎が物理的の意味をもつべきことに考へ及んだのでした。

プラーグからチューリッヒへ私が歸つて來たとき、そこに自分の親友であり數學者であるグロースマンがゐました。彼は以前私がベルンの特許局にゐた頃も、數學の文獻に自分が多くの不便を感じてゐたのに對し、いろいろ便宜を與へてくれた人です。私はこのとき彼によりて先づ最初にリッチを教へられ、それから後でリーマンを聞き知りました。そこで私はこの友人に、私の問題が果してリーマンの理論で解けるかどうか、即ち曲線素の不變によりて自分の見出さうとする係數が完全に決定されるかどうかを相談しました。そして一九一三年に彼との共著として一篇の論文を書きました。けれども未だそこでは正しい萬有引力の方程式は得られませんでした。私は更にリーマンの式をいろ／＼研究して見ましたが、自分の思ふやうな結果は到底之によりては得られないと考へられる多くの理由を見出すだけでありました

二年間の苦心が之に續きました。そしてその後で漸く自分の以前の計算に誤のあつたことを悟りました。私はそこで再びその不變理論に戻つて萬有引力の正しい式を求めやうとしました。そして遂に二週間後に始めてそれが私の眼のまへにあらはれたのでした。

〔7〕　——(如何にして私の相對性理論を創つたか)——

「一九一五年以後に於て私のした仕事のうちでは只宇宙論の問題だけを擧げたいと思ひます。これは宇宙の幾何學と時間とに關するものでありまして、その根據になつたのは一般相對性理論に於ける限界條件の取扱ひと、又他方にマツハの惰性に關する考察とであります。勿論マツハの場合に惰性の相對的本質について、どれほど明確な意見をもつてゐたかは私は具體的に知りませんでしたが、少くとも私に取りて彼から受けた精神的影響の頗る大きかつたことは確かであります。

私はともかく萬有引力の式に對する限界條件を不變にしやうとして、遂に世界を閉ぢられた空間となして限界を除去することによりて宇宙論の問題を解くことが出來ました。そしてその結果として惰性は全く物體相互間の性質としてあらはれ、相對的に對立する物質が存在しないとすれば、物體の惰性は亦消滅すべきものであることが導かれました。一般相對性理論は之によりて認識論的に滿足なものとなつたことを私は信じます。

以上に於て私は相對性理論の要點がいかに創り上げられて來たかを簡單に歷史的に述べたつもりです。」

英文翻译[5]：

How I Created the Theory of Relativity

Albert Einstein

It is by no means easy to give an account of how I arrived at the theory of relativity. That is because it involves various hidden complex factors which stimulate one's thinking and influence it in varying degree. I will not mention these factors one by one. Also I will not list the papers I have written. I will only briefly summarize the key points of the main strand in the development of my thinking.

The first time I entertained the idea of the principle of relativity was some seventeen years ago. From where it came, I cannot exactly tell. I am certain, however, that it had to do with problems related to the optics of moving bodies. Light travels through the ocean of the ether, and so does the Earth. From the Earth's perspective, the ether is flowing against the Earth. And yet I could never find proof of the ether's flow in any of the physics publications. This made me want to find any way possible to prove the ether's flow against the Earth, due to the Earth's motion. When I began pondering this problem, I did not doubt at all the existence of the ether or the motion of the Earth. Thus I predicted that if light from some source were appropriately reflected off a mirror, it should have a different energy depending on whether it moves in the direction of the Earth's movement, or in the opposite direction. Using two thermoelectric piles, I tried to verify this by measuring the difference in the amount of heat generated in each. This idea was the same as in Michelson's experiment, but my understanding of his experiment was not yet clear at the time.

I was familiar with the strange results of Michelson's experiment while I was still a student pondering these problems, and instinctively realized that, if we accepted his result as a fact, it would be wrong to think of the motion of the Earth with respect to the ether. This insight actually provided the first route that led me to what we now call the principle of special relativity. I have since come to believe that, although the Earth revolves around the Sun, its motion cannot be ascertained through experiments using light.

It was just around that time that I had a chance to read Lorentz's monograph of 1895. Lorentz discussed and managed to completely solve electrodynamics to first order approximation, i. e. , neglecting quantities of the second order and higher of the ratio of the velocity of a moving body to the velocity of light. I also started to work on the problem of Fizeau's experiment and tried to account for it on the assumption that the equations for the electron established by Lorentz also hold when the coordinate system of the vacuum is replaced by that of a moving body. At any rate, I believed at the time that the equations of Maxwell-Lorentz electrodynamics were secure and represented the true state of affairs. The circumstance, moreover, that these equations also hold in a moving coordinate system gives us a proposition called the constancy of the velocity of light. This constancy of the velocity of light, however, is incompatible with the law of the addition of velocities known from mechanics.

Why do these two things contradict one another? I felt that I had come upon an extraordinary difficulty here. I spent almost a year fruitlessly thinking about it, expecting that I would have to modify Lorentz's ideas somehow. And I could not but think that this was a riddle that was not going to be solved easily.

By chance, a friend of mine living in Bern (Switzerland) helped me. It was a beautiful day. I visited him and I said to him something like: "I am struggling with a problem these days that I cannot solve no matter what I try. Today I bring this battle of mine to you." I had various discussions with him. Through them it suddenly dawned on me. The very next day I visited him again and told him without further ado: "Thank you. I have already solved my problem completely." My solution actually had to do with the concept of time. The point is that time cannot be defined absolutely, but that there is an inseparable connection between time and signal velocity. Using this idea, I could now for the first time completely resolve the extraordinary difficulty I had had before.

After I had this idea, the special theory of relativity was completed in five weeks. I had no doubt that the theory was also very natural from a philosophical point of view. I also realized that it fitted nicely with Mach's viewpoint. Although the special theory was, of course, not directly connected with Mach's viewpoint, as were the problems later resolved by the general theory of relativity, one can say that there was an indirect connection with Mach's analysis of various scientific concepts.

Thus the special theory of relativity was born.

The first thought leading to the general theory of relativity occurred to me two years later, in 1907, and it did in a memorable setting.

I was already dissatisfied with the fact that the relativity of motion is restricted to motion with constant relative velocity and does not apply to arbitrary motion. I had always wondered privately whether this restriction could somehow be removed.

In 1907, while trying, at the request of Mr. Stark, to summarize the results of the special theory of relativity for the *Jahrbuch der Radioaktivität und Elektronik* of which he was the editor, I realized that, while all other laws of nature could be discussed in terms of the special theory of relativity, the theory could not be applied to the law of universal gravitation. I felt a strong desire to somehow find out the reason behind this, but this goal was not easy to reach. What seemed to me most unsatisfactory about the special theory of relativity was that, although the theory beautifully gave the relationship between inertia and energy, the relationship between inertia and weight, i. e., the energy of the gravitational field was left completely unclear. I felt that the explanation could probably not be found at all in the special theory of relativity.

I was sitting in a chair in the Patent Office in Bern when all of a sudden I was struck by a thought: "If a person falls freely, he will certainly not feel his own weight."

I was startled. This simple thought made a really deep impression on me. My excitement motivated me to develop a new theory of gravitation. My next thought was: "When a person falls, he is accelerating. His observations are nothing but observations in an accelerated system." Thus, I decided to generalize the theory of relativity from systems moving with constant velocity to accelerated systems. I expected that this generalization would also allow me to solve the problem of gravitation. This is because the fact that a falling person does not feel his own weight can be interpreted as due to a new additional gravitational field compensating the gravitational field of the Earth, in other words, because an accelerated system gives a new gravitational field.

I could not immediately solve the problem completely on the basis of this insight. It would take me eight more years to find the correct relationship. In the meantime, however, I did come to recognize part of the general basis of the solution.

Mach also insisted on the fact that all accelerated systems are equivalent. This, however, is clearly incompatible with our geometry, for if accelerated systems are allowed, Euclidean geometry can no longer hold in all systems. Expressing a law without using geometry is like expressing a thought without using language. We first have to find a language for expressing our thoughts. So what are we looking for in this case?

This remained an unsolved problem for me until 1912. In that year, I suddenly realized that there was good reason to believe that the Gaussian theory of surfaces might be the key to unlock the mystery. I realized at that point the great importance of Gaussian surface coordinates. However, I was still unaware of the fact that Riemann had given an even more profound discussion of the foundations of geometry. I happened to remember that Gauss's theory had been covered in a course I had taken during my student days with a professor of mathematics named Geiser. From this I developed my ideas, and I arrived at the notion that geometry must have physical significance.

When I returned to Zurich from Prague, my close friend, the mathematician Grossmann, was there. During my days at the Patent Office in Bern, it had been difficult for me to obtain mathematical literature and he had been the one who would help me. This time, he taught me Ricci and, after that, Riemann. So I asked my friend whether my problem could really be solved through Riemannian theory, i. e., whether the invariance of the curved line element completely determines its coefficients, which I had been trying to find. In 1913, we wrote a paper together. We were unable, however, in that paper, to obtain the correct equation for universal gravitation. Although I continued my research into Riemann's equation, trying various different approaches, I only found many different reasons that made me believe that it could not give me the results I wanted at all.

Two years of hard work followed. Then I finally realized there was a mistake in my previous calculations. I therefore returned to invariance theory and tried to find the correct equation for universal gravitation. Two weeks later, the correct equation finally emerged before my eyes for the first time.

Of the work I did after 1915, I only want to mention the problem of cosmology. This concerned the geometry of the universe and time, and was based, on the one hand, on the treatment of boundary conditions in the general theory of relativity and, on the other hand, on Mach's observations about inertia. Of course, I do not know specifically what Mach's opinions were about the relative nature of inertia, but at least on me he definitely exerted an extremely important influence.

At any rate, after trying to find invariant boundary conditions for the equation for universal gravitation, I was finally able to solve the problem of cosmology by regarding the world as a closed space and removing the boundary. From this I derived the following: inertia emerges purely as a property shared by a number of bodies. If there are no other bodies in the vicinity of a particular body, its inertia must vanish.

I believe that this made the general theory of relativity epistemologically satisfactory.

The above, I think, gives a brief historical outline of how the essential elements of the theory of relativity were created.

参考文献

[1] Faraday M. The Correspondence of Michael Faraday: Vol. 2: 1832-1840 [M]. James F A J L, ed. London: The Institution of Engineering and Technology, 1999.

[2] Schilpp P A. Albert Einstein; Philosopher, Scientist: 3rd edition[M]. Chicago: Open Court Publishing Company, 1970.

[3] 爱因斯坦.爱因斯坦文集:第一卷[M].许良英,范岱年,编译.北京:商务印书馆, 1976.

[4] Seelig C. Helle Zeit-Dunkle Zeit: In memoriam Albert Einstein[M]. Berlin: Springer-Verlag, 2013.

[5] Einstein A. The Collected Papers of Albert Einstein: Vol. 13: The Berlin Years: Writings & Correspondence, January 1922-March 1923 (English Translation Supplement)-Documentary Edition [M]. Princeton, New Jersey: Princeton University Press, 2012.

Ⅳ
人名索引

中国

外国